动物繁殖规律
与繁殖实用技术研究

申子平 著

中国原子能出版社

图书在版编目（CIP）数据

动物繁殖规律与繁殖实用技术研究 / 申子平著. --
北京：中国原子能出版社，2018.4
ISBN 978-7-5022-8958-4

Ⅰ. ①动…　Ⅱ. ①申…　Ⅲ. ①动物—繁殖—研究
Ⅳ. ①S814

中国版本图书馆 CIP 数据核字（2018）第 070490 号

内 容 简 介

本书对动物繁殖规律与繁殖实用技术进行了研究，主要内容包括：动
物的生殖生理与生殖激素，动物发情与发情鉴定技术，动物人工授精技术，
动物受精、妊娠诊断与分娩助产技术，动物繁殖控制技术，动物繁殖管理技
术，动物繁殖新技术等。本书论述严谨，结构合理，条理清晰，内容丰富新
颖，是一本值得学习研究的著作，可供从事动物良种繁殖的技术人员参考
使用。

动物繁殖规律与繁殖实用技术研究

出版发行　中国原子能出版社（北京市海淀区阜成路 43 号　100048）
责任编辑　张　琳
责任校对　冯莲凤
印　　刷　三河市铭浩彩色印装有限公司
经　　销　全国新华书店
开　　本　787mm×1092mm　1/16
印　　张　18.75
字　　数　243 千字
版　　次　2018 年 8 月第 1 版　2018 年 8 月第 1 次印刷
书　　号　ISBN 978-7-5022-8958-4　　定　价　67.00 元

网址：http://www.aep.com.cn　　E-mail：atomep123@126.com
发行电话：010－68452845　　　　　版权所有　侵权必究

前　言

随着国民经济的高速发展,人民生活水平稳步提高,人们对畜禽产品的需求量越来越大,对畜禽产品品质的要求也越来越高。于是,积极推进动物繁殖技术的发展,保持并提高饲养动物的生殖机能,充分发挥优良畜禽品种的繁殖力和遗传特性,加速品种改良,扩大优质畜禽品种的数量,为社会大众提供品质优越、价格实惠的畜禽产品,势必是当今社会的大势所趋。

最近十几年来,国内外动物繁殖技术高速发展,各种有关动物繁殖的新方法、新技术不断涌现,丰富并更新了繁殖学的内容,为畜禽养殖业高质量发展提供了坚实的理论基础,在有效保证畜禽养殖业经济效益的同时,也为人们提供了物美价廉的畜禽产品。为了适应我国畜禽养殖业发展的需要,作者特撰写本书,对动物繁殖规律和繁殖实用技术展开研究讨论。

全书内容共分八章:第一章对动物繁殖技术概念、发展、地位以及实践应用进行了简要概述,为全书的研究奠定基础;第二章在分别研究讨论雄、雌性动物生殖生理的同时,讨论了生殖激素的生理功能及应用;第三章在研究讨论动物的发情、乏情、产后发情以及异常发情的基础上,进一步讨论了目前主流的发情鉴定技术;第四章研究讨论了动物人工授精技术;第五章研究讨论了动物的受精、妊娠诊断以及分娩助产技术;第六章研究讨论了动物繁殖控制技术,包括发情控制技术、排卵控制技术、分娩控制技术和泌乳控制技术;第七章研究讨论了动物繁殖管理技术,主要是在总结动物正常繁殖力评价理论的基础上,对当前典型的繁殖障碍性疾病的防治办法进行研究,并提出一些提高动物繁殖力的有效措施;第八章对当前的动物繁殖新技术进行了研究讨论,主要包括胚胎移植、体外受精、动物克隆、转基因、性别控制、动物胚胎干细胞、胚胎嵌合体等当前比较热门的新型繁殖技术。全书严格遵循理论性、应用性、实用性、综合性和先进性的原则进行内容安排,广泛吸收国内外最新的理论与实验成果,在深入阐述各项繁殖技术及其应用的基础上力求创新。

在撰写本书的过程中,作者回顾并总结了多年的研究与教学经验,收集并借鉴了许多同行业有关的学术成果,同时也有许多专家学者向作者提出了宝贵意见,谨此一并表示衷心的感谢。

由于作者水平有限,加之动物繁殖技术日新月异,虽然经过多次细心检查修改,书中仍然不免会有不足之处,真诚欢迎同行学者和广大读者批评指正。

作　者
2018 年 2 月

目　录

第一章 动物繁殖技术综述

动物繁殖是动物生产中的一个关键环节。尤其对于畜牧业而言,其根本任务就是增加畜禽的数量,在增加数量的同时,要注重不断提高品种的质量,以满足国民经济发展和人民生活水平逐步提高的需要,增加数量和提高质量均需通过繁殖这一过程来实现。因而,积极研究动物繁殖规律与繁殖实用技术,是一项意义极其重大的工作。作为本书研究的第一章,我们先来简单概述动物繁殖技术的概念、产生、发展、地位以及其在畜牧业生产中的应用,为全书的研究奠定基础。

第一节 动物繁殖技术的概念、产生和发展

一、繁殖的概念及方式

繁殖又称生殖,具体是指有生命的个体以某种方式繁衍与自己性状相似的后代来延续生命,包括发情、排卵、交配、受精、妊娠和分娩等整个生命发生过程。繁殖是所有物种都具有的基本现象之一,每个现存的个体都是上一代繁殖的结果。研究表明,自然界中的动物存在如下两种基本繁殖方式:

(1)无性繁殖。具体是指不经过雌雄两性生殖细胞的结合、只由一个生物体产生后代的生殖方式,主要见于低等动物。无性繁殖的过程只牵涉一个个体,例如变形虫的分裂生殖等。随着繁殖技术的发展,特别是首例体细胞克隆哺乳动物"多莉"羊的诞生,在人工操作下,哺乳动物的无性繁殖已成为现实。目前,借助

动物克隆技术(细胞核移植技术)已能够无性繁殖优良畜种个体，在畜牧业生产中应用前景广阔。

(2)有性繁殖。具体是指通过两性生殖细胞的生殖，生活周期中包括二倍体时期与单倍体时期的交替，二倍体细胞借助减数分裂产生单倍体细胞(雌雄配子或卵子和精子)，后者通过受精(核融合)形成新的二倍体细胞(合子)，即新的生命诞生。这种有配子融合过程的有性繁殖也称为融合生殖，是由以胎儿时期生殖系统的发育为起始的一系列有序事件组成的。早在胎儿时期，生殖系统就开始分化、发育，出生以后，随着动物的生长发育，其生殖系统也进一步发育，当生长到一定的年龄时，雄性个体能产生成熟的精子，雌性个体能排出卵子，并表现出性行为，通过交配使两性配子结合成为受精卵。哺乳动物的受精卵在母体内发育成为胎儿，经过一定时间的妊娠，分娩产出一个或数个新的个体，这一完整的过程称为有性繁殖。有性繁殖在动物一生中反复出现，使后代增殖，这是保证本物种生存、繁盛的生命活动，也是人们获得畜产品的必然途径。

二、繁殖的重要意义

繁殖具有十分重要的意义，具体可以归纳如下：

(1)繁殖是种族延续的基础。从生理学的角度来看，生殖是一切生物体的基本特征之一。对个体来说，生殖过程是暂时的、相对的，并非维持自身生命所必需的，一个个体可以没有生殖而生存，而对一个物种来说，它是由一个个个体组成的，并以个体的不断更替而存在，是永久的、绝对的，是维持本物种生存、延续所必不可少的，物种的延续必须依赖于生殖。总而言之，没有个体的"繁殖"，就没有物种的存在。遗传、生理、营养、季节、内分泌、疾病等多种因素影响动物繁殖力的高低，这些因素可造成永久或暂时性的繁殖障碍，使繁殖力降低或失去繁殖能力。因此，在生产实践中必须注意选择繁殖力高的个体作为种用，并为其创造良好的饲养管理环境，保证其较高的繁殖能力。

（2）繁殖是动物生产中的关键性环节。人们生活中所需要的肉、奶、蛋等畜产品的获得均需要通过繁殖环节来实现。

（3）繁殖是动物品种改良、生命科学研究、医疗与组织修复等的重要手段。人工授精、胚胎移植等繁殖技术的应用显著提高了动物繁殖的效率，加快了品种改良的进程。体外受精技术是研究受精、早期胚胎发育机理、细胞分化的重要研究手段，为人类辅助生殖技术的改进提供参考依据。

三、动物繁殖技术

研究动物繁殖问题的学科称之为动物繁殖学，该学科主要研究动物生殖生理的普遍规律及种属特性，以便人们掌握和运用这些规律去指导动物繁殖实践。而动物繁殖技术则是在生物学、动物繁殖学的基础上发展起来的一门现代技术，它侧重于阐述现代繁殖技术的理论基础及传授操作技术，内容主要包括生殖生理、繁殖控制技术、繁殖管理技术、生殖病理防治技术等。

四、动物繁殖技术的产生及发展历程

人类对动物繁殖的探索已有两千多年的历史。亚里士多德（公元前384—前322）在其著名作品 *Generation of Animals* 中已经提出了有关动物繁殖的一些观点，生物学普遍认为这些观点开辟了动物繁殖研究的先河。在我国古代农书（如北魏时期的《齐民要术》等）、医书中记载了许多关于动物繁殖的宝贵经验及实用技术，如家畜去势、初生雏的雌雄鉴别及繁殖管理等。1910年，英国的马歇尔编著了《生殖生理学》一书，为后人研究和发展动物繁殖技术奠定了基础。

在这里，我们将动物繁殖学及动物繁殖技术的发展历程中的具有里程碑意义的主要事件简单概括如下：

1780年，意大利生理学家司拜伦瑾尼第一次进行了犬的人工授精。20世纪40—60年代，苏联、英国、丹麦、荷兰、美国、加拿大、日本等发达国家人工授精技术发展迅速，并在多种家畜中应用。1949 年,英国专家波芝成功冷冻鸡精液。1950 年英国的 Smith 和 Polge 研究开发了牛精液冷冻保存技术。1960 年后冷冻精液的人工授精技术得到了广泛发展。1962 年,英国科学家 J. B. Gurdon 采用核移植法成功培育了非洲爪蟾成体。1970 年,Sreenan 报道了牛体外受精(IVF)、体外成熟(IVM),从此开始了对体外受精和胚胎移植(ET)技术的应用。1978 年出生了世界上第一例试管婴。1972 年,英国专家 Whittingham 对小鼠的胚胎冷冻保存(慢速冷冻法)成功。1980 年,美国生物学家 P. C. Hoppe 和日内瓦超微型外科专家 K. I. Illmense 用胚泡细胞核移植方法成功繁育了小鼠。1985 年,美国专家 Rall 等利用玻璃化冷冻小鼠胚胎获得成功(以二甲基亚砜 DMSO 为冷冻保护剂)。1990 年,日本 Kasai 等的一步法对小鼠桑椹胚玻璃化冷冻保存成功,并获得了较高的 ET 成功率(以乙二醇为冷冻保护剂)。1996 年 7 月,英国苏格兰爱丁堡罗斯林研究所 Wilmut 和 Campbell 等利用羊乳腺上皮细胞克隆出"多莉"羊,这是一种纯粹的无性繁殖,它标志着胚胎生物工程技术的一次革命。此后,体细胞克隆小鼠、牛、马、猪、山羊、犬、猫、骡子等 20 余种动物相继出生。

我国的动物繁殖学科在 19 世纪尤其是新中国成立以后发展迅速。1936 年谢成侠等在江苏句容开展了马的人工授精试验。1974 年绵羊胚胎移植成功。20 世纪 80 年代成功获得了试管牛、绵羊、山羊等及转基因鱼、小鼠、兔等。张涌等 1991 年获得了胚胎细胞克隆山羊,并于 2000 年获得了体细胞克隆山羊。2003 年李宁等获得了世界首例转有人岩藻糖转移酶基因的体细胞克隆牛。2009 年,周琪、曾凡一等首次利用 iPS 细胞(诱导多能干细胞)通过四倍体囊胚注射得到存活并具有繁殖能力的小鼠。近年来,我国在动物繁殖领域不断取得新进展,促进了动物繁殖学科的发展。

综上所述,从动物生殖生理研究的发展史看,动物繁殖的发展可分为由低级到高级的三个阶段,即形态生物学阶段、细胞生物学阶段、分子生物学阶段。进入 21 世纪,随着生物工程理论与技术的不断发展和创新,动物繁殖技术不但在充分挖掘动物生产潜力、加速品种改良、提高畜牧业生产力以及提升人民生活水平等方面起着巨大的促进作用,而且对于整个生命科学理论和技术的发展与创新,乃至对于人类的进步都将会起着重要的推动作用。

第二节　动物繁殖技术在畜牧生产中的地位

繁殖是生物产生与自身相似的新个体的过程,是保证生物种延续的最基本的生命活动之一。动物繁殖技术是在研究动物生殖现象,揭示其繁殖规律的基础上,应用繁殖控制技术,调整和控制动物的繁殖过程,以充分发挥动物繁殖潜力,提高繁殖力。动物繁殖是动物生产中的关键环节,直接关系到动物数量的增加和质量的提高。

发展畜牧业的中心任务是增加动物的数量和提高其质量。质量的提高除改进培育和饲养条件外,主要通过繁殖来实现,因为提高质量的根本途径在于按照遗传规律,选择良种动物来繁殖后代,进行品种改良和培育新品种。数量的增长也有赖于繁殖,因此,没有繁殖就没有动物的增长,没有增长也就没有畜牧业的发展,利用繁殖新技术提高动物繁殖效率也是畜牧业生产中最为重要的一环。由此可见,动物繁殖在畜牧业发展中的地位十分重要。

第三节　动物繁殖技术在生产实践中的应用

畜禽繁殖技术是应用性很强的一门学科,其最终目的在于提高畜禽的繁殖效率。解决这一问题的根本措施是加强繁殖管理工作,为畜禽创造适宜的生活环境和合理的饲养管理条件,使它们的生殖功能得以正常发挥;在此基础上,再采取适用的技术方法,进一步提高繁殖效率,包括消除不孕、缩短产子间隔、提高受胎率、提高产仔数和成活率、减少流产等损失。现代畜牧业的发展趋势是规模化产业化,其经营和发展更需要采用人工授精、繁殖控制、胚胎移植、胚胎工程等繁殖生物技术,以最大限度地提高畜禽的繁殖效率。

动物繁殖技术在畜牧业生产实践中具有极其重大的应用价值,具体可以总结为如下三方面:

(1)降低繁殖成本,提高生产效率与经济效益。动物繁殖是生命活动的本能,是确保动物不断繁衍的正常生理机能,是动物生产的关键环节。动物数量的增加和畜产品质量的提高,都需通过繁殖过程才能实现。在动物生产中,应用繁殖管理技术合理调节畜群结构,或应用先进的繁殖技术提高公畜和母畜繁殖力,均可降低繁殖成本,提高生产效率和经济效益。尤其对于自然繁殖力较低的动物,繁殖成本更高,提高繁殖力的意义更大。例如,如表 1-1 所示,列出了山西某奶牛场 2007 年和 2017 年奶牛繁殖指标与产奶量的对比数据,该数据表明,繁殖率提高后,生产效率相应提高,在某些畜种生产效率的增长远远超出繁殖率提高的值。

表 1-1　山西某奶牛场 2007 年和 2017 年奶牛繁殖指标与产奶量对比

年度	总受胎率/%	情期受胎率/%	一次配种受胎率/%	繁殖率/%	空怀率/%	产犊间距/d	年产奶量/kg
2007	94.7	56.1	59.2	90.3	5.2	398	6886
2017	97.6	63.2	66.3	90.5	4.9	388.9	7592

(2)保护优秀品种,快速扩繁优秀畜种,提高畜种质量。发展高效优质畜牧业,是目前乃至今后动物生产的发展方向。动物繁殖技术是家畜育种的重要工具,应用先进的动物繁殖技术既可加快育种进程,又可提高优秀种畜的利用率,因而可以提高动物生产质量。我国瘦肉型猪、优质细毛羊、中国荷斯坦奶牛等新品种的培育成功,先进的繁殖技术起了重要作用。例如在奶牛育种

中,我国与世界大多数国家一样,一直采用"人工授精育种体系"(AI育种体系),即全部采用种公牛的冷冻精液,在牛群中实施以获得优秀种公牛后代为目的的"定向选配"。这种育种体系的实施,可以在种公牛即"公牛父亲"和种子母牛即"公牛母亲"的选择上获得较高的选择强度,在牛群的产奶性状和次级性状上获得较大的选择精确性。应用这种育种体系,有人估测使"中国荷斯坦奶牛"的培育时间缩短了20～50年。目前,正在推广应用的先进育种技术——超数排卵与胚胎移植技术(MOET技术),也是动物繁殖技术之一。应用胚胎移植技术,通过提高母畜的繁殖力,获得更多全同胞和半同胞资料,则可充分利用优秀种畜遗传优势,大大缩短世代间隔。精液和胚胎长期保存是保护品种的重要手段,不仅保种成本低,而且不受疫病流行的影响。

(3)减少生产资料占有量,保护生态环境在动物生产过程中,种公畜和种母畜实际是重要的生产资料。应用人工授精、胚胎移植、显微授精、体外受精、克隆等先进的繁殖技术提高种畜利用率后,种畜饲养量减少,生产成本降低,不仅可以提高动物生产经济效益,还可减少饲草、饲料资源的占用量,对于保护生态环境、促进资源的合理利用具有重要意义。

第四节　现代繁殖技术

随着科学研究的深入和畜牧业的发展,有关动物繁殖的理论知识、实践经验迅速积累,研究范围不断拓展,如从常规的人工授精、发情控制、妊娠检查到胚胎移植等。目前,动物繁殖技术的研究已发展到一个崭新的阶段,即繁殖控制技术阶段,人为地改变和控制动物的繁殖过程,调整其繁殖规律,进一步开发其繁殖潜力,以及对配子和胚胎进行操作和"加工",这些技术可概括地称为繁殖"生物技术"。尤其是配子和细胞工程方面的研究正有新的进展,如卵母细胞的体外培养、成熟和受精,卵子和胚胎的长期冷冻保存,精子的分离和性别控制,早期胚胎性别鉴定,胚胎的分割和卵裂球移植,卵母细胞的无性繁殖(克隆)。通过这些现代繁殖技术,充分挖掘生殖潜力,促进畜牧业向更高水平发展。

第二章　动物的生殖生理与生殖激素

对于现代畜牧业而言,深入了解动物的生殖生理以及各种生殖激素的作用机理是十分有意义的。本章我们就来针对雄性动物生殖生理、雌性动物生殖生理以及动物主要生殖激素的生理功能与应用展开讨论分析。

第一节　雄性动物生殖生理

限于本书篇幅,这里我们以公畜的生殖器官为例来讨论雄性动物生殖生理。

一、雄性动物的生殖器官及其功能

公畜的生殖器官包括性腺(睾丸)、输精管道(附睾、输精管和尿生殖道)、副性腺(精囊腺、前列腺和尿道球腺)和外生殖器(阴茎)等。如图 2-1 所示,给出了公牛、公羊、公猪、公马四种公畜的生殖器官的结构图。

(一)睾丸

睾丸是雄性动物的生殖腺,呈卵圆形或长卵圆形,两端为头端和尾端,两个缘为游离缘和附睾缘。各种动物睾丸的长轴与阴囊位置各不相同。牛和羊的睾丸长轴与地面垂直悬垂于腹下,头向上,尾向下;马和驴的睾丸长轴与地面平行,紧贴腹壁腹股沟区,头向前,尾向后;猪的睾丸长轴呈前低后高倾斜,位于肛门下方的会阴区,头向前下方,尾向后上方;狗和猫等肉食动物的睾丸位置相似,位于肛门下方的会阴区;兔的睾丸位于股部后方肛门的两侧,在性成熟后才下降到阴囊内。

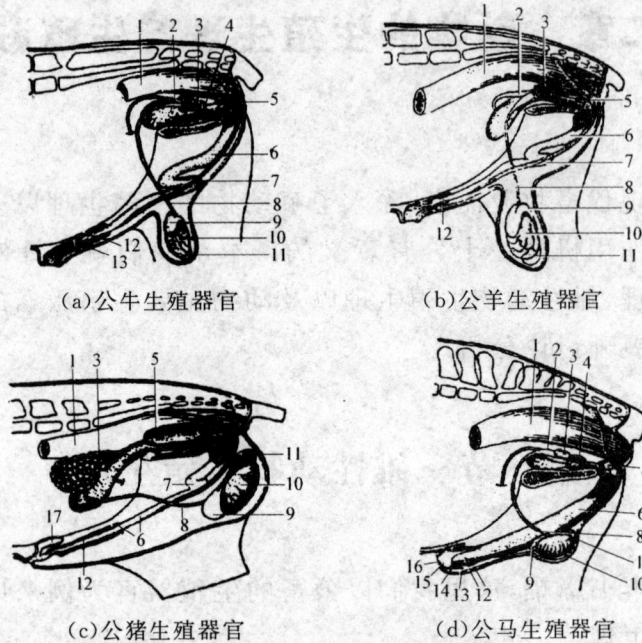

(a)公牛生殖器官　　　　(b)公羊生殖器官

(c)公猪生殖器官　　　　(d)公马生殖器官

图 2-1　雄性动物的生殖器官

1—直肠;2—输精管壶腹;3—精囊;4—前列腺;5—尿道球腺;

6—阴茎;7—S状弯曲;8—输精管;9—附睾头;10—睾丸;

11—附睾尾;12—阴茎游离端;13—内包皮鞘;14—外包皮鞘;

15—龟头;16—尿道突起;17—包皮憩室

　　睾丸重量随动物种类不同和体型大小而异。季节性繁殖动物的睾丸大小和重量具有明显的季节性变化。正常状态下睾丸成对位于腹壁外阴囊的两个腔内。一般在胎儿期,受睾丸引带和性激素的影响,睾丸经过腹腔迁移至内侧腹股沟环,再通过腹股沟管降至阴囊内。睾丸下降的时间因动物种类不同而异。若睾丸未降入阴囊,在出生乃至成年后仍位于腹腔,称为隐睾。隐睾的内分泌机能不受影响,但精子发生机能异常。

　　如图 2-2 所示,是睾丸及附睾的组织构造图。睾丸表面被以浆膜,即固有鞘膜,其内是致密结缔组织构成的白膜。睾丸白膜从睾丸头端向睾丸实质部伸入结缔组织索,构成睾丸纵隔,并向四周呈放射状伸出许多结缔组织小梁,直达白膜,称为中隔,将睾丸实质分成许多锥形小叶。小叶顶端朝向睾丸中部,基部坐落于白膜。每个小叶由2～3条精细管盘曲而成,称为曲细精管。曲细精管在小叶顶端汇合成直精细管,穿入睾丸纵隔结缔组织内,形成睾丸网,最后由睾丸网分出10～30条睾丸输出管盘曲成附睾头。

曲精细管外径为0.1～0.3 mm,管腔直径约为0.08 mm,腔内充满液体。在250 g绵羊睾丸中,曲精细管的长度为7000 m,占睾丸重量的90%;马、猪、牛和狗分别占睾丸重量的61.3%、77.3%、79.4%和83.5%。

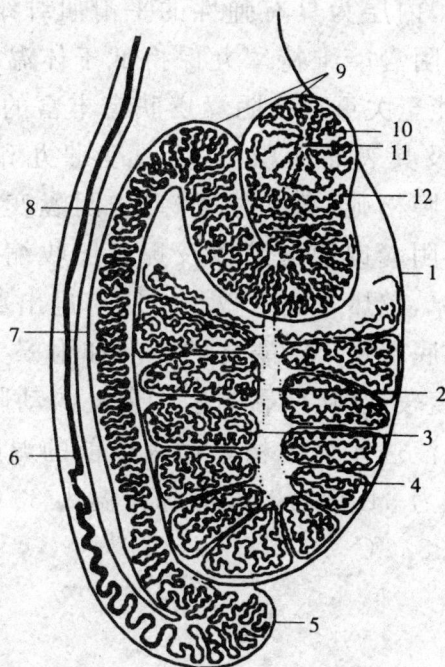

图 2-2　睾丸及附睾的组织构造

1—睾丸;2—纵隔;3—曲细精管;4—小叶;5—附睾尾;6—输精管;

7—附睾体;8—附睾管;9—附睾头;10—直细精管;11—输出管;12—睾丸网

精细管管壁由外向内为结缔组织纤维、基膜和复层生殖上皮。生殖上皮由生殖细胞和支持细胞构成。支持细胞又称足细胞或塞托利氏细胞,呈柱状,由曲精细管的基膜一直伸达曲精细管的腔面,其体积占曲精细管的 $1/4\sim1/3$,对生殖细胞起支持、营养和促进分化的作用。生殖细胞排列成许多层,最后形成精子。在睾丸小叶的精细管之间有结缔组织构成的间质,支持精细管的位置,内含血管、淋巴管、神经和间质细胞。间质细胞又称莱氏细胞,椭圆形,核大而圆,常聚集存在,雄激素在此合成分泌。基于此,睾丸具有两大基本机能,即精子生成与激素分泌。

(二)阴囊

阴囊是包被睾丸、附睾及部分输精管的袋状皮肤组织。其皮层较薄、被毛稀少,内层为具有弹性的平滑肌纤维组织构成的肉膜。正常情况下,阴囊能维持睾丸保持低于体温一定的温度,这对于维持生精机能至关重要。阴囊皮肤有丰富的汗腺,肉膜能调整阴囊壁的厚薄及其表面面积,并能改变睾丸和腹壁之间的距离。气温高时,肉膜松弛,睾丸位置降低,阴囊变薄,散热表面积增加。气温低时,阴囊肉膜皱缩以及提睾肌收缩,使睾丸靠近腹壁并使阴囊壁变厚,散热表面积减小。所有进出睾丸的血管蔓状卷曲而呈锥形,其底部贴附于睾丸的一端和附睾头的背侧。离开睾丸的静脉血温度较低,从而影响进入睾丸的动脉血的温度也被降低。据测定,血液进入公羊精索动脉以前的温度是 39℃,进入睾丸后,动脉血温为 34.4℃,睾丸静脉血温为 33℃,离开精索后,静脉血温升高为 38.6℃。

(三)附睾

附睾位于睾丸的附着缘,其位置与睾丸的位置有关,由附睾头、附睾体、附睾尾共同组成。附睾的主要机能如下:

(1)附睾具有吸收和分泌作用。吸收作用为附睾头及尾的一个重要作用。另外,睾丸网液中精子所占体积约为 1%,而附睾尾液中约占 40%。大部分睾丸网液在附睾头部被吸收,使得管腔中的 Na^+ 与 Cl^- 量减少。附睾液中有许多睾丸液中所不存在的有机化合物,这些物质与维持渗透压、保护精子及促进精子成熟有关。

（2）附睾是精子最后成熟场所。精子在附睾管中移行的过程中,逐渐获得运动能力和受精能力。睾丸曲精细管生成的精子,刚进入附睾头时精子颈部常有原生质滴,运动能力微弱,几乎无受精能力。在精子通过附睾的过程中,原生质滴向尾部移行并最终脱落,精子逐渐成熟,并获得向前直线运动的能力、受精能力以及使受精卵正常发育的能力。

（3）附睾是精子的贮存库。成年公牛两个睾丸聚集的精子数为 700 多亿个,等于睾丸在 3.6 d 所产生的精子,其中约有 54％贮存于附睾尾部。公猪附睾贮存的精子数为 2000 亿个左右,其中 70％在附睾尾部。公羊的在 1500 亿个以上。

（4）附睾管具有运输作用。精子在附睾内缺乏主动运动,它是靠纤毛上皮的活动,以及附睾管壁平滑肌的收缩作用由附睾头运送至附睾尾的。

（四）输精管

输精管是生殖道的一部分,射精时,在催产素和神经系统的支配下输精管肌肉层发生规律性收缩,使得管内和附睾尾部贮存的精子排入尿生殖道。

（五）副性腺

雄性动物的精囊腺、前列腺及尿道球腺总称为副性腺。射精时它们的分泌物,加上输精管壶腹的分泌物混合在一起称为精清,并将来自输精管和附睾高密度的精子稀释,形成精液。当动物达到性成熟时,其形态和机能得到迅速发育。相反,去势和衰老的动物腺体萎缩、机能丧失。副性腺液的主要机能包括冲洗尿生殖道、形成并存储精子的天然稀释液、为精子提供营养物质、活化精子、帮助推动和运送精液到体外、缓冲不良环境对精子的危害、防止精液倒流等。限于本书篇幅,这里不再赘述副性腺的形态结构和生理机能。

(六)尿生殖道

尿生殖道是尿液和精液共同的排出通道,如图 2-3 所示,给出了公牛的尿生殖道模式图。尿生殖道起源于膀胱,终于龟头,可分为如下两部分:

(1)骨盆部。由膀胱颈直达坐骨弓,位于骨盆底壁,为短而粗的圆柱形,表面覆有尿道肌,前上壁有由海绵体组织构成的隆起,即精阜。精阜主要由海绵组织构成,在射精时可关闭膀胱颈,阻止精液流入膀胱。输精管、精囊腺、前列腺开口于精阜,其后上方有尿道球腺开口。

(2)阴茎部,阴茎部起于坐骨弓,止于龟头,位于阴茎海绵体腹面的尿道沟内,为细而长的管状,表面覆有尿道海绵体和球海绵体肌。管腔平时皱缩,射精和排尿时扩张。在坐骨弓处,尿道阴茎部在左右阴茎脚(阴茎海绵体起始部)之间稍膨大形成尿道球。

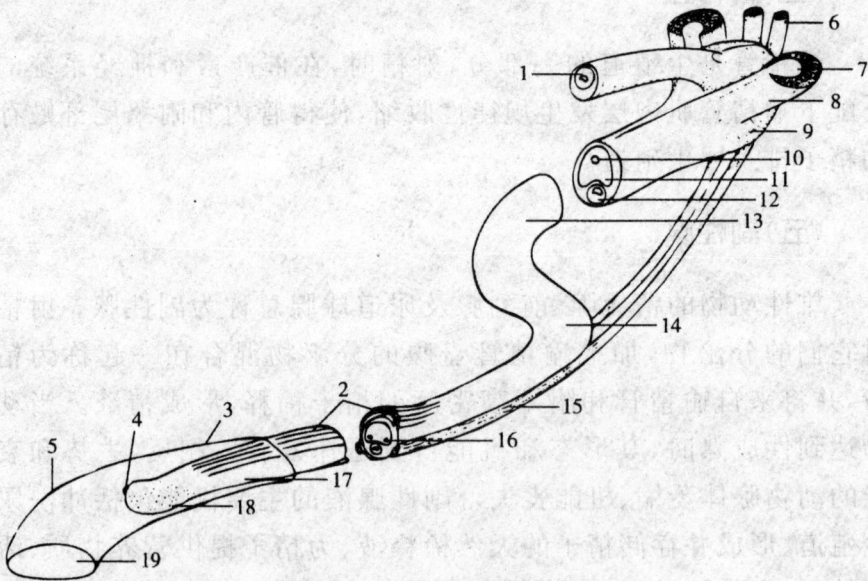

图 2-3 公牛的尿生殖道模式图

1—前列腺扩散部;2—背侧韧带;3—包皮;4—尿道突;5—包皮鞘;6、15—左侧阴茎提肌;

7—左侧阴茎脚;8—坐骨海绵体肌;9—球海绵体肌;10—阴茎背侧勃起管;

11—阴茎海绵体;12—尿道海绵体;13—近端 S 弯曲;14—远端 S 弯曲;

16—阴茎左腹侧勃起管;17—阴茎游离端;18—龟头窝;19—包皮孔(包皮开口)

（七）阴茎

阴茎为雄性的交配器官,阴茎主要是由阴茎海绵体和尿生殖道阴茎部构成。可分为如下三部分:

(1)阴茎根。阴茎根以 2 个阴茎脚附着于坐骨结节上,2 个阴茎脚向前合并成阴茎体。

(2)阴茎体。阴茎体呈圆柱状,位于阴茎脚和阴茎头之间,占阴茎的大部分,在起始部由 2 条扁平的阴茎悬韧带固着于坐骨联合的腹侧面。

(3)阴茎头:阴茎头位于阴茎的前端,常位于包皮内。

牛、羊的阴茎呈圆柱状,细而长。阴茎体呈乙状弯曲,位于阴囊后方,勃起时伸直。阴茎头长而尖,呈扭转状尿道外口位于阴茎头前端的尿道突上。羊的尿道突细长,绵羊的长 3～4 cm,山羊的稍短。猪的阴茎与牛的类似,阴茎体也有乙状弯曲,但位于阴囊前方,阴茎头尖细呈螺旋状扭转,尿生殖道外口位于阴茎头的腹外侧。马的阴茎粗大、平直,无乙状弯曲,呈左右稍扁的圆柱状,阴茎头膨大形成龟头。龟头前端腹侧面有一凹陷的龟头窝,窝内有一短的尿道突,尿道外口开口于此处。

（八）包皮

包皮是腹下皮肤形成的双层鞘囊,分别为内包皮和外包皮,阴茎缩在包皮内,勃起时内外包皮伸展,被覆于阴茎表面。包皮的黏膜形成许多褶,并有许多弯曲的管状腺,分泌油脂性分泌物,这种分泌物与脱落的上皮细胞及细菌混合,形成带有异味的包皮垢,经久易引起龟头或包皮的炎症。马的包皮垢较多;牛的包皮较长,包皮口周围有一丛长而硬的包皮毛;牛、羊、猪包皮口较狭窄,排尿时阴茎常在包皮内,但马和狗一般稍微伸出包皮外排尿;猪的包皮腔很长,包皮口上方形成包皮憩室,常聚集有尿和污垢,常带有异味,公猪的臊味具有性外激素的作用。

二、精子的发生和形态结构

（一）精子的发生

雄性动物在出生时精细管还没有管腔,在精细管内只有性原细胞和未分化细胞。到一定年龄后,精细管逐渐形成管腔,围绕管腔的精细管上皮有性原细胞和未分化细胞变成的支持细胞。精原细胞是精子发生的起点,精子在睾丸内形成的全过程称为精子发生,包括从精原细胞到精母细胞、精细胞以及精细胞变形成为精子的一系列分化过程。精细胞形成后不再分裂,而在支持细胞的顶端、靠近管腔处经过复杂的形态变化,形成蝌蚪状的精子。精细胞在睾丸精细管内变态形成精子的过程称为精子形成。精子形成是精子发生的最后阶段。

（二）精子的成熟

在睾丸曲精细管生成的精子,并不具有运动与受精的能力,睾丸曲精细管的精子在附睾运行过程中逐步获得运动与受精的能力,这个过程称为精子的成熟。精子只有在附睾的微环境中才能完全成熟。

附睾是精子贮存与成熟的器官,具有吸收、浓缩及分泌功能,同时具有稳定的特殊内环境。睾丸产生的睾丸网液及附睾分泌物形成的附睾液,构成了精子成熟的环境。由于附睾的吸收与分泌作用,使睾丸网液的成分不断改变,所以附睾各部分中液体的性质各不相同。根据各段附睾液的理化性质分析,表明由附睾头向尾移行时,具有规律性的变化。

睾丸网液由精细管到附睾 pH 下降,这说明附睾上皮有酸化功能,对精子的成熟起一定的作用。附睾各部分的渗透压相差很大,以附睾尾部的渗透压最高,这是由附睾分泌的大分子物质造成的。高渗环境可使精子进一步脱水,并处于休眠状态。

附睾上皮能分泌多种蛋白质和酶进入附睾液,有可能与精子的成熟、运动有关。附睾液中雄激素含量很高。特别是附睾体部雄激素含量最高,精子在此逐渐成熟,到达附睾尾部时,精子已经成熟,此处雄激素含量已下降,仅用于维持精子的基本代谢活动。这些雄激素至少对促进精子成熟并获得受精能力是必要的。

(三)精子的形态和结构

雄性动物(哺乳动物)的精子具有基本相同的形态和结构特征,分为头、颈、尾三部分,如图 2-4 所示,给出了哺乳动物精子的形态与结构。精子的长度因动物种类而有差异,而且并不与动物体的大小成正比。一般长为 $50\sim70~\mu m$,尾部占总长的 80%。如表 2-1 所示,列出了几类常见动物的精子的各部分长度。

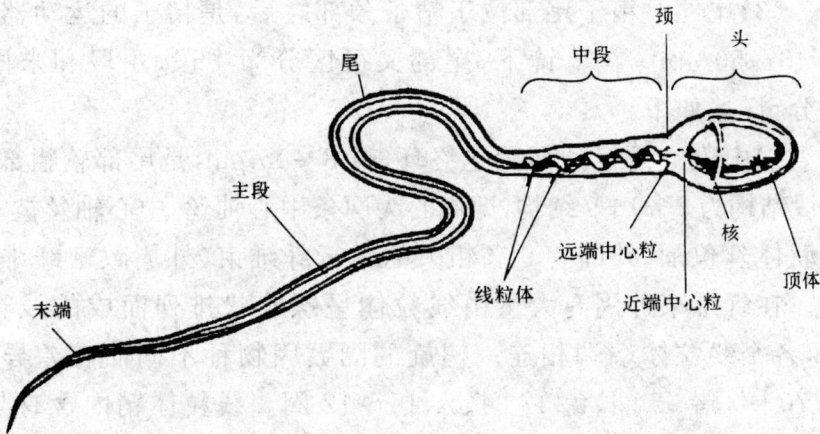

图 2-4　哺乳动物精子的形态与结构

表 2-1　几类常见动物的精子的各部分长度(单位:μm)

动物种类	头	中段	主段和末段	总长
牛	8.0~9.2	14.8	45~50	57.4~90
马	5.0~8.1	8~10	30~43	55~63.6
绵羊	7.5~8.5	14	50~60	70~75
山羊	7.0~8.0	14	40~50	70~75
猪	7.2~9.6	10	30	49.2~62.4

接下来,我们将精子的各部分的结构简单概括如下:

(1)头部。头部呈椭圆形,扁平的核包含有高度浓缩的染色质,染色质由与 DNA 复合在一起的精蛋白构成。精子头部前端由顶体覆盖。顶体或顶体帽是位于质膜和精子头前部的一层薄的双层膜囊状结构,内含与受精过程有关的精子头粒蛋白、透明质酸酶及其他水解酶。在受精时,顶体的核环非常重要,它与顶体后部的前端部分一道与卵膜融合。顶体的畸形、缺损和脱落会使精子的受精能力降低或完全丧失。

(2)颈部。颈部位于头部之后,连接精子的头和尾,是精子最脆弱的部分,不当的体外处理和保存极易造成尾的脱离,形成无尾精子。

(3)尾部。精子尾部位于精子颈部之后,是精子的运动器官,长 $40\sim50~\mu m$。在电镜下,尾部又可区分为中段、主段和末段三部分,详述如下:

①中段。前接颈部后达终环,长 $8\sim15~\mu m$,是尾部较粗部分。中段结构为 2+9+9 结构,即中心为两条中心轴丝,中心轴丝被 9 条二联体丝包围,外围有 9 条粗大的纵行纤维束(外周致密纤维)包围。在纤维束外围有大量由线粒体呈螺旋状排列而成的线粒体鞘,各个线粒体端端相连。螺旋的圈数因物种不同而有差异,牛为 70 圈,猪 65 圈、兔 47 圈、人 $10\sim12$ 圈。线粒体鞘内含有与精子代谢有关的各种酶与能源,是精子能量代谢的中心。紧接线粒体鞘最后一圈的尾侧,有一致密环形板状结构,称为终环,是由局部细胞膜反转而成,主要是纤维物质,类似于纤维鞘,细胞膜牢固地附着于此环上,防止精子运动时线粒体鞘向尾部移动,也是中段与主段的分界标志。

②主段。精子尾部的主要组成成分,上起终环,下接末段,长 $30\sim40~\mu m$。其结构为 2+9 结构,中心为 2 条中心轴丝,9 条外围纤丝与内圈相应的纤丝合并而消失。中段的线粒体鞘在主段上消失,最外层为高度特化的纤维鞘。

③末段。纤维鞘及致密纤维终止以后的精子尾部称末段,长

3～5 μm,只有 2 条中央的中心轴丝及外周的细胞膜构成,其余的轴丝呈退行性变化,逐渐消失。

三、精子的代谢

精子为维持其生命和运动,必须利用其自身及精清中的营养物进行复杂的代谢过程。这种新陈代谢主要表现在糖酵解、呼吸作用以及脂类和蛋白化合物的合成和分解。

(一)糖酵解作用

糖类是维持精子生命力的必要能源,但精子本身含量很少。精子必须依靠精清中的外源基质为原料,通过糖酵解的过程,为精子提供能量来源,维持其活动力和生命。精子的糖酵解是指精子处于无氧条件下,利用糖激酶将精液中的果糖分解成乳酸并释放能量的过程。

精子的糖酵解代谢主要是利用精液中的果糖,也可利用乳糖、葡萄糖等,而蔗糖和半乳糖等双糖不能被精子直接利用,需要将双糖分解成单糖后才能被精子利用,所以也叫果糖酵解。精子分解果糖的能力与精子密度及活力有关,还与精液的温度有关。通过测定"果糖酵解指数"可以评定精液质量。果糖酵解指数是指 10^9 个精子在 37℃ 条件下 1 h 利用果糖的量。正常牛、羊精液的果糖酵解指数为 1.74 mg。

(二)呼吸作用

精子的呼吸与糖酵解密切相关,但呼吸作用比糖酵解作用获得的能量大得多,同时也会消耗大量的代谢基质,因此在短时间内衰竭死亡。精子的呼吸作用受多种因素的影响,如降低温度、隔绝空气及充入 CO_2 等都可抑制呼吸作用,减少能量的消耗,以延长生存时间。精子呼吸的耗氧量通常按 10^9 个精子在 37℃ 条件下 1 h 所消耗的氧量计算。一般活力强的精子耗氧量高,并且耗氧量与受精能力有关。正常牛、鸡、兔及绵羊精子的耗氧量分别为 21 μL、7 μL、11 μL 及 22 μL。

(三)脂类代谢

在有氧条件下,精子内源性的磷脂可以被氧化,以支持精子的呼吸和生活力。精子也可以利用精清中的磷脂,磷脂氧化分解为脂肪酸,脂肪酸进一步氧化,释放出能量。精子的代谢以糖类代谢为主,当糖类代谢基质耗竭时,脂类的代谢就显得非常重要。

(四)蛋白质代谢

精子在有氧的条件下能利用某些氨基酸,在氨基酸氧化酶的作用下,引起氧化脱氨作用,结果产生氨和 H_2O_2。但这对精子有毒害作用,因为 H_2O_2 使精子的耗氧率降低。所以精子一般不从蛋白质成分中获取所需要的能量。

精子获取能量所氧化的代谢基质的种类及性质可以由呼吸商(RQ)来反映。呼吸商是指精子代谢产生的 CO_2 除以消耗 O_2 的量,即两者之比值(CO_2/O_2)。1 g 分子的六碳糖完全氧化成 CO_2 及 H_2O,呼吸商为 1.0;脂质为 0.7。经过冲洗的牛精子,在生理盐水内第 1 h 末呼吸商为 0.74,而在第 4 h 末为 0.83,表明已有蛋白质被分解;如精液中加入果糖,呼吸商可提高到 0.95。

四、精子的运动

(一)精子的运动动力

精子的运动靠的是尾部纵向纤维的收缩所产生的动力游动,使精子具有自行推进的能力。尾部轴丝外围的 9 条粗纤维的收缩是摆动的主要原动力,内侧较细的纤维配合外侧粗纤维将这种收缩有节律地从颈部开始,沿着尾部的纵长传开。由于尾部的摆动,使精子向前游动。

(二)精子的运动方式

在光学显微镜下,可以观察到精子有三种运动方式,分别是直线运动、摆动和转圈运动,只有直线运动才是正常的活动方式。当精子在前进运动时,由尾部的弯曲传出有节奏的横波,这些横波自精子的头端或中段开始向后达到尾端,横波对精子周围的液体产生压力,使精子向前游进。

(三)精子的运动速度

研究表明,哺乳动物的精子在 37℃～38℃的温度条件下运动速度快,温度低于 10℃就基本停止活动。精子运动的速度,因动物种类有差异,山羊、绵羊和鸡的精子密度大,应适当稀释后观察。通过显微摄影装置连续摄影分析,牛精子的运动速度为 97～113 $\mu m/s$,尾部颤动 20 次左右,马和绵羊分别为 75～110 $\mu m/s$ 和 200～250 $\mu m/s$。

需要特别指出的是,精子有其独有的运动特性,这些特性主要可以概括为逆流性、趋物性、趋化性,限于本书篇幅,这里不再一一赘述。

五、精液的组成和理化特性

精液由精子和精清两部分组成,即精子悬浮于液态或半胶状液体样的精清中。副性腺分泌物为精清的主要组成成分,它使精液具有一定的容量,是精子在雌性生殖道内的运载工具,有利于精子受精。

(一)精清的来源

精清是由睾丸液、附睾液、副性腺分泌物组成的混合液体,由于来源不同,成分各异,因而对精子的影响也有不同。它们共同的特点是具有润滑雄性生殖道、营养和保护精子的作用,也是运送精子的载体。接下来,我们将精清的主要来源分析如下:

(1)睾丸液。睾丸液是伴随精子最早的液体成分。尽管睾丸液分泌量很大,但射出的精液中睾丸液所占的成分却很少,这是因为附睾有很强的浓缩能力。睾丸液由足细胞分泌。足细胞可以从精细管周围组织中主动运送液体到精细管腔。由于血—睾屏障,使得睾丸液的成分不同于流向睾丸的血液和淋巴液。正常的睾丸液不含葡萄糖,而含大量肌醇。肌醇被附睾吸收与磷脂结合可成为精子的一种能源。

(2)附睾液。附睾液在精子成熟和贮存中起重要作用。附睾的前半部分有强烈的吸收水分作用,而本身的分泌量又很小,所以精子在附睾尾部的浓度非常大。甘油磷酰胆碱和肉毒碱是附睾液中浓度很高的成分,这两种成分均受激素的控制,对精子成熟起重要作用。附睾液中的糖蛋白不但有润滑剂的作用,而且与唾液酸一起改变精子表面的活性结构。附睾液中的乳酸浓度很高,而果糖、葡萄糖和乙酸盐则很少。

(3)前列腺分泌物。前列腺的分泌形式是顶浆分泌,即部分细胞质随分泌物被分泌排出,这种类型分泌出的前列腺液含有丰富的酶,如酵解酶、核酸酶、核苷酸酶及溶酶体酶(包括蛋白酶、磷酸酯酶、糖苷酶)等。

(4)精囊腺分泌物。与前列腺分泌物比较,精囊腺分泌物常呈碱性,含干物质较多,并有较多的钾、碳酸氢盐、酸性可溶性的磷酸盐和蛋白质。精囊腺分泌物的一个特点是具有含量很高的还原物质,包括糖和抗坏血酸。正常的精囊腺分泌物常呈淡黄色,但有时(如公牛)由于核黄素存在而颜色加深。在紫外线下精囊腺分泌物和精清呈强烈的荧光。

(5)尿道球腺和输精管壶腹。公猪的尿道球腺非常大,几乎呈圆柱状,充满黏滞胶状乳白色分泌物,它是射出精液中形成胶质的必需成分。公牛爬跨前,从包皮"流滴"出来的液体就是尿道球腺的分泌物,其功能是冲洗尿道。某些动物的输精管末段管壁中有腺体,使管壁变厚形成输精管的壶腹。有些动物(如牛)在求偶和交配前刺激时,由于输精管的蠕动,将精子从附睾尾输送到壶腹。

(二)精液的化学组成

精液是精子和副性腺液体的混合物,其化学成分是精子和精清化学成分的总和。各种动物精液中化学成分基本相似,但化学成分的种类或数量略有差异。接下来,我们将精液的主要化学组成成分分析如下:

(1)核酸(DNA)。DNA是构成精子头部核蛋白的主要成分,几乎全部存在于核内,它是雄性动物遗传信息的携带者。DNA的含量通常以1亿个精子所含的重量表示,以mg计算。牛为2.8~3.9 mg,绵羊为2.7~3.2 mg,猪为2.5~2.7 mg。

(2)蛋白质。精液中的蛋白质主要存在于精子上,包括核蛋白质、顶体复合蛋白质、尾部收缩性蛋白质以及精清中的少量蛋白质等。

(3)酶。在精液中有多种酶,这些酶与精子的活动、代谢及受精有密切的关系,大致可分为水解酶、氧化还原酶和转氨酶三大类。

(4)氨基酸。在精液中有10多种游离氨基酸。精液中氨基酸影响精子的生存时间。精子在有氧代谢时能利用精液中的氨基酸作为基质合成蛋白质。

(5)脂质。精液中的脂类物质主要是磷脂,在精子中大量存在,大多以脂蛋白和磷脂的结合态而存在。前列腺是精清中磷脂的主要来源,其中以卵磷脂更有助于延长精子的存活时间,对精子的抗冻保护作用比缩醛磷脂更重要。

(6)糖类。糖是精液中的重要成分,是精子活动的重要能量来源。精液中的主要糖类有葡萄糖、果糖、肌醇、唾液酸、山梨醇、多糖类等。

(7)有机酸。哺乳动物精液中含有多种有机酸及有关物质。主要有柠檬酸、抗坏血酸、乳酸。此外,还有少量的甲酸、草酸、苹果酸、琥珀酸等。精液中还有前列腺素,是一种不饱和脂肪酸,在雌性生殖道内有刺激子宫肌收缩的作用。

(8)无机成分。精液中的无机离子主要有 Na^+、K^+、Mg^{2+}、Ca^{2+}、Cl^- 和 PO_4^{3-},阳离子以 K^+ 和 Na^+ 为主。精子内钾的浓度比精清的高,精清中钙和钠的浓度比精子中高。在睾丸网液、附睾各段分泌物和射出精液中,其浓度也有差异。用含钾和不含钾的溶液反复冲洗牛或其他动物的精子证明,在含钾的溶液中,精子的活力高,但钾钠浓度过高会大大减低其活力;在不含钾的溶液中,精子很快不能活动。钠常和柠檬酸结合,这与精液渗透压的维持有关。在阴离子中以 Cl^- 和 PO_4^{3-} 较多,尚有少量的 HCO_3^-,这些阴离子有助于维持精子存在环境的 pH,具有缓冲作用。磷在精液中的含量很不稳定,但对精子的代谢具有重要作用。

(9)维生素。精液中维生素含量和种类与饲料有关。常见的有核黄素、抗坏血酸和烟酸等。这些维生素的存在有利于提高精子的活力和密度。

(三)精液的理化性质

精液的理化性质主要包括精子的外观、气味、精液量、精子密度、比重、渗透压及精液 pH、导电性和光学特性等。如表 2-2 所示,给出了几种常见饲养动物的精液量、密度及总精子数。

表 2-2　几种常见饲养动物的精液量、密度及总精子数

动物种类	精液量/mL		精子密度/(亿/mL)		一次射出全精子数/亿	
	正常范围	平均	正常范围	平均	正常范围	平均
牛	3~10	5	8~15	10	30~60	50
水牛	3~6	4	2.3~20	9.8	20~50	40
马	50~200	80	0.5~2	1.2	40~200	100
猪	150~500	250	0.5~3	2	100~1000	400
绵羊	0.5~2.0	1.0	20~50	30	20~50	30
山羊	0.5~2.0	1.0	10~35	20	10~35	20

接下来,我们将精液的主要理化性质简单讨论如下:

(1)外观性状。精液的外观因动物种类、个体、饲料的性质等而有差异,一般为不透明的灰白色或乳白色,精子密度大的混浊度大、黏度及白色度强。绵羊和山羊的精子密度大,因此浓稠。

牛的精液一般为乳白色或灰白色,密度越大乳白色越深;密度越稀,颜色越淡,但亦有少数牛的精液呈淡黄色,这与所用的饲料及公牛的遗传性有关。马精液中含有较多的黏稠胶状物,颜色为乳白色半透明,黏性强。猪精液中含有淀粉状的固态胶状物,白色或灰白色半透明,能凝固、富有黏滞性。如果精液的色泽异常,表明生殖器官可能发生病变。例如,精液呈淡绿色是混有脓液,呈淡红色是混有血液,呈黄色是混有尿液等。诸如此类色泽的精液,应及时寻找发生精液色泽异常的原因。牛、羊精液量少,密度大,刚采出的精液呈现云雾状运动,这是精子强烈运动的结果。马、猪的精子密度小,混浊度也较少,云雾状不显著。精液混浊度越大,云雾状越显著,越呈乳白色,表现精子密度和活率也越高,是精液质量良好的表现。

（2）精液量。由于动物种类不同,生殖器官特别是副性腺的形态和构造各异,射精量差异较大。牛、羊、鸡等动物射精量少,而猪、马等动物射精量多。就同一品种或同一个体而言,精液量也会因遗传、营养、气候、采精频率等不同而有所差异。

（3）精子密度。精子密度又称精子浓度,是指每毫升精液中所含的精子数。精液量多的动物每毫升所含的精子数少;精液量少的动物每毫升所含的精子数多。精子密度也因年龄、种类等不同而有差异。

（4）pH。各种动物精液的 pH 都有一定的范围,一般在 7.0 左右。刚采出的牛、羊精液偏酸性,而猪、马的偏碱性,这与副性腺分泌物多少有关。精子密度大和果糖含量高的精液,因糖酵解使乳酸累积,会使 pH 下降。精子生存的最低 pH 为 5.5,最高为 10。pH 超过正常范围对精子有影响。绵羊精液的 pH 在 6.8 左右时受胎率高,pH 超过 8.2 以上就没有受胎能力。

（5）渗透压。精液的渗透压以冰点下降度（Δ）表示,它的正常范围为 $-0.55℃ \sim -0.65℃$。由于 $\Delta = 1.86℃$ 相当于 22.4 个大气压,一般精液的 $\Delta = -0.60℃$,亦相当于 $7 \sim 8$ 个大气压（37℃条件）。由此可见,精液并不是在 0℃ 时才结冰的。

除了上述特性以外,精液的理化特性还包括比重、黏度、导电性、光学特性等,限于本书篇幅,这里不再一一赘述。

六、外界条件对精子的影响

精液射出体外后,精子的生活环境为之改变,各种理化因素能直接影响精子的代谢和存活时间。一般而言,某些因素能刺激精子,促进其活动力和代谢增强,但其生存时间或寿命则缩短;反之,某些因素有抑制精子的作用,从而可延长其存活时间,但对精子代谢和活动力的抑制有一定的限度,超过其范围势必危害精子的生活力。接下来,我们将影响精子的外界因素及其作用讨论如下:

(1)温度。精子在体外保存,一般较适应于低温环境,因在低温时,精子的代谢活动受抑制,当温度恢复时,仍能保持活动力,继续进行代谢,这正是精液冷冻和低温保存的主要理论根据。但在低温下保存精液时,须对精液进行处理和缓慢降温,使精子逐渐适应冷的环境。反之,如将新鲜精液由30℃以上温度急剧降温到10℃以下时,精子因冷打击而造成丧失不可逆的生活力,称冷休克。精子对高温的耐受能力较差,体外保存时应避免高温。高温下的精子代谢和活动力增强,消耗能量很快,能在短时间内导致死亡。绵羊对高温特别敏感,公羊处于高温环境中(如36℃以上),易使精液中的精子数稀少,而且大多死亡和变性。对其他动物也有类似结果。

(2)光照和辐射。日光对精液短时间的照射,能刺激精子的氧摄取量和活动力,但毕竟是有害的,尤其是直射日光。因日光中的红外线能直接使精液温度升高,而紫外线对精子的影响尚决定于它的剂量强度。试验证明,波长366 nm的紫外线比波长254 nm更能抑制精子的活动力,而以波长440 nm的光所产生的影响最大。荧光灯的光照虽不及日光对精子的损害大,但在白色荧光灯下和在暗处保存牛精液作比较,结果死精子随光照强度而大为增加,精子活动力和代谢率则降低,这是因为荧光灯是利用紫外线的荧光作用所制成的,所以在实验室里常见到的日光灯,对精子也有不良的影响。

(3)pH。精液的 pH 可因精子的代谢和其他因素的影响而有所变化。当精液的 pH 降低时,精子的代谢和活动力都减弱,存活时间延长,生产中利用酸抑制的原理,在弱酸环境中保存精液。当精液的 pH 升高时,精子代谢和呼吸增强,运动活泼,能量消耗增多,存活时间缩短。因此,保存精液以 pH 偏低为宜。但太低或太高都会发生酸、碱中毒,精子会迅速死亡。

(4)渗透压。精子适宜于在等渗的环境中生存,如果精清部分的盐类浓度较高,渗透压升高,易使精子本身的水分脱出,少量的脱水可抑制精子的运动,延长生存时间;反之,低渗透压易使精子吸水膨胀,不利精子的保存。但精子对不同的渗透压有逐渐适应的性能,这是通过细胞膜使精子内外的渗透压缓缓地趋于相等的结果。但这种调节有其一定的限度,并且和液体中的电解质有很大关系。

(5)离子浓度。细胞膜对电解质的通透性比非电解质(糖类)的弱,所以电解质对渗透压的破坏性大,而且在一定浓度时能刺激并损害精子。在电解质和非电解质的比率较小的稀溶液中,精子可维持较长的存活时间。但含有一定量的电解质对精子的正常刺激和代谢是必要的,因为它能在精液中起到缓冲的作用。特别是一些弱酸性的盐类,如碳酸盐、柠檬酸盐、乳酸盐及磷酸盐等溶液,具有较好缓冲性能,对维持精液相对稳定的 pH 是必要的。任何电解质的作用决定于电解所产生的阴阳离子及其浓度,对精子的影响还因不同种动物的敏感性而有差异。一般而论,阴离子对精子的损害力大于阳离子,主要是由于阴离子能除去精子表面的脂类,易使精子凝集。这些离子对精子的影响主要是对精子的代谢和活动能力所起的刺激或抑制作用。

(6)金属元素和常用化学药物。研究表明,铅、锌等金属元素很容易对动物饲料中的营养物质构成污染,从而严重影响下丘脑、垂体、性腺轴、睾丸等的生理机能,使得动物出现代谢障碍。

除此之外,常用的消毒药物,即使浓度很低也足以杀死精子,应避免其与精液接触。但对于某些抗菌类药物,在适当的浓度下,不但无毒害作用,而且还可以抑制精液中细菌的繁殖,对精液的保存和延长精子的生存时间十分有利,已成为精液稀释液中不可缺少的添加剂。吸烟所产生的烟雾,对精子有很强的毒害作用,在精液处理的场所要严禁吸烟。

(7)免疫学作用。实验表明,抗精子抗体是导致免疫不育的主要原因之一,存在于不孕雌雄动物的血清、精液、宫颈黏液、阴道分泌液及卵泡液中。除了精子本身具有一定的抗原性外,精清或稀释液中的某些成分都可能具有一定的抗原性,如某些副性腺的分泌物、稀释液中常用的卵黄等。在配种和输精的过程中,就有可能在母畜生殖道内产生相应的抗体。精子作为外来的同种异体抗原,每次输精或交配就相当于一次免疫接种,但一般不产生抗精子免疫。抗体是否产生和浓度的高低,存在种间和个体差异,也与反复配种和输精的次数有关。其抗精子抗体的产生多继发于雌性生殖道黏膜(如阴道黏膜和宫颈黏膜)的破损或炎症。一旦这种免疫反应发生,母畜的受胎率就会引起不同程度的降低,甚至会造成免疫性不孕。

第二节　雌性动物生殖生理

一、雌性动物的生殖器官及其功能

雌性动物(母畜)的生殖器官包括性腺(卵巢)、生殖道(输卵管、子宫、阴道)、外生殖器官(尿生殖前庭、阴唇、阴蒂)。如图2-5所示,给出了母猪、母牛、母羊、母马的生殖器官结构图。

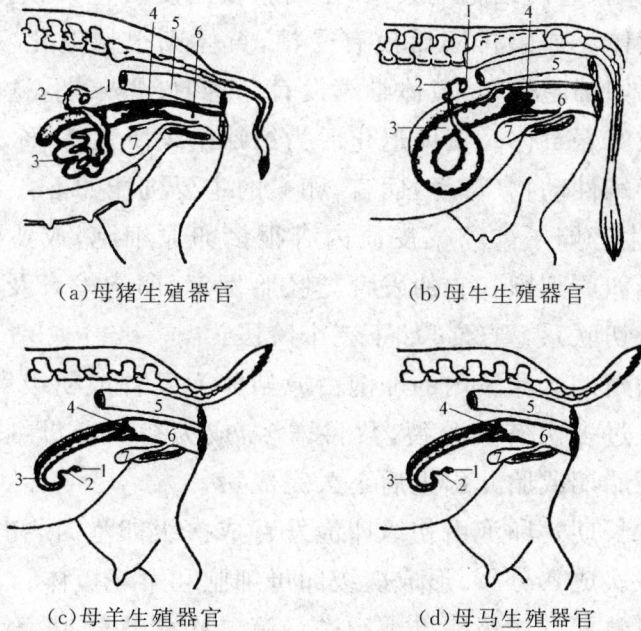

（a）母猪生殖器官　　　　　　　　（b）母牛生殖器官

（c）母羊生殖器官　　　　　　　　（d）母马生殖器官

图 2-5　雌性动物的生殖器官

1—卵巢；2—输卵管；3—子宫角；4—子宫颈；5—直肠；6—阴道；7—膀胱

（一）卵巢（性腺）

卵巢（性腺）是雌性动物生成卵子、排卵和分泌雌性激素（雌激素、孕激素等）的器官。卵巢成对存在，以较厚的卵巢系膜悬吊于盆腔前口的两侧，在子宫角末端的上方，经产母牛的卵巢常稍坠于前下方。卵巢表面在其卵巢系膜附近被覆腹膜，其余大部分被覆生殖上皮。生殖上皮在胚胎期为立方上皮，是卵细胞的发源处，成年后变为扁平上皮。上皮深层有一层致密结缔组织构成的白膜，白膜内为卵巢实质。卵巢实质分为浅层的皮质和深层的髓质。皮质内含数以万计的卵泡，成熟的卵泡以破溃的方式将卵细胞从卵巢表面排入腹膜腔。髓质无卵泡，由血管、淋巴管、神经和平滑肌纤维的结缔组织构成。在卵巢断面上可见有的卵泡在发育过程中退化，这种卵泡称为闭锁卵泡。卵细胞成熟后，突出于卵巢表面，在神经和体液的影响下，卵泡破裂，从卵巢中排出后，卵巢壁塌陷,壁内细胞增大,并在细胞质出现黄色素颗粒,这些细胞称为黄体。如果排卵后没有受精,黄体则很快退化,称周期黄体。如果卵细胞受精,黄体继续发育,直到妊娠末期,这种黄体称真黄体或妊娠黄体。黄体退化后为结缔组织所代替,称为白体。

对于雌性动物(母畜)而言,卵巢的主要机能如下:

(1)生产卵子。卵巢皮质内有很多卵原细胞,成熟的卵母细胞来源于卵原细胞。它的发育与胚胎发育、卵泡发育及受精过程均有着密切联系,要经过如下三个阶段:

①增殖期。卵巢内的卵泡由原始卵泡发育成初级卵泡时,卵原细胞经过多次有丝分裂,数目增多,成为初级卵母细胞。这一过程在胚胎期或胎儿出生后不久完成。

②生长期。卵泡由初级卵泡发育成次级卵泡时,初级卵母细胞经第一次成熟分裂,形成次级卵母细胞和第一极体。

③成熟期。次级卵母细胞进行第二次成熟分裂,至分裂中期停止下来,虽然这时卵泡已发育成熟,但卵子仍处于次级卵母细胞阶段,在受精时精子核进入次级卵母细胞之后继续进行发育,直到最后成熟,并排出第二极体。

(2)排卵。由于成熟卵泡的体积增大,部分突出于卵巢表面,使隆起部分的卵泡壁、白膜和生殖上皮变薄,并出现一个卵圆形透明小区,称小斑。小斑处的组织被胶原酶、透明质酸酶分解使卵泡破裂,卵母细胞及其周围的透明带、放射冠随卵泡液一同流出卵巢,这一过程称为排卵。

(3)内分泌激素。卵巢还能够分泌多种激素,如雌激素、孕激素、松弛素和少量雄性激素等,这些激素具有十分重要的生理作用。

(二)输卵管

输卵管是位于卵巢和子宫角之间的一对弯曲管道,长 20～28 cm,是输送卵子和卵子进行受精的场所。输卵管的前端扩大成漏斗状,称为输卵管漏斗。漏斗中央的深处有一口为输卵管腹腔口,与腹膜腔相通,卵子由此进入输卵管。输卵管前段管径最粗,也是最长的一段,称输卵管壶腹。卵细胞常在此处受精,受精卵进入子宫腔着床;后段较狭而直,称输卵管峡部,以输卵管子宫口开口于子宫腔。牛输卵管与子宫角的交界处无明显界限。输卵管管壁由黏膜、肌层和浆膜构成。黏膜形成纵的输卵管褶,其上皮具有纤毛;肌层主要是环行平滑肌;浆膜包裹在输卵管的外面,并形成输卵管系膜。

输卵管既可以运输卵子,又是受精的部位,其主要生理机能是承受并运送卵子,为精子获能、受精及卵裂提供场所,分泌氨基酸、葡萄糖、乳酸、黏蛋白及黏多糖等物质。

(三)子宫

子宫是有腔的肌质器官,壁较厚,胎儿在此发育成长。该器官大部分位于腹腔,小部分位于骨盆腔,背侧为直肠,腹侧为膀胱,前接输卵管,后接阴道,借助于子宫阔韧带悬于腰下腹腔。各种哺乳动物子宫的形态不一致,可分为双子宫(啮齿类和翼手类以及象)、双分子宫(牛、羊和鹿)、双角子宫(马、猪、狗)和单子宫(灵长类)。各种家畜的子宫都分为子宫角、子宫体和子宫颈三部分。子宫角有大小两个弯,大弯游离,小弯供子宫阔韧带附着,血管神经由此出入。子宫颈前端以子宫内口和子宫体相通,后端突入阴道内(猪例外),称为子宫颈阴道部,其开口为子宫外口。子宫的主要生理机能如下:

(1)发情时,子宫借其肌纤维的有节律的收缩作用而运送精液,使精子可能超越其本身的运行速率进入输卵管。分娩时,子宫以其强有力阵缩而排出胎儿。

(2)子宫内膜的分泌物和渗出物,以及内膜进行糖、脂肪、蛋白质的代谢物,可为精子获能提供环境,又可供孕体(囊胚到附植)的营养需要。怀孕时,子宫内膜(在牛、羊为子宫阜)形成母体胎盘,与胎儿胎盘结合成为胎儿母体间交换营养和排泄物的器官。子宫是胎儿发育的场所,子宫随胎儿生长的要求在大小、形态及位置上发生显著变化。

（3）对卵巢机能的影响。在发情季节，如果母畜未孕，在发情周期的一定时期，一侧子宫角内膜所分泌的前列腺素对同侧卵巢的周期黄体有溶解作用，以致黄体机能减退，垂体又大量分泌促卵泡素，引起卵泡发育成长，导致发情。

（4）子宫颈是子宫的门户，在不同的生理状况下，子宫颈处于不同的状态。在平时子宫颈处于关闭状态，以防异物侵入子宫腔；发情时开张，以利于精子进入，同时宫颈大量分泌黏液，是交配的润滑剂；妊娠时，子宫颈柱状细胞分泌黏液堵塞子宫颈管，防止感染物侵入；临近分娩时刻，颈管扩张，以便胎儿排出。

（5）子宫颈是精子的"选择性贮库"之一，子宫颈黏膜分泌细胞所分泌的黏液的微胶粒方向线，将一些精子导入子宫颈黏膜隐窝内。宫颈可以滤除缺损和不活动的精子，所以它是防止过多精子进入受精部位的栅栏。

（四）阴道

阴道既为母畜的交配器官，又为胎儿娩出的通道。其背侧为直肠，腹侧为膀胱和尿道。阴道腔为一扁平的缝隙。前端有子宫颈阴道部突入其中。子宫颈阴道部周围的阴道腔称为阴道穹隆。后端和尿生殖前庭之间以尿道外口及阴瓣为界。未曾交配过的幼畜（尤其是马、羊）阴瓣明显。

除了上述几种生殖器官以外，雌性动物的生殖器官还包括外生殖器官，具体包括尿生殖前庭、阴唇和阴蒂，限于本书篇幅，这里不再赘述这些生殖器官的结构及机能，有兴趣的读者可以参阅相关文献资料。

二、雌性动物性机能发育

一般地，伴随雌性动物从幼体到老年，其生殖机能也有一个发展过程。即从性活动开始到性机能旺盛再逐渐衰退和终止的过程。其繁殖能力的获得是一个渐进的过程，它不仅包含着生殖器官的发育变化，而且是神经—内分泌及环境因素等诸方面相互作用的结果。一般可将其分为初情期、性成熟、生殖机能衰退或终止期等几个阶段。

(一)初情期与性成熟

所谓初情期,具体是指雄性动物首次释放出精子,雌性动物首次发情或排卵。而性成熟则是指动物生殖器官基本发育完善,能产生正常的配子,具备繁衍后代的能力,公、母一旦交配能使雌性受孕,这个时期称为性成熟期。初情期动物的生殖器官尚未发育完善,生殖内分泌功能还不健全,所以也难以受孕。初情期后,再经过一段时间发育,母畜具有正常的周期性发情和协调的内分泌调节能力即可到达性成熟期。

影响初情期和性成熟的主要因素包括以下几种:

(1)遗传因素。不同种类动物初情期和性成熟出现的早迟不同,就是同种动物的不同品种也有很大差异。

(2)季节因素。季节因素包含光照、温度和湿度等,其中光照对季节性发情动物初情期影响尤为明显。对非季节性发情的动物也有一定影响,如春季至夏季出生的母猪初情期较秋、冬季出生的早。温度也影响动物的初情期和性成熟,同种动物处于热带较处于寒带的初情期早。

(3)营养因素。科学的饲养管理能确保初情期与性成熟正常出现,营养不良则影响性机能的发育,使初情期延迟。

(4)群体环境。一般地,群体放牧饲养较单圈舍饲养性成熟早,公、母混群饲养能促使雌性初情期提前。

如表 2-3 所示,给出了常见家畜的初情期与性成熟年龄。

表 2-3　常见家畜的初情期与性成熟年龄(月龄)

动物种类	牛	水牛	马	驴	猪	羊
初情期	6~12	10~15	12	8~12	3~6	4~8
性成熟	8~14	15~20	12~18	12~18	4~8	6~10

（二）初配年龄

初情期和性成熟都是生理学概念，是生殖机能发育的两个阶段。初配年龄是动物最适宜的配种年龄。性成熟的动物，虽然具备了生育能力，但整个机体正在生长发育过程中，若过早配种，不仅影响本身生长发育、生产性能、繁殖机能的发挥；还会影响胎儿的发育。所以在生产实践中，提出了初配年龄这个概念。一般来说，应在性成熟后体成熟前，结合体重综合考虑。通常是在性成熟后其体重达到成年体重70%左右便可以开始配种。公、母畜初配年龄差异不大：马、驴2.5～3岁，牛1.5～2岁，水牛2.5～3岁，中国地方猪种6～8月龄，引进品种8～10月龄，羊1～1.5岁。

（三）繁殖机能衰退期

动物繁殖机能有一定的年限。随着年龄的增长，雄性生精机能下降，性欲减退，逐渐失去繁殖能力；雌性卵巢机能减退或萎缩，不再出现周期性发情。把这个时期称为繁殖机能衰退期。但繁殖机能维持年限的长短，因品种、饲养管理以及个体健康状况而有很大差异。一般而言，牛15～22岁，水牛18～25岁，马20～25岁，山羊11～13岁，绵羊8～10岁，猪10～15岁。

三、卵泡发育和排卵

雌性动物达到性成熟以后，在下丘脑与垂体所分泌的生殖激素的作用下，卵巢上出现周期性的卵泡发育、排卵、黄体形成与退化等活动。由于卵巢上卵泡的周期性发育，使雌性动物在外部行为上表现出周期性。卵泡是哺乳动物卵巢上的基本发育单位，卵子的发生是在卵泡内进行的，即卵泡为卵子的发生提供了一个最佳的微环境。通常所说卵泡发育指单个卵泡而言，而卵泡发生指卵巢上卵泡群体的动态变化。

（一）卵泡的发育

动物在出生前卵巢内就含有大量的原始卵泡，但出生后随着年龄的增长，数量不断减少，在发育过程中大多数卵泡中途闭锁，只有少数卵泡才能发育成熟而排卵。如图 2-6 所示，给出了卵泡发育阶段个体结构模式图。根据发育过程中形态结构的变化，一般将卵泡分为如下五类：

（1）原始卵泡。原始卵泡是最小的卵泡，位于卵巢皮质，由单层扁平的细胞包裹初级卵母细胞构成，没有卵泡膜和卵泡腔，在胎儿期或出生后不久形成。随着雌性动物的生长，部分原始卵泡也开始生长，但只有极少数能发育到更高类别的卵泡，大部分卵泡都闭锁退化了。原始卵泡的数量恒定，在出生时母牛原始卵泡的数量约为 10 万个，性成熟期约为 7.5 万个，到 5 岁时约为 2 万个，老龄母牛卵巢原始卵泡数量约为 2000 个，母猴出生时约有 68 000个，初情期之前又有很多发生退化，4 岁后，原始卵泡明显开始减少，10～14 岁时平均有 25 000 个，20 岁时平均仅 3000 个左右。

（2）初级卵泡。从原始卵泡中募集而来，位于卵巢皮质外部。由卵母细胞和其周围的单层立方形卵泡细胞构成，卵泡细胞数量逐渐增加，卵母细胞的直径增大，卵泡开始变大，但卵泡膜尚未形成，没有卵泡腔，只有少数初级卵泡能继续发育卵泡，其余的初级卵泡闭锁退化了。此发育阶段前的卵泡发育并不依赖于促性腺激素。

（3）次级卵泡。由初级卵泡经过选择发育形成，位于卵巢皮质内部。此时期的卵泡与卵母细胞体积均有明显增大，卵泡细胞层数增至多层，靠近卵母细胞的几层细胞体积变小，称为颗粒细胞，开始分泌黏多糖，并围绕在卵母细胞外形成相对较厚呈半透明的透明带。次级卵泡还没有形成卵泡腔，但其生长发育依赖于促性腺激素。

（4）三级卵泡。由次级卵泡发育而来。在促性腺激素的作用下，卵泡发育加快，体积变大。颗粒细胞的分泌活动增加，产生大量的液体称为卵泡液,卵泡液填充颗粒细胞间的空隙后聚集在一起,在颗粒细胞间形成空腔,称为卵泡腔。在透明带周围的颗粒细胞形态呈放射状分布,形成放射冠,放射冠细胞有微绒毛伸入透明带内,放射冠、透明带和卵母细胞合称为卵丘。

(5)成熟卵泡。随着三级卵泡中卵泡液的持续增加,卵泡腔持续增大,少数三级卵泡生长至优势卵泡,突出于卵巢表面,形成水泡样结构,称为排卵卵泡或成熟卵泡,其大小为小于 1 cm 至数厘米,卵泡大小的变化因卵泡发育阶段、闭锁状况和物种的不同而不同。牛的成熟卵泡直径可达 10～14 cm,猪的成熟卵泡直径通常不到 1 cm。

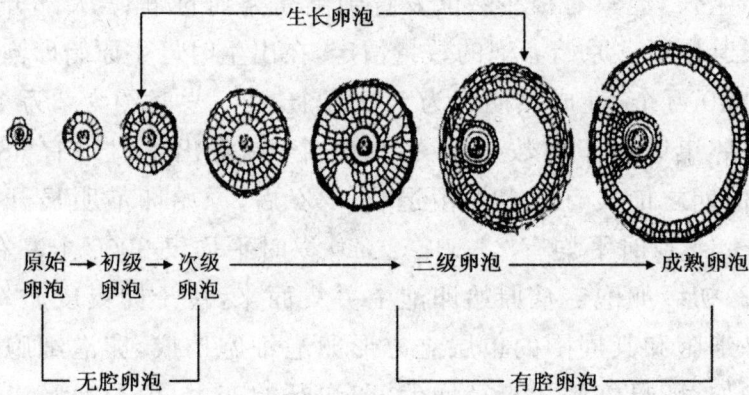

图 2-6 卵泡发育阶段个体结构模式

(二)排卵

在垂体 LH 峰的影响下,成熟卵泡破裂,卵丘—卵母细胞复合体随着卵泡液一起被排出的过程称为排卵。不同的动物之间排卵数差异较大,牛、马和驴通常只排出一个卵子,母猪的排卵数为 10～25 个,少数母猪(如太湖猪)的排卵数能超过 30 个。

1.排卵类型

根据哺乳动物排卵的特点,哺乳动物的排卵分为两种类型,即自发性排卵和诱发性排卵,详述如下:

（1）自发性排卵。卵泡发育成熟后自动破裂排卵即自发性排卵。排卵后会在排卵的地方形成两种黄体：一种是雌性动物发情周期正常，排卵后不需要通过交配形成的黄体，这类黄体具有分泌孕激素的功能，在发情周期中会维持一段时间，如各种家畜与人类；二是雌性动物在排卵后需要通过交配才能形成功能性黄体，否则形成的黄体不能分泌雌激素，如小鼠、大鼠等。

（2）诱发性排卵。通过交配或其他方式对阴道或子宫颈刺激后，发育成熟的卵泡才能排卵并形成功能性黄体的现象称为诱发性排卵或反射性排卵，如骆驼、兔、猫科动物和水貂等。一般来说，诱发性排卵的动物都有相对较长的交配时间（如兔）或在一个发情周期内能接受多达上百次的交配（如狮子）。较长的交配时间或多次交配保证了对雌性动物足够的神经刺激以导致排卵发生。

无论是自发性还是诱发性排卵都与 LH 作用有关，但其作用途径有所不同。自发性排卵的动物，LH 排卵峰是发情周期中自然产生的。而诱发性排卵必须经过交配刺激，引起神经—内分泌反射而产生 LH 排卵峰，促进卵泡成熟和排卵。

2. 排卵过程

排卵前，由于颗粒细胞与卵泡内膜细胞逐渐分开，卵泡弹性也增强，在垂体 LH 分泌量达到一定峰值时，卵泡表面的组织层（卵巢表皮、富含胶原的白膜、卵泡外膜和内膜等）破裂，卵母细胞排出。排卵过程主要涉及卵泡变化和排卵部位，详述如下：

（1）卵泡变化。排卵前，卵泡将经历三大变化：卵母细胞质和细胞核成熟；卵丘细胞聚合松散，颗粒细胞各自分离；卵泡膜变薄，最终破裂。

（2）排卵部位。一般哺乳动物的排卵部位除卵巢门外，在卵巢表面的任何部位都可发生排卵，唯有马属动物的排卵仅限于卵巢中央排卵窝处。

3. 排卵时间

各种动物的排卵时间,因动物的种类、品种、个体、年龄、营养状况及环境条件不同而异。牛为发情结束后 8～12 h;羊为发情终止时;猪为发情终止前 8 h 左右、排卵持续时间 6～10 h;马为发情终止前 24～36 h。

4. 排卵数目

不同动物发情时,能够排出成熟卵泡的个数差别较大。牛和马等大家畜一般每次排 1 枚,猪 10～25 枚,绵羊 1～3 枚,山羊 1～5 枚。成熟卵泡的大小,牛为 12～19 mm,猪为 8～12 mm,马为 25～70 mm,绵羊为 5～10 mm,山羊为 7～10 mm。

(三)黄体的形成与退化

成熟卵泡排卵后形成黄体,黄体分泌孕酮作用于生殖道,使之向妊娠的方向变化,如未受精,一段时间后黄体退化,开始下一次的卵泡发育与排卵。

成熟卵泡破裂排卵后,由于卵泡液排出,卵泡壁塌陷皱缩,从破裂的卵泡壁血管流出血液和淋巴液,并聚积于卵泡腔内形成血凝块,称为红体。此后颗粒细胞在 LH 作用下增生肥大,并吸收类脂质——黄素而变成黄体细胞,构成黄体主体部分。同时卵泡内膜分生出血管,布满于发育中的黄体,随着这些血管的分布,卵泡内膜细胞也移入黄体细胞之间,参与黄体的形成,此为卵泡内膜细胞来源的黄体细胞。在发情周期中,雌性动物如果没有妊娠,所形成的黄体在黄体末期退化,这种黄体称为周期性黄体。周期性黄体通常在排卵后维持一定时间才退化。如果雌性动物妊娠,则转化为妊娠黄体,此时黄体的体积稍大。实践表明,除马之外,大多数动物妊娠黄体一直维持到妊娠结束才退化。

在不能发生精卵受精的前提下,黄体开始退化,而卵巢上其他大卵泡又开始逐渐成熟。随着黄体细胞的降解,黄体的体积逐渐减小,颜色变淡而形成白体,2～3个发情周期后,只能在卵巢表皮上看见白斑。牛的黄体在发情后14～15 d就开始退化,大约在36 h退化到原来体积的一半。

　　黄体溶解是黄体细胞的崩解或腐烂,引起血液中孕酮浓度的急剧下降。黄体细胞经历不可逆的崩解或腐烂过程,一般发生在黄体末期的1～3 d。控制黄体溶解的激素是子宫内膜产生的$PGF_{2\alpha}$和由黄体分泌的催产素以及孕酮,其中$PGF_{2\alpha}$是导致黄体发生溶解的主要因素。$PGF_{2\alpha}$经子宫静脉,通过弥散作用转移至子宫—卵巢动脉,使$PGF_{2\alpha}$能聚集于卵巢上的黄体组织而发挥作用。如图2-7所示,给出了$PGF_{2\alpha}$溶解卵巢黄体的途径。如果黄体溶解不能发生,由于孕酮会抑制促性腺激素的分泌,雌性动物将始终停留在黄体期。

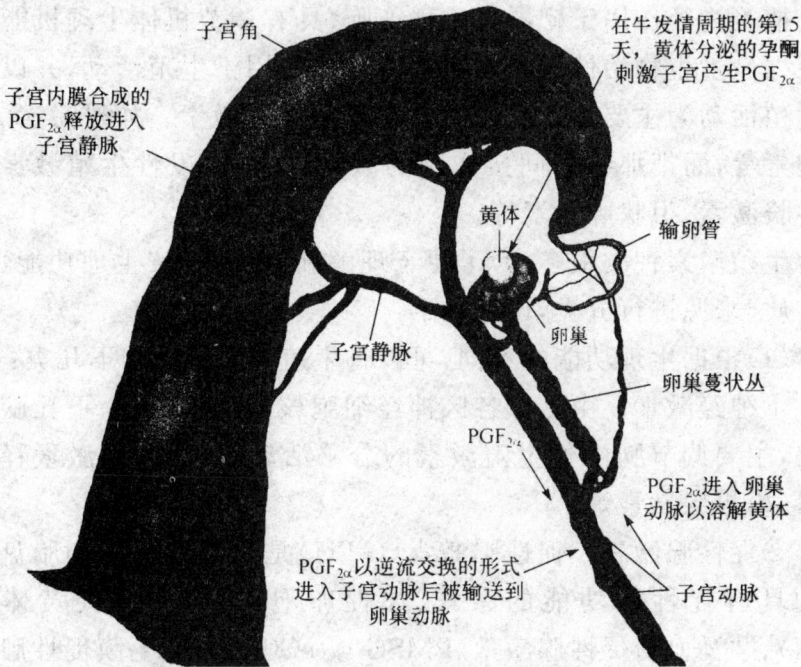

图 2-7　$PGF_{2\alpha}$溶解卵巢黄体的途径

第三节　动物主要生殖激素的生理功能及应用

一、生殖激素概述

动物的繁殖活动是一个极为复杂的过程。雄性动物的精子发生及性行为，雌性动物的卵子发生、卵泡发育、排卵和周期性的发情变化、受精、妊娠、分娩及泌乳等，所有这些生理机能，都与生殖激素的作用有着密切的关系。

（一）生殖激素的概念及分类

激素音译为"荷尔蒙"，是由动物机体产生、经体液循环或空气传播等途径作用于靶器官或靶细胞、具有调节机体生理机能的一系列微量生物活性物质。通常把直接作用于生殖活动，并以调节生殖活动为主要生理机能的激素称为生殖激素。如雌激素、促卵泡素等；而把那些有间接作用的激素称为"次发性生殖激素"，如生长激素、甲状腺激素等。

生殖激素种类很多，为了便于理解和应用，可按生理功能、化学本质、来源进行分类，详述如下：

（1）根据生理功能的不同，可以将生殖激素分为如下几类：

①神经激素。由脑部各区神经细胞核团如松果腺、下丘脑等分泌，主要调节脑内外生殖激素的分泌活动，如促性腺激素释放激素、松果腺激素等。

②促性腺激素。促性腺激素（GTH）是由垂体前叶和胎盘分泌的具有促性腺功能的激素，如促卵泡素（FSH）、促黄体素（LH）、孕马血清促性腺激素（PMSG 或 eCG）、人绒毛膜促性腺激素（hCG）等。

③性腺激素。由睾丸、卵巢或胎盘分泌，对生殖活动以及下丘脑和垂体的分泌活动有直接或间接作用，如雌激素、雄激素、孕

激素等。

④其他类激素。包括组织激素和外激素等。有些激素所有组织器官均可分泌，如前列腺素，可作用于卵泡发育、黄体退化等。外激素由外分泌腺体(有管腺)分泌，以空气或水等为媒介影响同种动物性行为和性机能，如公猪睾丸分泌的雄甾烯酮。

(2)根据化学性质的不同，可以将生殖激素分为含氮激素、类固醇激素和脂肪酸激素。

(3)根据来源的不同，可将生殖激素分为脑部激素(包括下丘脑激素、松果腺激素、垂体激素)、性腺激素、子宫激素和胎盘激素等。

如表 2-4 所示，给出了上述各类激素的名称、来源、化学性质和主要生理功能。

表 2-4　生殖激素的名称、来源、化学性质和主要生理功能

分类	中文名称	英文缩写	来源	化学性质	主要生理功能
神经激素	促性腺激素释放激素	GnRH	下丘脑	十肽	促进腺垂体释放 FSH 和 LH
	催乳素释放因子	PRF	下丘脑	多肽	促进腺垂体释放 PRL
	催乳素释放抑制因子	PIF	下丘脑	多肽	抑制腺垂体释放 PRL
	促甲状腺素释放激素	TRH	下丘脑	三肽	促进腺垂体分泌 TSH 和 PRL
	催产素	OXT	下丘脑	九肽	刺激子宫收缩，参与排乳反射
	褪黑激素	MLT	松果腺	胺类	抑制哺乳动物性成熟
	8-精加催素	AVT	松果腺	九肽	抑制性腺生长，抗利尿和催产作用

续表

分类	中文名称	英文缩写	来源	化学性质	主要生理功能
垂体促性腺激素	促卵泡素	FSH	腺垂体	糖蛋白	促使卵泡发育成熟,促进精子发生
	黄体生成素	LH	腺垂体	糖蛋白	促使卵泡排卵,形成黄体,促进性激素分泌
	催乳素	PRL	腺垂体	蛋白质	促进乳腺发育与泌乳,促进黄体分泌孕酮
性腺激素	睾酮	T	睾丸	类固醇	维持雄性第二性征、副性器官,促进精子发生、性欲,促进同化代谢,好斗性
	雌二醇	$17\text{-}\beta\text{-}E_2$	卵巢,胎盘	类固醇	促进发情行为、第二性征,促进乳腺管道发育,刺激宫缩,对下丘脑和垂体的反馈调节
	孕酮	P	卵巢,胎盘	类固醇	促进发情行为,抑制宫缩、维持妊娠,促进子宫腺体发育、乳腺泡发育
	抑制素		睾丸,卵巢	蛋白质	特异性抑制 FSH 分泌
	松弛素		卵巢,胎盘	多肽	促使软产道松弛
胎盘激素	孕马血清促性腺激素	PMSG	马属动物胎盘	糖蛋白	主要与 FSH 类似,兼有 LH 作用
	人绒毛膜促性腺激素	HCG	灵长类胎盘	糖蛋白	与 LH 类似,兼有 FSH 作用

续表

分类	中文名称	英文缩写	来源	化学性质	主要生理功能
其他	前列腺素族	PGs	全身各组织	不饱和脂肪酸	溶解黄体、促进宫缩等广泛的生理作用
	外激素类				不同个体间的化学通信物质

（二）生殖激素的作用特点

生殖激素虽然种类很多,作用复杂,但它们在对靶组织发挥调节作用的过程中,具有如下一些共同特点:

(1)生殖激素只调节化学反应速度,不发动细胞内新反应。生殖激素只能加快或减慢细胞内的代谢过程,而不发动细胞内的新反应,类似化学反应中的催化剂。

(2)生殖激素在血液中消失很快,但常常有持续性和累积性作用。例如,将孕酮注射到家畜体内,在 $10 \sim 20$ min 内就有 90% 从血液中消失。但其作用要在若干小时甚至数天内才能显示出来。

(3)活性强。微量的生殖激素就可以引起明显的生理变化。生理状态下,动物体内生殖激素的含量极低,但所引起的生理变化十分明显。例如,将 1 pg(10^{-12} g)雌二醇直接作用到阴道黏膜或子宫内膜上,就可以引起明显的变化。

(4)作用依赖于激素分泌的模式和持续时间。生殖激素以三种模式分泌,如图 2-8 所示。第一种是周期性分泌,激素在神经系统的控制下与受体紧密联系。当下丘脑的神经去极化,神经肽瞬间释放,垂体前叶激素也因此以间断的方式释放。间断释放形成的可预测的类型被称作脉冲分泌,此种方式的动物具有正常的发情周期。而初情期的动物激素亦间断性释放,但其是不可预测的。第二种是基础分泌,此种方式的激素浓度低,且脉冲幅度小。第三种类型是持续分泌,以相对稳定的形式持续较长一段时间,类固醇激素如发情期间或妊娠期间的孕激素会持续性释放,以控制发情或妊娠。

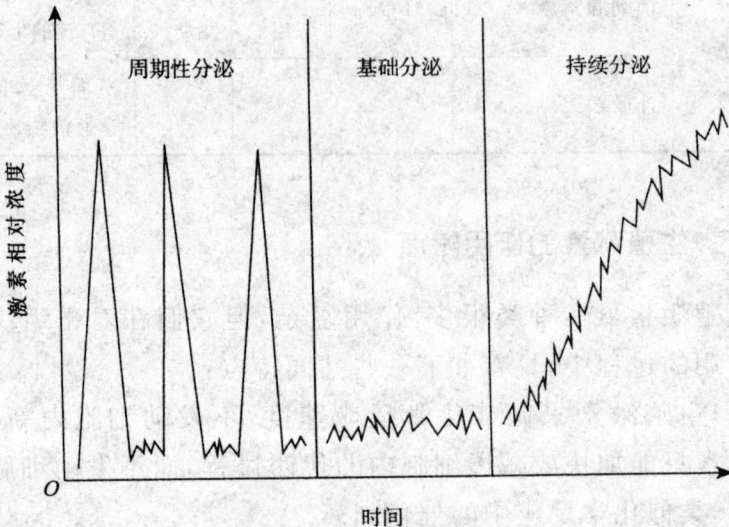

图 2-8　生殖激素的分泌模式

(5)生殖激素的作用具有选择性。各种生殖激素均有其一定的靶组织或靶器官,如促性腺激素作用于性腺(睾丸和卵巢),雌激素作用于乳腺管道,而孕激素作用于乳腺腺泡等,它们均具有明显的选择性。

(6)生殖激素间具有协同和抗衡作用。例如,母畜的排卵现象就是促卵泡素和促黄体素协同作用的结果。又如,雌激素能引起子宫兴奋、蠕动增加,而孕酮可以抵消这种兴奋作用,减少孕酮或增加雌激素都可能引起妊娠家畜流产,这说明两者之间存在着抗衡作用。

二、神经激素

(一)促性腺激素释放激素

促性腺激素释放激素(GnRH)又名促黄体素释放激素(LH-

RH 或 LRH)、促卵泡素释放激素(FSH-RH)等,由下丘脑某些神经细胞所分泌,所有哺乳动物下丘脑分泌的 GnRH 均为十肽,并具有相同的分子结构和生物学效应。人工合成的 GnRH 类似物如促排卵 2 号和促排卵 3 号比天然的少 1 个氨基酸,但其活性大,有的比天然的高出 140 倍。

促性腺激素释放激素(GnRH)及其类似物能促进垂体前叶合成和分泌 FSH、LH,可以用于发情和排卵的控制。在黄体期内大剂量或持续使用 GnRH,具有溶解黄体的作用,从而可控制同期发情效果。

GnRH 及其类似物在生产中主要用于促进排卵。如母猪、母牛发情配种时或配种后 10 d 内注射 GnRH100～200 μg,可以提高配种受胎率。用 GnRH 类似物(LRH-A$_1$ 或 LRH-A$_2$,5～10 $\mu g/kg$)可以诱导亲鱼产卵。GnRH 及其类似物还可用于治疗牛卵巢静止和卵泡囊肿等症,使牛正常发情而繁殖。

(二)催产素

催产素(OXT)是由下丘脑视上核和室旁核分泌合成的含有一个二硫键的由 9 个氨基酸组成的多肽激素,贮存于垂体后叶,当动物机体受到刺激时释放。在卵巢、子宫等部位也能产生少量的催产素。

在动物繁殖过程中,催产素发挥着极其重大的作用。它可以对子宫作用,促进完成分娩;可以对乳腺作用,引起排乳;可以对卵巢作用,促进黄体溶解;可以对中枢神经系统作用,参与调节机体的多种功能。除了这些功能以外,大剂量催产素也有一定抗利尿作用。另外,在精液中加入催产素,还可促进子宫收缩,有利于精子运行到受精部位,提高受精率。

三、垂体促性腺激素

促性腺激素由垂体前叶分泌,主要包括促卵泡素、促黄体素和促乳素。

(一)促卵泡素

促卵泡素(FSH)又名卵泡刺激素,由垂体前叶嗜碱性细胞分泌,是一种糖蛋白激素,能溶于水,分子质量约为 30 000 u,半衰期约为 5 h。促卵泡素具有如下生理功能:

(1)对雄性动物。促卵泡素可促进精细管发育,使睾丸增大。促进生精上皮发育,刺激精原细胞增殖,在睾酮的协同下促进精子的形成。

(2)对雌性动物。促卵泡素可促进有腔卵泡生长和发育。FSH 能提高卵泡壁细胞的摄氧量,增加蛋白合成,促进卵泡内膜细胞分化,促进卵泡颗粒细胞增生和卵泡液的分泌。能够协同促黄体素,促使卵泡内膜细胞分泌雌激素,激发卵泡的最后成熟,诱发排卵并使颗粒细胞变成黄体细胞。

畜牧业上,FSH 通常用于胚胎移植程序中的超数排卵。此外,在诱发排卵、治疗性欲缺乏和卵巢囊肿等方面也有应用。在妇女绝经期后,由于缺乏足够的类固醇激素,垂体 FSH 产量大大增加,血中 FSH 含量极高,以致直接通过肾而进入尿中,称为人绝经期促性腺激素(hMG),其生物学活性超过 FSH。hMG 已有商品,在人类生殖和动物繁殖上广泛应用。

(二)促黄体素

促黄体素(LH)由垂体前叶的另一种嗜碱性细胞分泌,是糖蛋白激素,能溶于水,分子质量约为 30 000 u。在提取和纯化过程中比 FSH 稳定。促黄体素具有如下生理功能:

(1)对雄性动物。促黄体素可刺激睾丸间质细胞合成并分泌睾酮,这对副性腺的发育和精子的最后成熟起决定性作用。

(2)对雌性动物。促黄体素可促使卵巢血流加速,在促卵泡素作用的基础上引起卵泡排卵和促进排卵后生成黄体。

研究表明,垂体中 FSH 和 LH 的比例与不同家畜的生殖活动表现有着密切的关系。不同动物垂体中 FSH 和 LH 的比例和绝对值有所不同。例如,母牛垂体中的 FSH 最低,母马的最高,绵羊和猪虽介于两者之间,但仅为母马 FSH 含量的 1/10。就两者比较而言,牛、羊的 FSH 显著低于 LH,马的正好相反,母猪则介于之间。这种差别关系到不同动物发情期的长短、排卵时间的早晚、发情表现的强弱以及安静发情出现的多少等。如图 2-9 所示,给出了各种母畜垂体前叶 FSH 及 LH 含量比例与发情排卵的关系。

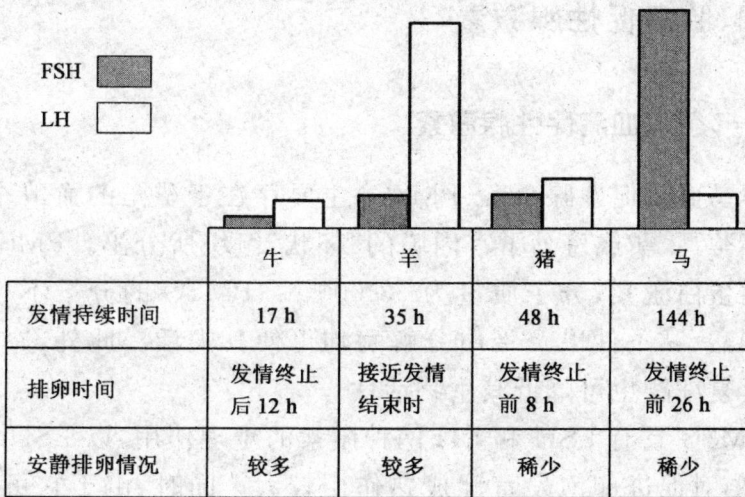

	牛	羊	猪	马
发情持续时间	17 h	35 h	48 h	144 h
排卵时间	发情终止后 12 h	接近发情结束时	发情终止前 8 h	发情终止前 26 h
安静排卵情况	较多	较多	稀少	稀少

图 2-9 各种母畜垂体前叶 FSH 及 LH 含量比例与发情排卵的关系

LH 常用于诱导排卵、治疗黄体发育不全和卵巢囊肿等。一般先用 FSH 或 PMSG 促进卵泡生长发育,然后注射 LH 或 HCG 促进排卵。主要用于治疗排卵障碍、母畜发情期过短、屡配不孕、雄性动物性欲不强、精液和精子量少等症。FSH 和 LH 这两种激素制剂还可用于诱发非繁殖季节的母畜发情和排卵。在同期发情的处理中,配合使用这两种激素,可提高群体母畜发情和排卵的同期率。

(三)促乳素

促乳素(PRL)又名催乳素,由垂体前叶嗜酸性细胞分泌,经垂体前叶门脉系统进入血液循环。哺乳动物妊娠和泌乳期间 PRL 的分泌显著增多。研究表明 PRL 促进乳腺发育、促进和维持黄体分泌孕酮、增强雌性动物的母性行为等机能。

研究表明，促乳素（PRL）具有十分广泛的作用。就动物繁殖而言，最清楚的是促乳素（PRL）对乳腺的多种效应。有的哺乳动物尤其是啮齿类，促乳素（PRL）对黄体的维持和分泌活性有重要作用。交配、母性行为等生殖活动也有促乳素（PRL）的作用。

四、胎盘促性腺激素

（一）孕马血清促性腺激素

孕马血清促性腺激素（PMSG）主要存在于孕马的血清中，它是由怀孕马、驴或斑马子宫内膜的"杯状"组织所分泌。PMSG 是一种糖蛋白激素，分子质量为 53 000 u。PMSG 的分子不稳定，高温和酸、碱条件以及蛋白分解酶均可使其失活。此外，冷冻干燥和反复冻融也可降低其生物活性。

PMSG 具有 FSH 和 LH 两种激素的生理作用，以 FSH 活性占优势，对促进卵泡发育和成熟作用较大。同时，由于它可能含有类似 LH 的成分，因此具有一定的促进排卵和形成黄体的功能。此外，对公畜具有促进精细管发育和性细胞分化的功能。

由于 PMSG 具有 FSH 和 LH 双重活性，可用于超数排卵、治疗雌性动物乏情、安静发情或不排卵、提高母羊的双羔率、治疗雄性动物睾丸机能衰退，提高精液品质等。

（二）人绒毛膜促性腺激素

人绒毛膜促性腺激素（HCG）由孕妇胎盘绒毛的合胞体滋养层细胞合成和分泌，大量存在于孕妇尿中，血液中亦有。HCG 为糖蛋白激素，分子质量为 36 700 u。HCG 的结构与 LH 极其相似，导致它们在靶细胞上有共同受体结合点，因而具有相似的生理功能。采用灵敏的放射免疫测定法，在受孕第 8 d 的灵长类动物尿中即可检出 HCG。

HCG 与 LH 的生理功能相似,并含有少量的 FSH 活性,对雌性动物具有促进卵泡成熟、排卵和形成黄体并分泌孕酮的作用,对雄性动物具有刺激精子生成、睾丸间质细胞发育并分泌雄激素的功能。此外,HCG 还具有明显的免疫抑制作用,可防止母体对滋养层的攻击,使附植的胎儿免受排斥。

应用 HCG 可以刺激母畜卵泡成熟和排卵,治疗雄性动物的睾丸发育不良、阳痿和雌性动物的排卵延迟、卵泡囊肿以及因孕酮水平降低所引起的习惯性流产等症;与 FSH 和 PMSG 结合应用,可以提高同期发情和超数排卵的效果。

五、性腺激素

(一)雄激素

雄激素主要由睾丸间质细胞产生,肾上腺皮质也能分泌少量,其主要形式为睾酮。母畜雄激素主要来源于肾上腺皮质。卵泡内膜细胞也可以分泌少量雄激素,主要是雄烯二酮和睾酮。雄激素分子中含有 19 个碳原子,公畜体内能产生十多种具有生物活性的雄激素,其中主要是睾酮、脱氢表雄酮、雄烯二酮和雄酮,这 4 种雄激素的相对活性之比为 100∶16∶12∶10。所以通常以睾酮代表雄激素,但睾酮只有转化为二氢睾酮后才能与靶细胞核上的受体结合。母畜在各个繁殖阶段体液中均可检测出睾酮。绵羊卵泡液中睾酮与雌二醇比例反映了卵泡的生理完整性和生活力,如睾酮浓度偏高是大卵泡闭锁的先兆。

雄激素的主要生理功能可以归结为:刺激精子发生,延长附睾中精子的寿命;促进雄性副性器官(如前列腺、精囊腺、尿道球腺、输精管、阴茎和阴囊等)的发育和分泌机能;促进雄性第二性征的表现,如骨骼粗大、肌肉发达、外表雄壮等;促进公畜的性行为和性欲表现;雄激素量过多时通过负反馈作用,抑制垂体分泌过多的促性腺激素,以保持体内激素的平衡状态。

人工合成的雄激素类似物主要有甲基睾酮和丙酸睾酮,其生物学效价远比睾酮高;并可以通过消化道淋巴系统直接被吸收。在临床上主要用于治疗雄性动物性欲不强和性功能减退等。但单独使用不如睾酮与雌二醇联合处理效果好。合成的雄激素制剂注射给母牛或阉牛,可使之作为试情牛。

(二)雌激素

雌激素主要来源于卵巢,在卵泡发育过程中,由卵泡内膜和颗粒细胞分泌。卵巢分泌的雌激素主要是雌二醇和雌酮。此外,肾上腺皮质、胎盘和雄性动物的睾丸也可分泌少量雌激素。雌激素是一类化学结构类似,分子中含 18 个碳原子的类固醇激素。

雌激素的主要生理功能可以归结如下:

(1)在发情期促使母畜表现发情和生殖道的一系列生理变化。

(2)促进母畜第二性征的发育。

(3)妊娠期可促进乳腺管状系统发育,并对分娩启动具有一定作用;分娩期与催产素协同作用,刺激子宫平滑肌收缩,以利于分娩;泌乳期与促乳素协同作用,促进乳腺发育和乳汁分泌。

(4)促使长骨骺部骨化,抑制长骨生长。

(5)大量的雌激素可使公畜睾丸萎缩,副性器官退化,最后造成不育,称为"化学去势"。

(三)孕激素

孕激素是一类分子中含有 21 个碳原子的类固醇物质,它既是雄激素和雌激素生物合成的前体,又是具有独立生理功能的性腺类固醇激素。天然的孕激素有孕酮、孕烯醇酮、孕烷二醇、脱氧皮质酮等,孕酮为最主要的孕激素,主要由卵巢中黄体细胞分泌。

在自然情况下,孕酮和雌激素共同作用于母畜的生殖活动,通过协同和抗衡进行着复杂的调节作用。如果单独使用孕酮,则可以引起一系列特异效应。例如,可以抑制子宫的自发性活动,降低子宫肌层的兴奋作用,促进胎盘发育,维持正常妊娠。

目前,已有许多种合成孕激素制剂用于医学和畜牧、兽医领域。在人类医学上,孕激素主要用于避孕。在畜牧兽医上有如下用途:

(1)作为同期发情的药物一般先用孕激素制剂处理造成人为黄体期,然后统一停用孕激素,再用其他激素(如促性腺激素、$PGF_{2\alpha}$ 等)促进母畜同期发情。

(2)与其他激素,如 hCG 合用治疗母畜不发情或卵巢囊肿。

(3)与雌激素和皮质类固醇联用可诱导母羊的母性行为。

(4)孕激素是一种潜在的麻醉剂。

(四)松弛素

松弛素主要来源于哺乳母畜妊娠期间的黄体,此外卵泡内膜、子宫内膜、胎盘、乳腺、前列腺都可产生。它的主要作用是在妊娠期影响结缔组织,使耻骨间韧带扩张,抑制子宫肌的自发性收缩,从而防止未成熟的胎儿流产。此外,在雌激素的作用下,松弛素还可促进乳腺发育。

由于松弛素能使子宫肌纤维松弛、宫颈扩张,因此生产上可用于子宫镇痛、预防流产和早产以及诱导分娩等。

六、其他激素

(一)前列腺素

前列腺素(PG)属于组织激素,并非由专一的内分泌腺所产生。大量实验研究表明,它广泛存在于动物的各种组织中,主要的来源在生殖器官,特别是子宫内膜和母体子宫的胎盘,在脑部则以下丘脑较多,而且在海洋生物柳珊瑚中含量更丰富。前列腺素(PG)种类很多,不同类型的 PG 具有不同的生理功能。在动物繁殖上以 PGF 和 PGE 两种类型比较重要,这两类中又以 $PGF_{2\alpha}$ 最为突出,其主要生理功能如下:

（1）溶解黄体。$PGF_{2\alpha}$对牛、羊、猪等动物卵巢上的黄体具有溶解作用，因此又称为子宫溶黄体素。

（2）促进排卵。$PGF_{2\alpha}$可触发卵泡壁降解酶的合成，同时也由于刺激卵泡外膜组织平滑肌纤维收缩增加了卵泡内压力，导致卵泡破裂和卵子排出。

（3）促进分娩。$PGF_{2\alpha}$可促进催产素的分泌，对子宫肌有强烈的收缩作用。

（二）性外激素

外激素是动物不同个体间进行化学通信的信使，即动物体向外界释放有特殊气味的化学物质，同类动物通过嗅觉或味觉接受其刺激，可引起行为或生理上的反应。动物进行化学通信的外激素可以是单一的化学物质，也可以是几种化学物质的混合物；可以由专门的腺体所分泌，也可以是一种排泄物。外激素可诱导动物多种行为，诸如识别、聚集、攻击、性活动等。其中诱导性活动的外激素称为性外激素。

性外激素可引诱配偶或刺激配偶进行性交配，加速青年动物到达初情期，对动物的繁殖起着非常重要的作用。

公猪的睾丸中可以合成有特殊气味的化学物质 5α-雄留-16-烯-3-酮（5α-androst-16-ene-3-one），这种物质可储存在公猪的脂肪组织中，并可由包皮腺和唾液腺排出体外。公猪的颌下腺可合成一种具有麝香气味的物质，即 3α-羟-5-雄留-16-烯（3α-hydrory-5α-androst-16-ene），经由唾液排出体外。公猪释放出的这些特殊气味物质可以刺激母猪表现强烈的发情行为。因此，公猪尿液或包皮分泌物可用于母猪试情，人工合成的公猪外激素类似物被用于进行母猪催情、试情、增加产仔数。此外，公猪外激素对初情期的影响非常明显。将成年公猪放入青年母猪群，5～7 d 后即出现发情高峰，比未接触公猪的青年母猪提早初情期 30～40 d。

所谓"公羊效应"在畜牧生产中引起广泛注意。其实，在牛、马等也存在类似的公畜效应。公牛的尿液中存在一种能加速青年母牛初情期的外激素。公骆驼在交配季节枕腺肿大并流出异臭的分泌物;鹿尾腺也是外激素分泌腺;灵猫会阴腺分泌灵猫酮(顺式 9-酮-环 17 烯);麝分泌麝香酮(3-甲基环-15-烷酮)。以上物质均起外激素作用。雄性鼠类的尿中含有一种雄激素依赖性蛋白质,起外激素作用。另外,母性行为和母—仔联系的建立也有外激素的作用。

　　最后需要特别指出的是,外激素的作用越来越受到重视,但许多外激素的性质和结构尚不清楚,仍需要做大量的工作。

第三章 动物发情与发情鉴定技术

发情是雌性动物最基本的性活动表现形式,受遗传、环境及饲养管理等因素的影响。发情周期是雌性动物周期性的性活动,可分为卵泡期和黄体期,是下丘脑—垂体—卵巢轴所分泌激素调控的结果。发情鉴定和发情控制技术对畜牧业生产意义重大。本章我们就针对雌性动物的发情与发情周期、乏情、产后发情、异常发情、发情鉴定方法等内容展开详细讨论。

第一节 发情与发情周期

一、发情

雌性动物生长发育到一定年龄时,性腺(卵巢)的功能趋于完善,在垂体促性腺激素的作用下,卵巢上有卵泡发育并分泌雌激素,引起生殖器官和行为的一系列变化,并产生性欲,这种现象称之为发情。

研究表明,发情是由卵巢上的卵泡发育引起的、受下丘脑—垂体—卵巢轴调控的生理现象。雌性动物正常发情时具有明显的性欲,以及生殖器官的形态与机能的内部变化,所以正常的发情主要有以下方面的征状:

(1)卵巢变化。雌性动物一般在发情开始以前 3~4 d,卵巢上的卵泡已开始生长,至发情前 2~3 d 卵泡发育迅速,卵泡内膜增生;到发情时卵泡已发育成熟,卵泡液分泌增多,卵泡体积增大,卵泡壁变薄且突出于卵巢表面,卵泡体积达到最大,在激素的作用下,卵泡壁破裂,发生排卵。而后在排卵的凹陷处,形成黄体。

(2)行为变化。发情开始时,在卵泡分泌的雌激素和少量孕激素的作用下,刺激中枢神经系统,引起性兴奋,使雌性动物兴奋不安,对外界环境变化敏感,表现为食欲减退、鸣叫、喜接近公畜,或举尾弓背、频繁排尿,或到处走动,甚至爬跨其他雌性动物或障碍物。到发情盛期,雌性动物出现性欲,接受公畜爬跨。在群牧时常爬跨其他母畜或接受其他母畜爬跨。

(3)生殖道变化。发情时随着卵泡的发育和成熟,雌激素分泌增多。雌激素强烈的刺激生殖道,使血流量增加,外阴部表现充血、肿胀、松软、阴蒂充血且有勃起;阴道黏膜充血、潮红;子宫和输卵管平滑肌的蠕动加强,子宫颈松弛;子宫黏膜上皮细胞和子宫颈黏膜上皮杯状细胞增生,腺体增大,分泌机能增强,有黏液分泌。发情前期黏液量少;发情盛期黏液最多,且稀薄透明;而发情末期黏液量少且浓稠。发情时生殖道的明显变化是鉴别发情的依据之一。

上述三方面的生理变化程度,又因动物发情期的不同阶段而有所差异,一般来说,在发情盛期时表现最为明显,而在发情前期和后期则较弱。此外,由于动物品种和个体的差异,其表现程度也有差异。

二、发情周期

(一)发情周期的定义及类型

发情是雌性动物发育到一定阶段时所发生的周期性的性活动现象。雌性动物初情期以后,卵巢出现周期性的卵泡发育和排卵,并伴随着生殖器官及整个机体发生一系列周期性的生理变化,这种变化周而复始(非发情季节及妊娠期间除外),一直到性机能停止活动的年龄为止。这种周期性的发情活动,称为发情周期。通常把动物从上一次发情开始到下一次发情开始,或者从上一次发情结束到下一次发情结束所间隔的时间称为一个发情周期。也有人将上次发情排卵到下次发情排卵间隔的天数计为一个发情周期。尽管这种方法更准确,但在实践中难于准确判断排卵时间,故通常多采用前一种计算方法。

各种动物发情周期的时间因动物种类不同,同种动物内不同品种以及同一品种内不同个体,发情周期也可能有差异。一般牛、水牛、猪、山羊、马、驴的发情周期平均为 21 d 左右,绵羊为 16~17 d。如表 3-1 所示,给出了常见家畜的发情周期和发情持续期。

表 3-1 常见家畜的发情周期和发情持续期

动物种类	发情周期/d	发情持续时间/h	动物种类	发情周期/d	发情持续时间/h
牛	21(18~24)	18~19(13~27)	猪	21(18~23)	48~72(15~96)
马	21(18~25)	5~7(2~9)d	驴	21~28	2~7 d
绵羊	16~17(14~19)	29~36(24~48)	山羊	21(18~22)	48(30~60)
水牛	21(16~25)	25~60	牦牛	6~25	48 以上
狗	季节性单次发情	7~9 d	猫	18(15~21)	4 d
家兔	8~15	诱发排卵	犬	4~6	14(12~18)
小鼠	4~6	3	豚	16~17	8(6~11)
狐	每年只发情一次	2~4	大象	42	3~4

动物的发情周期主要受神经内分泌所控制,但也受到外界环境条件的影响,由于各种动物所受的影响程度不同,表现也各异,例如有的动物发情季节性很强,有的就根本不存在发情季节性的问题,因此发情周期基本上可以分为以下两种类型:一类是季节性发情周期,这一类型的动物,只有在发情季节期间才能发情排卵;另一类是无季节性发情周期,这一类型的动物,全年均可发

情,无发情季节之分。

(二)发情周期的分期

在动物的发情周期中,根据机体所发生的一系列生理和行为变化,有三种方法可将其划分为几个阶段,分别为四期分法、二期分法、三期分法。这三种方法由于侧重面不同,实际意义也有所不同。

1.四期分法

四期分法是根据雌性动物的性欲表现及其生殖器官变化,将发情周期划分为发情前期、发情期、发情后期和间情期四个阶段,该法侧重于雌性动物发情时的外观征状,适用于在进行发情鉴定时使用。接下来,我们将四期分法所分出的四个阶段详述如下:

(1)发情前期。该期为卵泡发育的准备时期。此期的特征是:上一个发情周期所形成的黄体进一步退化萎缩,卵巢上开始有新的卵泡生长发育,雌激素也开始分泌,使整个生殖道血液供应量开始增加,引起毛细血管扩张伸展,渗透性逐渐增强,阴道和阴门黏膜有轻度充血、肿胀,子宫颈略微松弛,子宫腺体略有生长,腺体分泌活动逐渐增加,分泌少量稀薄黏液,阴道黏膜上皮细胞增生,但尚无性欲表现。

(2)发情期。该期是雌性动物性欲达到高潮,有明显发情征状的时期。此期的特征是:卵巢上的卵泡迅速发育,雌激素分泌增多,强烈刺激生殖道,使阴道及外阴部充血、肿胀明显,子宫颈管松弛,子宫黏膜显著增生,子宫角和子宫体充血,肌层收缩加强,腺体分泌增多,有大量透明稀薄黏液排出;性欲达到高潮;排卵多在这个时期的末期进行。相当于发情周期第 $1 \sim 2$ d。

(3)发情后期。该期是排卵后黄体开始形成,发情征状逐渐消失的时期。此期的特征是:动物由性欲激动逐渐转入安静状态,卵泡破裂排卵后雌激素分泌量显著减少,黄体开始形成并分泌孕酮作用于生殖道,使充血肿胀征状逐渐消退,子宫肌层蠕动减弱,腺体活动减少,黏液量少而稠,子宫颈口逐渐封闭,子宫内膜逐渐增厚,阴道黏膜增生的上皮细胞脱落。

（4）间情期。该期又称休情期,是黄体的活动期。该期的特征是:动物性欲已完全停止,精神状态恢复正常。间情期的早期,黄体继续发育增大,分泌大量孕酮作用于子宫,使子宫内膜增厚,腺体高度发育增生,大而弯曲且分支多,分泌活动旺盛,以产生子宫乳供给胚胎发育营养。如果卵子受精,这一阶段将延续下去,动物不再发情;如未孕,增厚的子宫内膜回缩,腺体变小,分泌活动停止,周期黄体开始退化萎缩,孕酮分泌减少,卵巢上新的卵泡开始发育,将进入下一个发情周期的前期。这一阶段相当于发情周期第 5～15 d。

2.二期分法

二期分法是根据卵巢上的组织学变化以及有无卵泡发育和黄体存在为依据,将发情周期分为卵泡期和黄体期,该法侧重于卵泡发育,适于在研究卵泡发育、排卵和超数排卵的规律和新技术时使用。接下来,我们将二期分法所分出的四个阶段详述如下:

（1）卵泡期。具体是指黄体进一步退化,卵泡开始发育直到排卵为止的时期。卵泡期实际上包括发情前期至发情期两个阶段。卵泡期很短,是从上一发情周期的黄体开始退化到下一发情周期排卵之间的时间。如绵羊的卵泡期为 2 d,而牛和猪为4～5 d。

（2）黄体期。具体是指从卵泡破裂排卵后形成黄体,直到黄体萎缩退化为止的时期。黄体期相当于发情后期和间情期两个阶段。黄体期占发情周期的大部分,但是在整个黄体期都存在有腔卵泡,因此,雌性动物的黄体期部分地与卵泡期重叠,但灵长类动物有明显的卵泡期和黄体期。如图 3-1 所示,给出了母牛发情周期中的卵巢结构变化。

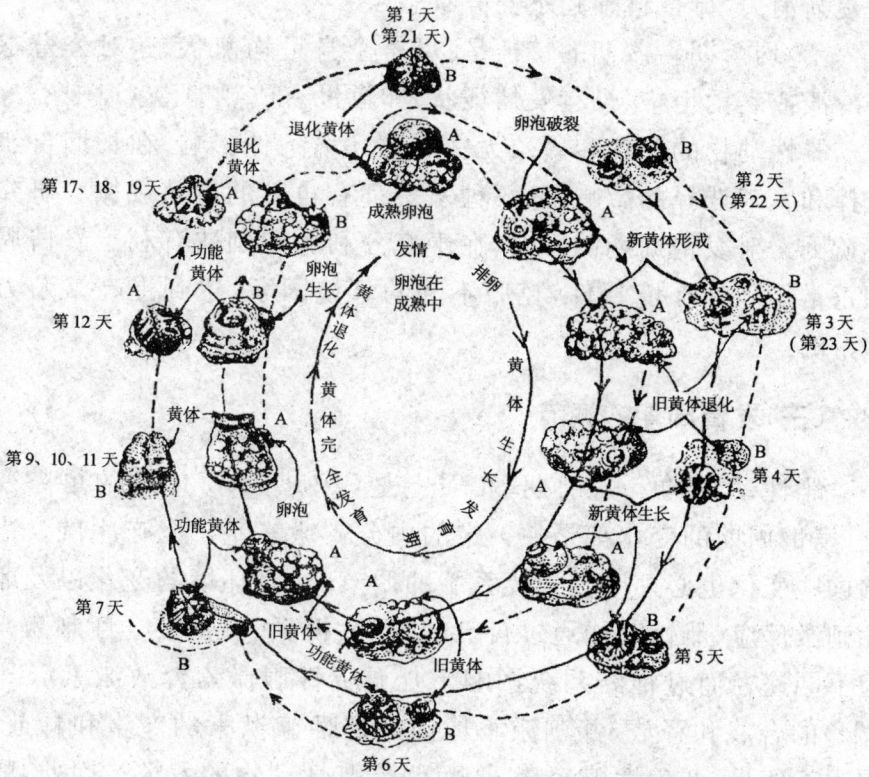

图 3-1　母牛发情周期中的卵巢结构变化

将发情周期分为卵泡期和黄体期,可以反映卵巢的卵泡变化,便于判定配种适期。尤其是对母畜的发情控制、胚胎移植方面,可以根据母畜处于卵泡期还是黄体期,采取相应的激素处理措施,达到控制发情和排卵的目的。

3.三期分法

三期分法是苏联学者根据巴甫洛夫神经活动学说给出的动物发情周期划分方法,该方法将发情周期分为兴奋期、抑制期和均衡期,详述如下:

(1)兴奋期。该期的特征是:母畜全身兴奋,对于公畜有性欲反应,有发情征状,卵泡发育成熟排卵。

(2)抑制期。该期的特征是:黄体形成,分泌孕激素,发情征状逐渐消失,母畜精神趋于安静状态。

(3)均衡期。该期的特征是:母畜全身呈均衡状态,对公畜态度冷淡或表示拒绝,没有发情征状,卵巢没有成熟卵泡。

雌性动物的生存和繁殖无一不受环境条件影响,在长期自然选择和人工选择的影响下,每种家畜都有自己的生殖规律。研究环境因素对发情周期的影响,在于充分利用和创造有利于发情周期正常循环的环境条件,克服不利的环境因素,达到提高繁殖力的目的。

(三)发情周期的调节

雌性动物的发情周期,实质上是卵泡期和黄体期的更替变化,发情周期的变化都是在一定的内分泌激素基础上产生的。当然这些变化也必须受到神经系统的调节,外界环境的变化以及雌性刺激反应(雌性动物通过自己的嗅觉、视觉、触觉接受性刺激),经不同途径通过神经系统影响下丘脑促性腺激素释放激素(Gn-RH)的合成和释放,并刺激垂体前叶促性腺激素的产生和释放,作用于卵巢,产生性腺激素,从而调节雌性动物的发情。因此,雌性动物发情周期的循环,是通过下丘脑—垂体—卵巢轴所分泌的激素,相互调节的结果。如图3-2所示,给出了动物发情周期的调节机制示意图。限于本书篇幅,这里不再详细讨论,有兴趣的读者可以参阅相关文献资料。

三、影响发情和发情周期的因素

影响雌性动物发情和发情周期的因素主要有遗传因素、光照、温度及营养等。

(一)遗传因素

遗传因素对动物发情和发情周期的影响主要表现在不同动物种类、同种动物不同品种以及同一品种不同家系或个体之间的发情周期长短不一,也表现在动物繁殖的季节性和无季节性,包括在发情季节内不同动物发情周期数的差异等。遗传因素是影响发情和发情周期的主要因素。如表 3-2 所示,列出了不同绵羊品种在发情季节的发情周期。

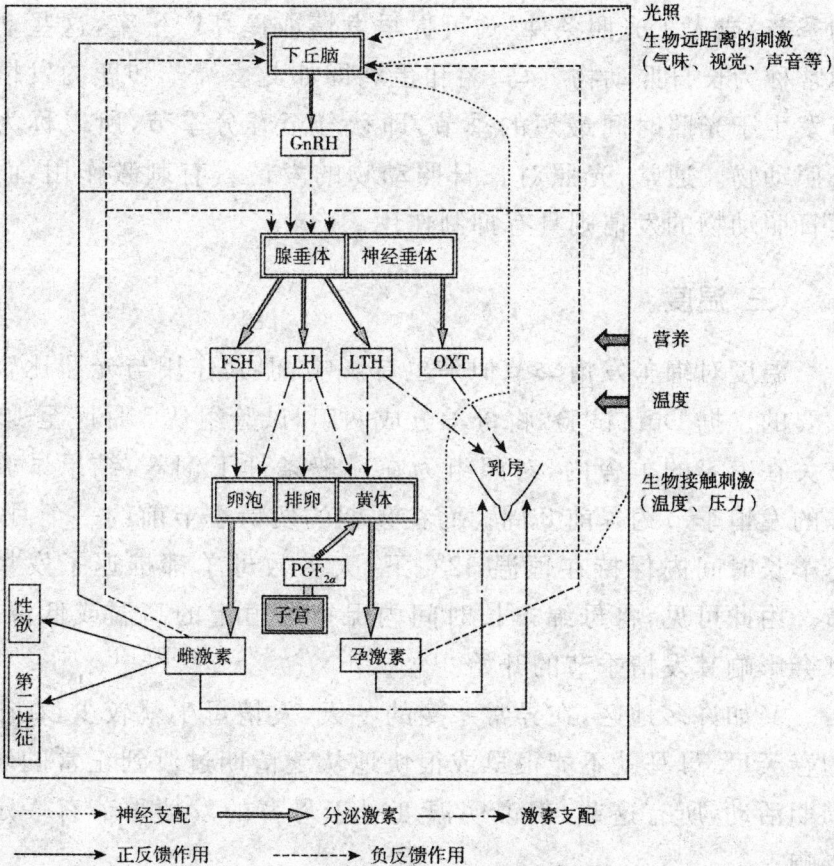

图 3-2　动物发情周期的调节机制

表 3-2　不同绵羊品种在发情季节的发情周期

项目	山地黑面羊	威尔士山地羊	边区莱斯特羊	罗姆尼羊	萨福克羊	有角道塞特羊
发情周期数	6.9	7.0	7.2	9.7	10.2	12.4
发情周期/d	20.1	19	18.2	17.6	18.5	18.0

（二）光照

光照时间的变化对于季节性发情动物（如绵羊、野生动物）发情周期的影响比较明显。某些动物在长日照（白天时间逐渐延长的季节）或人工光照条件下，可提早发情或提高产蛋率，这些动物通常称为长日照动物。马、貂和蛋鸡即如此。绵羊和鹿的发情季节发生于光照时间最短的季节，即秋分至春分季节，所以称为短日照动物。通常，光照对长日照动物的发情具有刺激作用，而对短日照动物的发情则具有抑制作用。

（三）温度

温度对绵羊发情季节似乎也有影响，但其作用与光照比较是次要的。据 Dutt 试验，将母羊分成两组，试验组从 5 月底至 10 月被关在凉爽的羊舍内，对照组为在一般条件下饲养，结果试验组羊的发情季节约提前 8 周。而在预期的发情季节前约一个月，将母羊长时间内保持在恒温 32℃ 下，大多数母羊都推迟了发情季节。由此可见，将母绵羊长时间内保持在恒定的高温或低温下，都会影响其发情季节的开始。

又如许多地区，在异常寒冷的冬天，发情母牛就较少，在很冷的春天里，母马就不能很早或很快地从乏情期过渡到正常的发情周期活动，所有这些，都说明温度对于母畜的发情季节有一定的影响。

（四）营养

饲料充足，营养水平高，则雌性动物的发情季节就可以适当提早，反之，就会推迟。这对于有发情季节性的动物表现得更为明显。例如，绵羊在发情季节到来之前适当时期，采取加强营养措施，进行催情补饲，这样不但可以适当提早发情季节的开始，而且可以增加双羔的可能性。又如母马在饲养管理完善的情况下，也可以使其发情季节提前开始，延期结束，反之，如长期饲料不足,营养不良,则其发情季节开始就较迟,结束就较早,亦即缩短了发情季节。发情无季节性的动物,如牛等,营养水平也会影响其发情周期,严重营养不良的,甚至会停止发情,即使发情,往往也不正常,如发情表现不明显,或虽发情而不排卵,或者排卵期延迟等;如果饲料充足,饲养管理完善,则发情、排卵正常,受胎率也较高。我国南方水牛在一般饲养管理条件下,上半年发情极少,大多数在下半年发情,但如饲养管理完善,营养水平较高,则上半年的发情牛就可大大增加。由此可见,饲料供应情况,营养水平高低,对于雌性动物的繁殖影响也是很大的。

第二节　乏情、产后发情与异常发情

一、异常发情

在畜牧生产实践中,雌性动物的异常发情时常发生。在初情期至性成熟前,由于性机能尚未发育完全,或在性成熟以后由于环境条件的异常,如劳役过重、营养不良、内分泌失调、泌乳过多、饲养管理不当、温度等气候条件的突变等,以及繁殖季节的开始阶段均易导致异常发情。常见的异常发情主要有以下几种:

(1)安静发情。安静发情又称隐性发情或安静排卵,是指发情时缺乏外表征象,但卵巢上有卵泡发育、成熟并排卵,常见于产后带仔母牛或母马,产后第一次发情、每天挤奶次数过多或体质瘦弱的母牛,以及青年或营养不良的动物。引起安静发情的原因是由于体内有关激素分泌失调。例如,雌激素分泌不足,发情外表征状就不明显;有时虽然分泌量没有减少,但由于雌性动物个体间对激素发情表现所需的雌激素阈值不同,有些个体所需的阈值较大,虽然分泌量不少,但仍未到达阈值,故发情征状不明显或没有发情表现。PRL 分泌不足或缺乏,促使黄体早期萎缩退化,孕酮分泌不足,可降低下丘脑对雌激素的敏感性。绵羊在发情季节第一个发情周期的安静发情发生率较高,显然是与缺乏前一周期的黄体有关。而在繁殖季节结束时发生的安静发情,可能与缺乏雌激素有关。当连续两次发情之间的间隔相当于正常发情间隔的两倍或三倍时,可怀疑中间有安静发情发生。

(2)慕雄狂。慕雄狂常见于牛和马。母牛发情行为表现持续而强烈,发情期周期不正常。患牛高度兴奋,大声哞叫,阴道黏膜及阴门水肿,从阴门流出透明的黏液,食欲减退,消瘦,被毛粗乱,两侧臀部肌肉塌陷,尾根举起,频频排尿,经常追逐和爬跨其他母牛,配种后不能受胎;患牛往往伴有雄性第二性征,如声音粗低,颈部肌肉发达等。慕雄狂的母马易兴奋,性烈而难以驾驭,有惊恐感,不易接近,也不接受交配。发情可持续 10~40 d 而不排卵,一般在早春配种季节容易发生。慕雄狂发生的原因与卵泡囊肿有关系,但患卵泡囊肿的母畜不一定造成慕雄狂。囊肿卵泡内常积有大量的液体,体积增大,直径在 2~5 cm,甚至更大,既不排卵,也不黄体化,卵泡壁变薄,几乎没有颗粒细胞或内膜细胞,卵泡可发生周期性变化,即交替发生生长和退化,但不排卵。卵泡囊肿是否分泌大量雌激素到目前为止尚不十分清楚。据 Mellin 及 Ebr 发现,慕雄狂的母牛,囊肿卵泡内液体所含的雌激素和抑制素较正常卵泡少。据 Short 报道,囊肿的卵泡液中孕激素和雄甾烷二酮含量增加,而雌酮及 17β-雌二醇较常量少。所以牛囊肿卵泡中激素的含量与慕雄狂行为无关。又有人认为,慕雄狂是由于肾上腺皮质机能亢进,雌激素或雄激素的分泌量增多;或是由于下丘脑—垂体轴的机能失调而导致的 LH 释放不足等原因所引起。硒缺乏或饲料中可溶蛋白水平过量也可能是导致卵泡囊肿的诱因。若由卵泡囊肿所引起慕雄狂,注射促性腺激素释放激素刺激垂体释放 LH 或直接注射 LH,可促使卵泡破裂而排卵。也可用穿刺法刺破卵泡。

(3)孕后发情。孕后发情又称妊娠发情,是指在怀孕期仍有发情表现。母牛在怀孕最初 3 个月内,常有 3%~5% 的母牛表现发情,绵羊孕后发情可达 30%。在一些动物如大鼠、小鼠、兔、牛和绵（山）羊等均有异期复孕的个别现象，致使妊娠期满后小动物相隔数天或大家畜相隔几周两次分娩。引起孕后发情的原因很复杂，尚未彻底弄清，据推测主要是因为激素分泌失调所致，如妊娠黄体分泌孕酮不足，而胎盘分泌雌激素过多等。

（4）短促发情。所谓短促发情，指动物发情持续时间短，如不注意观察，往往错过配种时机的一种异常发情类型。短促发情多发生于青年动物，家畜中奶牛发生率较高。其原因可能是神经—内分泌系统的功能失调，发育的卵泡很快成熟破裂排卵，缩短了发情期，也可能是由于卵泡突然停止发育或发育受阻而引起。

（5）断续发情。母畜发情时断时续，整个过程延续很长（常见于早春及营养不良的母马）。其原因是由卵泡交替发育所致，先发育的卵泡中途发生退化，新的卵泡又生成，使体内雌激素水平时高时低，因此出现发情间断也即断续发情的现象。

二、乏情

达到初情期的雌性动物不出现发情周期的现象，称为乏情。主要表现为卵巢无周期性的活动，处于相对静止状态。引起动物乏情的因素很多，有季节性的、生理性的和病理性的等。

（一）季节性乏情

季节性发情动物在非繁殖季节无发情或发情周期，卵巢上的卵泡无周期性活动，引起生殖道无周期性变化，这种现象称为季节性乏情。季节性乏情的时间因畜种、品种和环境而异。例如，绵羊和马就比牛、猪明显。马多为短日照的冬春季乏情，这时卵巢小而硬，其中既无卵泡也无黄体，血清中的 LH、孕酮和 $17\beta\text{-}E_2$ 含量都很低。在乏情季节诱导母马或绵羊发情的方法，通常是通过人工延长或缩短光照时间和控制环境温度，促进 GnRH 和促性腺激素的释放。此外，注射促性腺激素也有一定效果。

（二）生理性乏情

一般地，在妊娠、泌乳期间不发情，季节性发情的动物在非发情季节不发情以及因衰老原因引起的不发情，均属于生理性乏情。常见的生理性乏情有如下几种：

（1）妊娠期乏情。母畜在妊娠期间由于卵巢上有妊娠黄体存在，孕酮分泌的水平较高，抑制了卵泡的发育，同时雌激素含量处于低水平，从而抑制了发情。妊娠期乏情是保证胚胎正常发育的生理机制。

（2）营养性乏情。日粮营养水平对卵巢活动有显著的影响，因为营养不良会造成母畜乏情，青年母畜比成年母畜更为严重。放牧的牛和羊因缺磷等微量元素会引起卵巢机能失调，从而导致初情期延迟，甚至停止发情。小母猪和母牛由于日粮中缺乏锰元素会造成卵巢机能障碍，发情不明显，乃至不发情。日粮中维生素 A、维生素 D、维生素 E 的缺乏也可引起发情周期无规律或不发情。

（3）泌乳性乏情。动物在产后泌乳期间，由于促乳素对促性腺激素的分泌有抑制作用，卵巢周期活动受到抑制，卵泡不能发育，不出现发情，称为泌乳性乏情。泌乳性乏情的发生和持续时间，因畜种和品种不同而有很大差异。此外，分娩季节、哺乳仔数和产后子宫复原程度等，对乏情的发生和持续时间也有影响，如春季分娩的母牛，乏情期较短，高产奶牛或哺乳仔数多的动物，乏情期一般较长。引起泌乳性乏情的原因，是由于在泌乳期间过多泌乳刺激，如吮乳或挤乳的刺激而诱发外周血浆中 PRL 浓度的升高。PRL 对下丘脑产生负反馈作用，抑制了 GnRH 的释放，进而使腺垂体 FSH 分泌减少和 LH 合成量降低，致使动物不发情。另一方面，泌乳过多会抑制卵巢周期性活动的恢复，因而影响发情。

（4）衰老性乏情。雌性动物使用到一定年限后卵巢的活性降低，激素分泌机能下降，甚至终止周期性活动而引起的乏情，称为衰老性乏情。造成衰老性乏情的原因可能是卵巢机能发生障碍，而机能障碍的发生则是由于下丘脑—垂体—卵巢轴功能关系的改变，因而导致促性腺激素的分泌量减少或卵巢对这些激素的敏感性降低。

（5）应激性乏情。不同环境引起的应激，如气候恶劣、畜群密集、使役过度、栏舍卫生不良、长途运输等都可抑制发情、排卵及黄体功能，这些应激因素可抑制下丘脑—垂体—卵巢轴的机能。

三、产后发情

产后发情是指雌性动物分娩后的第一次发情。在良好的饲养管理、气候适宜、哺乳时间短以及无产后疾病的条件下，产后出现第一次发情时间就相对早一些，反之就会推迟。

由于产后发情时卵巢内无黄体，以及产后泌乳和幼仔吮乳等的影响，发情表现不同于正常发情。各种动物产后发情的时间很不一致，母猪一般在分娩后 3～6 d 发情，但不排卵，在仔猪断奶后 1 周左右，出现第一次正常发情，发育的卵泡成熟排卵。母牛在产后 25～30 d 排卵但发情征状不明显，一般在产后 40～50 d 正常发情，但本地耕牛特别是水牛一般产后发情还要晚些。绵羊在产后 20 d 左右发情但征状不明显，大多数母羊在产后 2～3 个月发情，母马产驹 6～12 d 发情，一般发情征状不明显甚至无发情表现，但卵巢上有卵泡发育并排卵，配种可受胎，称"配血驹"。可在产后第 5 d 进行试情，第 7 d 进行直肠检查，若有成熟卵泡即可配种。母兔在产后 1～2 d 就有发情，卵巢上有发育卵泡成熟并排卵。

第三节　发情鉴定技术

发情鉴定是动物繁殖工作的重要环节。通过发情鉴定，可以判断动物的发情阶段，预测排卵时间，以确定适宜配种期，及时进行配种或人工授精,从而达到提高受胎率的目的,还可以发现动物发情是否正常,以便发现问题,予以及时解决。

一、外部观察法

外部观察法是各种动物发情鉴定最常用的方法。主要通过观察动物的外部表现和精神状态来判断其发情情况。例如动物在发情时,常表现为精神不安,鸣叫,食欲减退,频繁地排尿,并对周围环境和雄性动物反应敏感,以及外阴部充血肿胀、湿润,流有黏液,且黏液的数量、颜色和黏性等发生变化。

由于动物的发情表现随发情进程由弱到强,再由强到弱,发情结束后消失,因此,在发情鉴定时,要根据不同动物的发情特点,最好从动物发情开始时便定期观察,以便了解其变化过程。

二、试情法

试情法主要根据雌性动物对雄性动物的行为表现来判断是否发情和发情进程。雌性动物发情时,通常表现为愿意接近雄性,举尾、作交配姿势接受公畜爬跨等。未发情或发情结束后的母畜,则表现为远离雄性,当强行牵引接近时,往往会出现躲避甚至踢、咬等抗拒行为。

专用试情的雄性动物应是体质健壮、性欲旺盛及无恶癖的非种用公畜(最好采用已经作过输精管结扎或阴茎扭转术的公畜,而羊在腹部结扎试情布即可)。在常见家畜中,牛、猪、山羊等发情时有同性相互爬跨行为。根据接受其他发情母畜爬跨的安静程度,识别发情母畜。

试情法通常与外部观察法结合使用,由于其操作简便、行为明显、容易掌握,适用于各种动物,故而在生产实践中得到了广泛的应用。

三、阴道检查法

阴道检查法是一种将阴道开张器或阴道扩张筒插入动物阴

道,借用光源观察阴道黏膜颜色、充血程度,子宫颈的颜色、肿胀度、开口的大小及黏液的数量、颜色和黏度,有无黏液流出等来判断发情的方法。检查时,阴道开张器或阴道扩张筒要洗净消毒,防止感染,同时在插入时要小心谨慎,以免损伤阴道黏膜和尿道外口。本法由于不能准确判断动物的排卵时间,因此,在生产中只是作为一种辅助性的检查手段。

四、电测法

20 世纪 50 年代,人们开始研究用黏液电阻值法探索母畜发情变化。经过反复研究证实,黏液和黏膜的总电阻值变化与黏液中的盐类、糖、酶等含量变化有关。能间接反映卵泡发育的进程,与卵泡发育程度有关,一般地说,在发情期电阻值降低,而其他阶段趋于升高。基于这一原理,人们发展了母畜发情鉴定的电测法,并且发明了发情测定仪,该仪器的测定方法如下:

(1)使用前检查一下仪器的电量,确认是否需要更换电池。

(2)准备好消毒液,给探针消毒。

(3)测量前清洗干净家畜的外阴部。

(4)分开家畜的外阴,小心地插入探针直至达到凹陷处,也就是探针深入达 3/4 处。当达到这个深度时会感觉到阻力。

(5)打开测定仪。

(6)待显示屏显示的数字稳定 1.5～2 s 后再读取结果。

(7)取出探针。

(8)消毒探针。

(9)测定发情期。

五、直肠检查法

直肠检查法是将手臂伸入母畜直肠内,隔着直肠壁用手指触摸卵巢及卵泡的发育情况,如卵巢的大小、形状、质地,卵泡发育的部位、大小、弹性、卵泡壁厚薄以及卵泡是否破裂,有无黄体等。检查时要有步骤地进行,触摸卵泡发育情况,切勿用力压挤,以免挤破卵泡。

由于可结合外部发情征象,较准确地判断卵泡发育程度,确定适宜的配种时间,同时,必要时也可顺便进行妊娠诊断,以免将孕畜配种因而发生流产,因此,本法被广泛应用于牛、马等大家畜。但术者须经多次实践,积累比较丰富的经验,方能正确掌握。此外,由于操作时术者需脱掉衣服(冬季)才能将手臂伸进动物直肠,易引起术者感冒和风湿性关节炎等病。如果劳动保护不妥(不戴长臂手套),易感染某些人畜共患病,如布氏杆菌病等。

六、发情鉴定的其他方法

(一)生殖激素测定法

随着免疫测定技术的发展,通过对雌性动物体液(血液、血清、乳液和尿液等)的检测,能精确测定出不同生理时期体内各种生殖激素的含量水平和变化规律。

母畜在发情期相关生殖激素变化的一般规律是:FSH、LH 和雌激素的含量逐渐上升达到一定的高峰值;孕激素含量处于低水平。如牛、羊在黄体期的 LH 含量范围为 $0.2\sim2.0$ ng/mL,而卵泡期的 LH 的含量可增高 $2\sim3$ 倍,其中分泌高峰值的含量比黄体期的含量可提高 200 倍以上。这种高峰值,一般出现于排卵前 $4\sim20$ h。放射免疫测定结果表明,各种家畜在卵泡期的血液中雌激素的平均含量,分别是牛为 20 ng/mL、猪为 70 ng/mL,羊和马的含量介于牛和猪之间。而在卵泡期中的各种家畜血液中孕酮的含量一般不足 1 ng/mL。在黄体期牛和猪血液中雌激素的含量分别为 4 pg/mL 和 7 pg/mL,孕酮的含量分别为 4 ng/mL 和 30 ng/mL。据此可判定母畜是否发情及大致排卵时间。

需要指出的是,生殖激素测定法虽然科学,但限于所用器材设备和标准药品制剂较贵,目前生产中尚难以普及应用。

(二)阴道细胞学分析法

阴道细胞学是观察发情期阴道角质化上皮细胞及阴道内容物中白细胞、有核的和无核的角质化细胞所占比例来判断发情阶段和推断排卵时间的方法。在小鼠、猫、大熊猫和狐狸等一些稀有动物和特种经济动物中运用较多且较理想。具体方法是:用一灭菌玻棒头上缠一层脱脂棉并用生理盐水浸湿后,插入被检动物阴道内,轻轻转动取样。接着,在载玻片上滴加生理盐水,将棉球上的阴道内热容物均匀涂抹在载玻片上。自然吹干后,滴甲醇固定 2～3 min,再用姬姆萨(水与原液 1：1)染色 5～6 min。最后,自来水冲洗,自然干燥。涂片观察及数据处理在普通光学显微镜下进行,记录各种细胞成分的数目并照相,选一张较好涂片,每片随机选五个视野进行各类细胞计数,对所得数据进行方差分析,确定差异显著性。这种方法操作简便,但是动物种类不同结果各异,需进一步探索各自的规律才能用于生产实践。

(三)发情鉴定器测定法

发情鉴定器测定法主要用于牛,有时也用于羊,其原理类似试情法,利用发情动物愿意接受试情公畜爬跨而留下标记,其装置及方法主要有以下四种:

(1)颌下钢球发情标志器。该装置是由一个钢球活塞阀的球状染料盒固定于一个扎实的皮革笼头上构成,染料盒内装有一种有色染料。使用时,将此装置系在试情公畜颌下,当它爬跨发情母畜时,活动阀门的钢球碰到母畜的背部,于是染料盒内的染料流出印在母畜的背上,根据此标志便可得知该母畜发情。

(2)卡马氏发情爬跨测定器。该装置是由一个装有白色染料的塑料胶囊构成。使用时将此装置牢固地黏着于牛的尾根上,当母畜发情时,试情公畜便爬跨于其上并施加压力于胶囊,使胶囊内的染料由白色变成红色,根据颜色的变化程度便可推测母畜接受爬跨的安全程度。

(3)尾部蜡笔标记法。该方法的应用不仅提高了发情鉴定的效率,也减少了发情鉴定的劳动强度。操作时,将牛尾根处的松散毛发用毛刷或梳子梳理整齐后,在奶牛尾部用特殊的蜡笔涂擦。即从牛背部凸起处到尾根上部涂一条 2.5~5 cm 宽的标记。蜡笔应当每天重复涂擦,以保证最佳观察效果。第一次涂擦之后,每天只需重新涂擦一次即可(蜡笔涂擦不宜过重,否则将难以辨识是否被蹭掉,尤其是对于难以确定发情期、活动较少的奶牛)。尾部所涂蜡笔被蹭掉是奶牛有可能处于发情期的标记,但需要同时观察其他的发情征兆予以确定,尤其是蜡笔只被蹭掉一部分的奶牛,更应当注意以下情况:

①阴门黏液变化、尾部毛发的散乱程度、牛背部和身体侧部是否有污迹。

②阴门是否肿胀,牛尾部是否沾有黏液或血迹。

③内阴黏膜是否红肿湿滑。

④检查历史记录,确认该奶牛是否处于正常的发情周期。

⑤触诊奶牛子宫以准确判断奶牛是否发情。

⑥未孕奶牛与已孕奶牛所涂擦蜡笔的颜色不同,这样可以观察已孕牛是否发生流产并重新发情。

(4)计步法。该法常用于奶牛发情鉴定,其理论依据是母牛发情时运动量增大。该法的基本原理是,在奶牛腿上固定一个带信号发射装置的计步器,接收器可接收计步器信号,并将信号传入计算机。计步器记录每头母牛每天的运动量并绘出曲线图,如果运动量持续增加,则表示母牛开始发情,提示配种员进行发情观察。该法便于自动化管理,若与直肠检查法结合使用,效果更佳。

第四节　常见动物的发情鉴定

一、牛的发情特点与鉴定

（一）牛发情周期内生殖激素的变化

母牛体内孕酮浓度在近发情时低于 1.0 ng/mL，直到发情第 5 d 仍无明显升高，自此之后明显增长，直到发情周期第 16 d 或第 17 d，整个黄体期平均为 5.4 ng/mL，平均峰值为 6~8 ng/mL，在发情周期第 16 d 或第 17 d 至第 19 d 之间孕酮浓度突然下降，而雌激素浓度出现高峰，引起发情。排卵前，卵泡分泌大量雌激素，对下丘脑和垂体产生正反馈作用，引起排卵前 LH 峰，继而导致排卵。排卵前 LH 峰一般发生在发情开始后 12 h 左右，其作用是先刺激然后迅速抑制孕激素的合成，使孕激素浓度下降。母牛在发情周期的任何时候，只要孕酮浓度急剧下降，4 d 内就会有一个卵泡发育。在卵泡期，如果每隔 1 h 采血一次测定 LH 含量，就会发现 LH 呈脉冲性释放。如图 3-3 所示，给出了母牛发情周期中外周血浆的雌激素、孕酮及 LH 浓度的变化。

（二）牛的发情周期的特点

母牛的发情周期平均为 21 d，但青年母牛的发情周期一般较成年母牛短。相对于肉牛和奶牛，水牛的发情缺少明显发情征象，且在发情时母牛的相互爬跨不及 1/3，因此一些母牛似乎表现为安静发情或长周期发情。对于水牛进行发情鉴定，最可靠的方法是公牛的试情。

母牛的发情期因季节不同而略有差异，这与气候和营养情况有关。一般温暖季节发情期较寒冷季节短，营养情况好的较营养情况差的短。牛的发情行为表现比较明显，黄牛比水牛更明显，牛在发情时会爬跨其他母牛及接受其他母牛爬跨。在发情后期有时由阴门排出血迹。

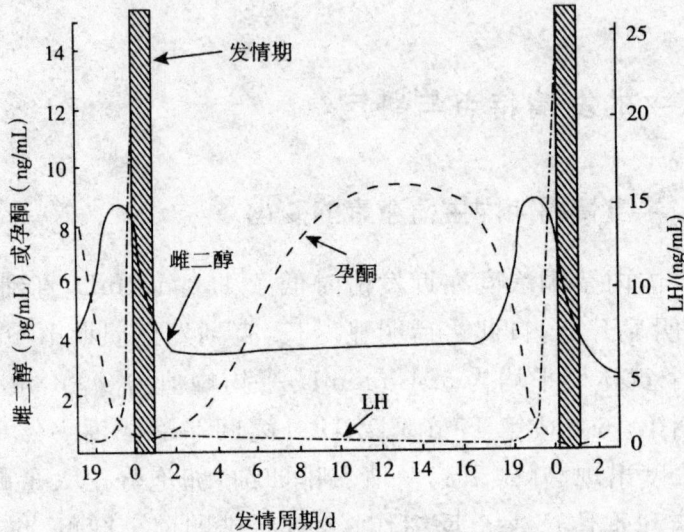

图 3-3　母牛发情周期中外周血浆的雌激素、孕酮及 LH 浓度的变化

　　牛的成熟黄体为球形或椭圆形,通常稍突出于卵巢表面上,其大小与卵泡相似,甚至大些,直径 20～25 mm。黄体形成初期较软,以后增大变硬,其颜色从浅褐色变到周期的第 7 d 为浅黄色,然后又渐变到周期的第 14 d 为金黄色,以后变为橘红色,最后成砖红色。牛的黄体退化较慢,一般在排卵后 14～15 d 开始退化,老龄牛的黄体又比青年牛的退化慢且较不完全,退化的黄体在卵巢上遗留一两个暗红色的残迹,往往可维持数月之久。

　　水牛右卵巢的排卵频率较左卵巢多。其黄体体积最大时的平均重量为 0.72～1.54 g,黄体颜色为粉红色,退化时最后变为灰色。

(三)牛的发情鉴定

　　准确的发情鉴定是成功进行人工授精、超数排卵及胚胎移植的关键。牛的发情期较短,但发情时外部表现比较明显,因此母牛的发情鉴定主要用外部观察法、阴道检测法和直肠检查法。操作熟练的技术人员,可利用直肠检查触摸卵巢变化及卵泡发育程度以判断发情阶段和配种适期,有利于提高受胎率。

1.外部观察法

外部观察法主要通过观察母牛的精神状态、外阴部变化和对公牛的反应情况来确定是否发情。发情母牛常表现为站立不安、兴奋、躁动、哞叫、嗅其他母牛外阴、摩擦、尾根高抬、食欲及产奶量下降,爬跨他牛或"静立"接受他牛爬跨。

实践观察发现,发情母牛阴唇肿胀,其皱纹展平,较湿润,从阴门流出黏液,黏液最初稀薄,随着发情时间的推移,逐渐变稠,量也由少变多。到发情后期,量逐渐减少且黏性差,颜色不透明,有时含淡黄色细胞碎屑或微量血液。这种黏液随着发情的进展,由稀薄透明变为较混浊而浓稠,常粘在阴唇下部及附近的尾毛上。处女牛阴门流出的黏液中有时混有较少的血液,呈淡红色。

根据其他牛对待鉴定母牛的反应情况来判定母牛发情及其程度。母牛发情时,有公牛和其他母牛跟随,并且发情母牛还尾随或爬跨其他牛。被爬跨的牛如发情,则站立不动、并举尾,如不是发情牛,则往往拱背逃走;发情牛爬跨其他牛时,阴门搐动并滴尿,具有公牛交配的动作,外阴部红肿,从阴门流出黏液。母牛发情初期并不接受紧跟着它的公牛或其他母牛的爬跨,当接受爬跨时,表现静立不动,后肢叉开和举尾,为发情期。发情期过后,有时虽然公牛或母牛追随,但发情牛并不接受爬跨。

2.直肠检查法

该方法一手握住牛尾拉向一旁,另一只手五指合拢成锥状,慢慢插入直肠内,手心向下,手掌下压,摸到坚实的棒状的子宫颈。沿着子宫颈背侧继续向前摸到一条浅沟,即角间沟。沟的两旁各有一条向前向下弯曲的子宫角。在子宫角尖端可以摸到卵巢,用食指和中指固定,然后用大拇指轻轻地触摸,检查其大小、形状和质地。

母牛在发情时,可以触摸到突出于卵巢表面并有波动的卵泡。排卵后,卵泡壁呈一个小的凹陷。在黄体形成后,可以摸到稍为突出于卵巢表面、质地较硬的黄体。发情母牛子宫颈稍大、较软,由于子宫黏膜水肿,子宫角体积也增大,子宫收缩反应比较明显,子宫角坚实;不发情的母牛,子宫颈细而硬,子宫较松弛,触摸不那么明显,收缩反应差。

一般地,牛的卵泡发育大致可分为如下五个时期:

(1)出现期。卵巢稍为增大,卵泡 0.3~0.7 cm,触诊时感觉某一个部位有一个软化点,波动不清楚,也无弹力。这一期有 4~11 h。

(2)发育期。卵巢体积增大,卵泡发育明显,有 1.0~1.6 cm,触诊时有弹性,内有波动感觉。这一期有 8~12 h。

(3)成熟期。卵泡突出于卵巢表面,体积不再增大,卵泡膜变薄,表面紧张,有弹性,呈熟葡萄样,有一压即破的感觉,这一期有 6 h。

(4)排卵期。卵泡破裂,卵泡液流失,卵泡壁变为松软,呈一小的凹陷。有时直肠检查,感觉到突然破裂,这种现象称为"手中排",感觉似乎是一刹那的,但排卵过程仍旧是慢慢进行,延续数小时。

(5)黄体形成期。排卵 6 h 后,原来卵泡破裂处,可摸到一个柔软的肉样组织,即黄体,突出于卵巢表面。

二、羊的发情特点与鉴定

(一)绵羊发情周期内生殖激素的变化

绵羊发情周期中激素的变化在许多方面与牛相似,不同的是在发情周期的初始几天,外周血中孕酮浓度低,至第 3~11 d 迅速升高。绵羊在黄体期至少出现两次卵泡生长峰,因而在血中可检出两个雌激素峰。第二个雌激素峰明显与排卵率相关,第二个峰越明显,预示排卵率越高。绵羊一般在发情周期第 14 d 进入卵泡

期,此时孕酮浓度急剧下降,负反馈作用消失,于是引起 LH 水平
升高,出现排卵前 LH 峰,同时促进雌激素水平迅速升高,出现与
LH 峰几乎呈平行状态的雌激素峰。如图 3-4 所示,给出了绵羊
发情周期的外周血中激素水平。

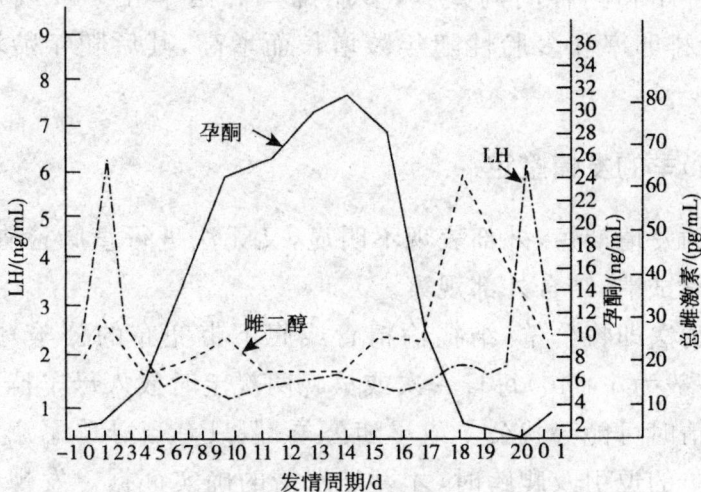

图 3-4　绵羊发情周期的外周血中激素水平

(二)羊的发情周期的特点

绵羊的发情周期平均为 17 d,较山羊短。绵羊在发情季节的
初期和晚期,发情不正常的较多,在发情季节的旺季,发情周期最
短,此后逐渐变长。营养水平低的发情周期较营养水平高的长。
品种间差异不明显,肉用品种比毛用品种稍短。

绵羊的发情期的长短因年龄不同而略异。当年出生的较短,
周岁左右的一般,年老的较长。在发情季节的初期和晚期发情期
常较短。公、母羊经常在一起的比不经常在一起的发情期可能短
些。品种间差异不明显。

绵羊在发情时的征象不明显,仅稍有不安、摆尾,阴唇稍肿
胀、充血,黏膜湿润等。山羊发情较绵羊明显,阴唇肿胀、充血,且
常摆尾,大声咩叫,爬跨其他母羊等。

绵羊发情前期卵巢有一个或一个以上的卵泡发育。发情期

卵泡的增长速度很快,交配可使发情期稍微缩短,排卵时间稍提前。排卵后,卵泡破口处被凝血块封闭,卵泡壁向内增长。在排卵后 30 h,黄体形成。黄体在最大体积时的直径约 9 mm。黄体颜色起初为粉红色,随着间情期的进展,颜色渐变淡。卵巢排卵数目有种属和品种间的差异,多胎绵羊和山羊在 4 岁或 5 岁之前,一般排卵率和多胎性随年龄增长而增高,其后随年龄增长而下降。

(三)羊的发情鉴定

羊的发情期短,外部表现不明显,又无法进行直肠检查,因此主要依靠试情,结合外部观察。

试情法即将公羊(结扎输精管或腹下带兜布的公羊)按一定比例(一般为 1∶40)每日一次或早晚两次定时放入母羊群中。母羊在发情时可能寻找公羊或尾随公羊,但只有当母羊愿意站着并接受公羊的逗引及爬跨时,才算是发情的确实证据。发现母羊发情时,将其分离出,继续观察,以备配种。试情公羊的腹部也可以采用标记装备(或称发情鉴定器)或胸部涂有颜料,如母羊发情时,公羊爬跨其上,便将颜料印在母羊臀部上,以便识别。

发情母羊的行为表现不明显,主要表现在喜欢接近公羊,并强烈摆动尾部,当被公羊爬跨时则不动,但发情母羊很少爬跨其他母羊。母羊发情时,只分泌少量黏液,或不见有黏液分泌,外阴部没有明显的肿胀或充血现象。

三、猪的发情特点与鉴定

(一)猪发情周期内生殖激素的变化

猪在卵泡期外周血浆雌激素浓度由 $10\sim30$ pg/mL 增加到 $60\sim90$ pg/mL,较其他家畜高,而排卵前 LH 峰值为 $4\sim5$ ng/mL,较其他家畜低。LH 峰后 $40\sim48$ h 排卵。孕酮浓度由排卵前的小于 1.0 ng/mL 增加到黄体期中期的 $20\sim35$ ng/mL,远较其他家畜的高。如图 3-5 所示,给出了猪发情周期的外周血中激素水平。

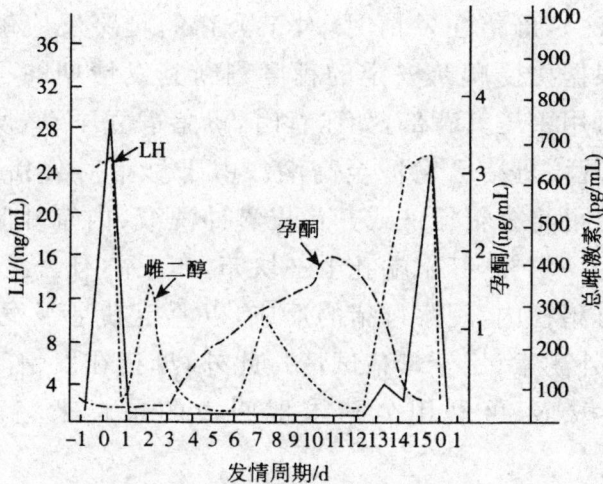

图 3-5 猪发情周期的外周血中激素水平

(二)猪的发情周期的特点

不同年龄和品种的母猪,其发情周期长短差别不大,但在酷暑和严寒季节,或饲养管理不善时,会暂时不出现发情。品种、年龄、胎次对于母猪的发情期有一定影响,一般成年母猪较青年母猪略长。母猪排卵数的多少因品种、年龄、胎次、营养水平而异。青年母猪少于成年母猪,其排卵数随发情的次数而增多。营养水平高且日粮搭配合理的,排卵数也较多。

母猪发情开始前 2~3 d,卵泡开始迅速增大,直到发情后 18 h 为止。卵泡大小不一致,成熟卵泡呈橘红色,可能是因微血管网密布于卵泡的表面。母猪中常发现因动脉充血而有血液渗入卵泡腔形成"出血卵泡"。当卵泡顶端出现透明区时,表明即将排卵。母猪的排卵过程是陆续的,从排第一个卵子到最后一个卵子的间隔时间为 1~7 h,一般为 4 h 左右。母猪黄体开始时因腔内充满暗红色的凝固血块,呈暗红色,至发情周期第 15 d,渐变为浅紫色,至第 18 d,变为浅黄色,以后变为白色。

(三)猪的发情鉴定

母猪发情时,外阴部表现比较明显,故发情鉴定主要采用外阴部观察法。母猪在发情时,对于公猪的爬跨反应敏感,可用公猪试情,根据接受爬跨安定的程度判断其发情期的早晚,如无公猪时,也可用手压其背部,如压背时,母猪静立不动,所谓"静立反射",即表现该母猪已发情至高潮。由于母猪对公猪的气味异常敏感,故也可将公猪尿液或其包皮囊冲洗液(内有外激素)进行喷雾,或者用一木棒,其末端扎上一块布,布上蘸有公猪的尿液或精清,持入母猪栏内,观察母猪的反应,以鉴定其是否发情。目前已有合成的外激素,用于母猪试情。此外,母猪在发情时,对公猪的叫声异常敏感,可利用公猪求偶叫声的录音来鉴定母猪是否发情。

四、马的发情特点与鉴定

(一)马发情周期内生殖激素的变化

马在发情周期的激素变化有如下三个特点:

(1)大多数哺乳动物 LH 峰出现时间很短,而且是在排卵前 $12\sim14$ h 出现的,而马的 LH 是在排卵前数天开始慢慢上升,逐渐形成高峰,然后降低,持续约 10 d,因此马的发情持续时间较其他动物长。

(2)马在发情周期有两个 FSH 峰,一个发生在发情末期和间情期早期,另一个发生在间情期的中期。因此当一个卵泡生长并排卵后,常常又有其他卵泡继续生长,有些卵泡可能在第一次排卵后 24 h 排卵,有些在黄体期排卵,有些在黄体期退化。

(3)马的雌激素峰在临近发情期出现,而其他动物如牛、羊、猪等是在发情前期出现。孕酮浓度在排卵后 24 h 开始上升,排卵后 $4\sim5$ d 达到峰值,并维持到排卵后 $4\sim15$ d。

如图 3-6 所示,给出了马发情周期的外周血中激素水平。

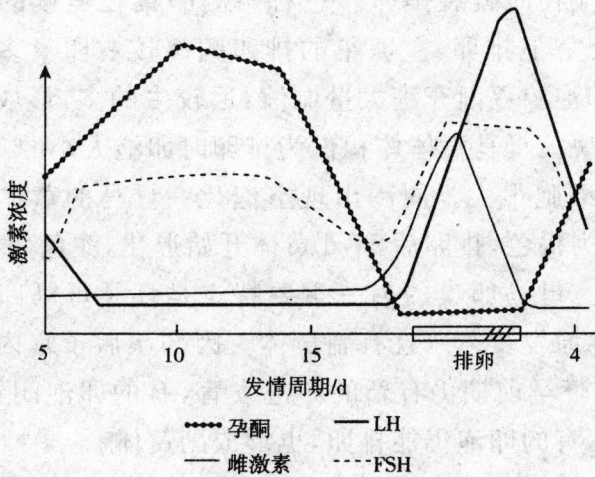

图 3-6　马发情周期的外周血中激素水平

（二）马的发情周期的特点

马的发情周期平均为 21 d（16～25 d），发情持续时间一般为
5～7 d。在我国北方通常于 3～4 月开始，4～6 月为最旺盛期，
7～8 月因炎热天气而减退，以后便进入休情期；而在南方则 1～2
月便开始发情配种。母马的发情期因品种、个体、年龄、营养、生
活条件及使役情况等不同而有所差别。老龄、饲养水平低以及在
发情季节早期，母马的发情期一般较长。母马发情期之所以较长
的主要原因如下：

（1）卵巢结构的特殊性。马的卵巢髓质在外，皮质在内，存在
排卵窝。在卵泡发育中，要使卵泡增大到足以达到排卵窝而发生
卵泡破裂，所需要的时间较长。发情持续时间可以反映这种动物
卵泡发育时间的长短。

（2）卵巢对 FSH 的反应不及其他动物（牛、羊）敏感，卵泡发
育至完全成熟需要的时间因此也较长。

（3）母马发情周期中有两个 FSH 峰，使 LH 的分泌量显著少
于 FSH，故排卵时间延迟。

母马的卵巢与其他母畜不同，其中最突出的是具有排卵窝，

成熟卵泡只能在此破裂排卵。左右两侧卵巢在连续的各个发情期,不一定交替地排卵,左卵巢的排卵频率较右卵巢多。成熟卵泡破裂后,卵泡腔逐渐充满大量血液,远较牛的多,形成柔软有弹性的血液凝块。母马黄体体积仅为排卵时卵泡大小的 $1/2 \sim 3/4$。成熟的黄体细胞很大。周围出现空泡化。母马的黄体随着周期的进展而变为褐色,排卵后 17 d 黄体开始退化,颜色变深,完全退化约需 7 周。母马卵巢的另一重要特点是怀孕母马卵巢不但有主黄体(又称原发黄体),且有副黄体。因怀孕后子宫内膜壁分泌 PMSG,故在怀孕前期仍有新的卵泡发育,有的卵泡闭锁黄体化,形成副黄体,有的卵泡仍能排卵,也形成副黄体。

(三)马的发情鉴定

马的发情鉴定常用方法有试情法、直肠检查法、阴道检查法等。

1. 试情法

应用试情法也可以鉴定发情程度,虽不如直肠检查准确,但易于掌握。试情方法有两种:一种是分群试情,即把结扎输精管或施过阴茎倒转术的公马放在马群中,以便发现发情的母马,此法适用于群牧马;另一种是牵引试情,一般在固定的试情场进行,把母马牵到公马处,使它隔着试情栏接近,同时注意观察母马对公马的态度来判断发情表现。一般是先使公母马头对头见面,观察其表情,然后调过来,使母马的尾部朝向公马。未发情的母马对公马常有防御性表现,如面对面时又咬又刨,调头后又踢又躲。发情的母马会主动接近公马,并有举尾、后肢开张、频频排尿等表现,在发情高潮时,往往很难把母马从公马处拉开。如对公马态度不即不离,应连日试情,或进行直肠检查法鉴定之。

2. 直肠检查法

母马的发情期长,如只靠外部观察及阴道检查,判断排卵期,比较困难。但其卵泡发育较大,规律性较明显,因此一般以直肠检查卵泡发育情况为主,其他方法为辅。卵泡发育一般可分为六个时期,即出现期、发育期、成熟期、排卵期、空腔期和黄体形成期。现将各期特点分述如下:

(1)出现期。卵泡硬小,表面光滑,呈硬球状突出于卵巢表面,并与坚硬的老黄体及肉样弹性的卵巢基质有所区别。

(2)发育期。卵泡体积增大,充满卵泡液,表面光滑,卵泡内液体波动不明显,突出卵巢部分呈正圆形,犹如半个球体扣在卵巢表面上,并有较强的弹性,卵泡体积大小因发育速度而异:在环境条件良好,卵泡生长迅速时,其直径为 3～4 cm,有的仅 2 cm;在环境条件不良,卵泡生长较慢时,一般直径约 5 cm,个别达 6～7 cm。卵泡达此阶段,一般母马都已发情。这阶段的持续时间:早春环境条件不良时为 2～3 d;春末夏初条件良好时为 1～2 d。

(3)成熟期。这是卵泡充分发育的最高阶段。这阶段卵泡主要是性状的变化,体积变化不太明显。所谓性状的变化,通常主要有两种情况。一种是有些母马卵泡成熟时,泡壁变薄,泡内液体波动明显。弹力减弱,最后完全变软,增加流动性,形状由圆而变为不正形。用手指轻按压可以改变其形状,这是即将排卵的表现。另一种是有些母马卵泡成熟时,皮薄而紧,弹力很强,触摸时母马敏感(有疼痛反应)。有一触即破之势,这也是即将排卵的表现。这阶段的持续时间较短,一般为一昼夜,也有持续 2～3 d 的。

(4)排卵期。卵泡完全成熟后,即进入排卵期。这时的卵泡形状不正,有显著流动性,卵泡壁变薄而软,卵泡液逐渐流失,需 2～3 h才能完全排空。由于卵泡液正在排出,触摸时感觉卵泡不成形,非常柔软,手指很容易塞入卵泡腔内。有的卵泡液突然流失而排空。

(5)空腔期。卵泡液完全流失后,卵泡内腔变空,在卵泡原来的位置上向下按时,可感到卵巢组织下陷,凹陷内有颗粒状突起。用手捏时,可感到两层薄皮。本期的持续时间为 6～12 h。空腔期在触摸时,母马有疼痛反应,当用手指按压时,母马表现为回顾、不安、弓腰或两后肢交替离地等情况。

（6）黄体形成期。卵泡液排空后，卵泡壁的微血管排出的血液重新充满卵泡腔形成血红体，使卵巢从"两层皮状"逐渐发育成扁圆形的肉状突起，形状大小很像第二、三期卵泡，但没有波动和弹性，触摸时一般没有明显的疼痛反应。

上述六个时期的划分是人为规定的，其实卵泡发育的过程是连续的，上下两期并无明显界限。只有熟练掌握，才能做出确切的判断。

3.阴道检查法

健康母马在发情期间的阴道变化较为明显，因此对试情公马反应不好的母马，常根据阴道黏膜的变化来判断其发情情况。在间情期，母马阴道壁的一部分往往被黏稠的灰色分泌物所粘连，此时如欲插入开张器或手臂，就会感到很大的阻力，阴道黏膜苍白贫血，表面粗糙。接近发情期时，阴道分泌物的黏性减小，在阴道前端有少许胶状黏液，黏膜微充血，表面较光滑。发情前期及发情盛期，阴道黏液的变化更加明显，这时期黏膜充血更加显著。发情后期阴道黏膜逐渐变干，充血程度逐渐降低。

母马子宫颈的变化在发情鉴定上有很大意义。在间情期，子宫颈质地较硬，呈钝锥状，常常位于阴道下方，其开口处为少量黏稠胶状分泌物所封闭。在发情前期，分泌作用加强，周围积累相当多的分泌物。在发情期间，尤其在接近排卵时，子宫颈位置向后方移动，子宫颈部肌肉敏感性增加，检查时易引起收缩，颈口的皱襞由松弛的花瓣状变成较坚硬的锥状突起，随后又恢复松弛状态。此外子宫颈括约肌显著收缩，这种收缩现象也可能发生在正常的交配过程中，并可能作用于公马阴茎龟头，以利于精液射入子宫内。母马在产后发情期间，子宫颈异常松弛，在这种情况下进行交配时，可能不发生以上收缩现象。母马如配种过早，子宫颈口未充分开放，精液常常被排在阴道中，而在发情盛期进行配种，则在阴道中很少见有精液滞留现象。发情期以后，健康母马的子宫颈逐渐恢复常态。

阴道黏液的变化一般和卵泡发育情况有关,因此,根据母马阴道黏液变化的情况进行发情鉴定曾长期被许多人采用。关于卵泡发育各阶段的阴道黏液性状简述如下:

(1)卵泡出现期。黏液一般较黏稠,呈灰白色,无滑腻性,如稀薄浆糊状。

(2)卵泡发育期。黏液一般由稠变稀,初为乳白色,后变为稀薄如水样透明,当捏合于两指间然后张开时,黏液拉不成丝。

(3)卵泡成熟与排卵期。卵泡接近成熟时,黏液量显著增加,黏稠度增强,开始时两手指间仅能拉出较短的黏丝,以后随黏度增加,则可扯成1～2根较长的黏丝,长可达1～2 m,随风飘荡,经久不断,以手指捻之,感到异常滑润,并易干燥,有时流出阴门,黏着在尾毛上,结成硬痂,及至卵泡完全成熟进入排卵期,黏液减少,黏性增强,但拉不成长丝。

(4)卵泡空腔期。黏液变得浓稠,在手指间可形成许多细丝,但很易断,断后黏丝缩回而形成小珠,似有很大的弹性,此时,黏液继续减少,并转为灰白色而无光泽。

(5)黄体形成期。黏液浓稠度更大,呈暗灰色,量更少,性较黏而无弹性,在手指间拉不出丝来。

五、驴的发情鉴定

母驴的发情鉴定方法与马同,以直肠检查为主,结合试情、外部观察和阴道检查。

(一)母驴的卵泡发育特点

母驴发情时,有卵泡发育的一侧卵巢显著变大,在卵泡发育过程中,发情初期(第1～3 d)卵泡壁较厚,突出卵巢表面不甚明显,触之无显著波动,至第3～4 d时,卵泡体积显著增大,泡壁也渐变薄,触之腔内有波动,但张力较强,因而突起较明显,至第4～5 d时,泡壁更薄,体积也更大,此时整个卵巢多呈梨状,当接近排卵时,卵泡壁张力消失,变为柔软,波动感觉减少,压之手指可陷入泡腔。这一过程一般较马的长,常可维持一天左右。母驴成熟卵泡均破裂,也有突然发生的,但这种情况显著较马为少。正因如此,母驴配种宜在卵泡开始失去最大张力时进行。

母驴排卵时间,一般在发情开始后 3～5 d,即在发情停止前一天左右。排卵后,卵巢体积显著变小,原来有卵泡处呈两层皮或不定型的软柿状,压迫时,无弹性。在一昼夜内,由于原卵泡腔内可能充满血液,故略有波动。在两昼夜内,有新形成的黄体出现,呈软面团状,以后渐变硬。

(二)母驴发情周期内的外部表现及生殖道变化

1.外部表现

母驴在发情时,往往上下颚频频开合并发出吧嗒吧嗒声音,当发情母驴聚在一起或接近公驴以及听到公驴叫声时,这种表现更为突出。在发情盛期或被公驴爬跨或用手按压发情母驴背部时,这种表现则往往发展成为"大张嘴",即将口张开后,经久不合。同时有口涎流出,伸颈低头,伏耳弓腰。在发情开始后 2～4 d 时,当听见公驴鸣叫或牵引公驴与其接近时,即主动接近公驴,并将臀部转向公驴,静立不动,阴核闪动,频频排尿。以上这些外部表现,随发情的程度而表现强弱不同,例如在发情开始或将结束时,则表现较弱,而在发情盛期时则表现很明显。

2.生殖道的变化

母驴发情时,其生殖道的变化如下:
(1)外阴部的变化。发情母驴外阴部略显肿胀,阴唇松弛变长,略有下垂,阴门微张,这些变化年轻母驴较老年母驴明显。
(2)阴蒂的变化。发情母驴的阴蒂稍显膨大,突出而具有弹性,阴核周围的黏膜也较红润。
(3)阴道的变化。不发情母驴的阴道黏膜苍白而干燥,发情者则变为红润。在发情开始后 3～4 d 较为显著，以后则渐减退，至 5～6 d 时，阴道壁血管呈紫红色，微血管已不充血，黏膜呈淡红色或苍白色。

（4）子宫颈的变化。驴的子宫颈阴道部较马的细而长，间情期呈紧缩状态，突出于阴道穹窿呈细而硬的乳头状，开口常偏向一侧，发情前期变化不明显，至发情开始后 2～3 d 变化较为明显，色泽红润，子宫颈口半开或全开，至发情开始后 3～4 d 时呈淡红色，湿润而光亮，此时常变为松弛，位于阴道前面穹窿偏下，子宫颈口完全开张，多数可容一指，少数可容两指以上，个别也有不开张的，因而造成输精上的困难。发情后期子宫颈收缩变紧。

（5）子宫角的变化。一般发情母驴两侧子宫角短粗而变圆，且有收缩现象。直肠检查时，觉有弹性，且呈敏感性收缩，即时而收缩紧张，时而变为松软。

母驴的生殖道分泌物不如母马多，很少有发情母马的"吊线"（即黏液自阴门流出并拖成长线状）现象。但通过阴道检查，可发现发情开始后 2～3 d 时，黏液较多，并呈透明状，3～4 d 时，黏液牵缕性很强，可拉成蜘蛛丝状，但不如母马的长，至 4～6 d 时，黏液变得很少，且渐成混浊或黏稠的糊状。

第四章　动物人工授精技术

人工授精技术是现代畜牧生产中极其重要的一项技术,该技术显著提高了优秀种公畜的利用率,加快品种改良。人工授精的基本技术环节包括精液的采集、品质检查、稀释、保存和输精等。本章就从人工授精技术的概念及发展历程入手,对其所涉及的主要技术展开讨论。

第一节　家畜自然交配与人工授精

一、家畜的自然交配

自然交配是动物的本能交配行为,也称本交。随着畜牧业的发展,人类对被饲养动物自然交配行为的干预越来越多。根据人为干预程度和方法不同,可以将家畜的自然交配分为如下四种方式:

(1)自由交配。在原始游牧条件下,公、母畜常年混群放牧,只要母畜一发情,公畜即可与其随意交配,故称之为自由交配。自由交配是一种不受人工控制的原始配种方式,此法虽然简单省事,但存在后代血缘不清、配种不加选择、近交退化等问题,基本上为畜牧生产者所摒弃。

(2)分群交配。将母畜分成若干小群,每群根据需要放入一头或几头经选择的公畜,任其自然交配。这样既控制了公畜的交配次数,又实现了一定程度的选种选配。但是,公畜的配种利用率低。不能记载母畜的配种时间,因此,也无法准确预测母畜预产期。

（3）圈栏交配。公母畜隔开饲养，当母畜发情时，将其放入公畜栏内与选定的公畜交配。这在一定程度上克服了上述配种方式的缺点，并提高了公畜利用率，选种选配也更为严格。

（4）人工辅助交配。一般情况下，人们总是将公母畜严格分开饲养，只有在母畜发情配种时，才按原定的选种选配计划，令其与特定的公畜交配，并对母畜做好必要的保定、清毒处理等准备工作，并采取其他一些必要措施，以辅助公畜顺利完成交配。与上述三种自然交配方式相比，增加了种公畜的可配母畜头数，延长了种公畜的利用年限；能够调控产仔时间，有利于生产的计划管理；可以实行严格的个体选种选配，建立系谱，有利于品种改良；根据配种记录，可以估测母畜预产期；并在一定程度上防制疾病传播。它是一种比较科学的人工控制的自然交配方式。

二、人工授精技术及其意义

所谓人工授精技术，具体是指用人工方法采集公畜精液，经过精液品质检查、稀释、保存等处理以后，再用器械送入发情母畜的生殖道内，使之受精的技术。

人工授精将公畜射精和母畜输精分开进行，改变了自然交配过程。按照工作过程，人工授精常用步骤为：采精用品清洗消毒与精液稀释液配制—采精—精液品质检查—精液稀释、分装、保存和运输—母畜发情鉴定—输精。

自 1780 年意大利的生理学家 L. Spallanzani 首次用人工授精的方法获得了 3 只小狗以来，人工授精技术及其应用得到了蓬勃发展，成为家畜改良最有效的技术手段，主要作用表现如下：

（1）提高良种雄性动物的利用率。在自然交配情况下，一头雄性动物每交配一次只能使一头雌性动物妊娠，良种雄性动物的作用不能得到充分发挥。应用人工授精技术，一头雄性动物一次采得的精液可以给几头、几十头乃至上百头雌性动物输精。特别是冷冻精液的推广应用，可使一头优秀的公牛每年配种母牛达数万头以上。如表 4-1 所示,给出了人工授精与自然交配的配种效率比较。

表 4-1 人工授精与自然交配的配种效率比较

畜种	自然交配		人工授精
	每年每头公畜可配母畜头数	每次采精可配母畜头数	每年每头公畜可配母畜头数
猪	20~30	5~15	200~400
牛	20~40	20~25	500~2000
		100~200(冻精)	6000~12000(冻精)
羊	30~50	20~40	700~1000
马	30~50	5~12	200~400
兔	4~6	10~20	80~120
犬	20~40	12~15	160~320

(2)加速品种改良。人工授精技术,特别是冷冻精液的应用,最大限度地提高了雄性动物的配种能力,因而使良种雄性动物的遗传基因迅速扩大,使其后代生产性能迅速提高,从而加速了品种改良的步伐。

(3)防止某些疾病传播。采用人工授精后,雄、雌动物的生殖器官不能直接接触,人工授精技术操作要求又非常严格,因此防止了某些因交配而引起的疾病传播,如传染性流产、子宫炎、阴道炎等。

(4)提高动物受胎率。在人工授精中,每次输精都使用经过检查的优质精液,选择最适宜的输精时机,且输精部位准确,因此提高了动物的受胎率。

(5)克服了自然交配中的某些配种困难。初配母畜体格偏小,地方品种母畜明显比良种公畜体格小,这都会因公、母畜体重悬殊造成自然交配的困难;远缘杂交存在公母畜不交配的问题;有些畜种自然交配时还存在个体选择性问题;一些子宫颈管狭窄、阻塞的母畜,存在自然交配不能受精的问题。通过人工授精,均能克服这些困难。

(6)解决了自然交配在时间和空间上的限制。合格的精液经过稀释、降温，可以保存一定的时间，冷冻精液能进行长期保存，可输送到不同地理位置的输精网点，或进行国际交流和贸易，代替种公畜的引进，使母畜配种不受地域的限制。

(7)减少雄性动物饲养量，提高经济效益。人工授精技术实施后，使每头雄性动物可配的雌性动物数增加，减少了雄性动物的饲养量，降低了生产成本，提高了经济效益。

(8)是推广繁殖新技术的一项基础措施。人工授精技术为远缘的种间杂交等科学研究提供了有效手段，为同期发情、胚胎移植等技术的研究和应用奠定了基础，同时也促进了体外受精、性别控制等繁殖新技术的发展。但是，人工授精技术在生产中只有熟练掌握并严格遵守人工授精操作规程，准确进行动物的发情鉴定，严格对雄性动物进行健康检查和遗传性能鉴定，防止遗传缺陷和某些通过精液传播疾病的扩散和蔓延，才能发挥其巨大的优越性。否则，不但会影响受胎率、产仔数，甚至会引起疾病传播，造成严重后果。

人工授精技术在我国的应用，始于 20 世纪 30 年代，我国早在 1935 年就在江苏句容马场马的繁殖上利用人工授精技术，并获得成功；20 世纪 40 年代初，在甘肃永昌羊场用人工授精技术改良蒙古羊，但受到重视还是在新中国成立以后。20 世纪 50 年代初，东北、华北首先开展马匹人工授精，西北、内蒙古则在绵羊人工授精方面起步较早。这对我国马匹和绵羊的改良、培育新品种起了重要作用。我国新疆细毛羊的培育成功是和人工授精技术的推广应用分不开的。奶牛人工授精于 20 世纪 50 年代中期开始，到 20 世纪 70 年代已普及。人工授精技术对"中国黑白花奶牛"的培育成功起到了极其重要的作用。猪的人工授精自 20 世纪 50 年代起，相继在广西、江苏、北京、黑龙江、广东等地推广，人工授精的母猪头数已列世界首位。在马匹人工授精应用方面，不论配种的数量还是技术水平，我国都处于领先地位。鸡的人工授精自 20 世纪 80 年代开始普及。

从人工授精技术的应用、推广到普及,半个世纪以来,我国取得了巨大成绩,但发展还不平衡,一些畜种的人工授精水平还不高,特别是猪的冷冻精液效果还不理想。提高人工授精技术水平,是促进我国畜牧业现代化的一项艰巨任务。

三、人工授精的限制因素

目前,人工授精技术在畜牧生产中并没有得到充分的应用,其主要原因是该技术存在一定的局限性,主要表现为以下几个方面:

(1)人工授精并不能明显提高受胎率和产仔数。必须清楚,人工授精只是改变了配种方式,使公畜的配种效能提高了,但对母畜的繁殖力并没有实质性的影响。如果公畜健康,精液合格,那么本交和人工授精在母畜受胎率和产仔数方面并没有明显区别。除猪外,大多家畜人工授精受胎率甚至略低于本交。

(2)大多数家畜的精液保存时间不长。在商品动物生产中,除牛外,多数动物仍停留于鲜精配种阶段,其主要原因是冷冻精液的受胎率低,而鲜精保存的时间一般不超过 7 d。

(3)必须购置设备用品。开展人工授精必须建设采精舍和实验室,还要购置设备,因此,人工授精虽然降低了种公畜的饲养费用,但同时,又必须增加一些投入。如果配种母畜很少,人工授精就没有实际意义,可以说,母畜群越大或当地母畜存栏量越高,开展人工授精的意义就越大。

(4)对技术人员素质要求较高。人工授精使人类对家畜的配种过程有了更多的干预,同时影响受胎率和产仔数的因素也更加复杂。技术人员不规范、不正确的操作,常常会带来严重的经济损失。因此,必须对技术人员进行系统全面的培训,培养其始终按规程操作的意识,并进行技术资质认证,持证上岗,才能保证该项工作的顺利进行。

(5)要对种公畜进行更严格的选择和检疫。种公畜如果是病源微生物的携带者,或者有遗传缺陷没有被发现,或对后代是一个"恶化"者(使后代生产水平降低)。那么,人工授精可能会使疫病传播范围更大,或对后代的"恶化"更广泛。因此,在人工授精中,对公畜的选择和检疫应更严格,必要时,要先对部分母畜试配,并进行后裔鉴定。

第二节 采精技术

采精是人工授精技术的首要环节。认真做好采精前的准备工作,正确掌握采精技术,科学安排采精频率,是保证高质量精液的重要条件。

一、采精前的准备

对于采精工作而言,完善的前期准备是必不可少的,具体工作包括如下几个方面。

(一)采精场地的准备

采精应有专门的场地,以便雄性动物建立稳固的条件反射。采精场要紧靠精液处理室,需宽敞、明亮,地面平坦、清洁,有较好的环境调控设施,以利于控制周围环境,减少环境对采精时的各种干扰。设立专用采精场地还有利于对公畜采精的调教训练,减少因尘土飞扬而污染精液。

(二)台畜的准备

台畜是供公畜爬跨用的台架,有真台畜和假台畜(采精台)之分。体格健壮的发情母畜、去势公畜均可作为真台畜,采精效果较好。假台畜具有采精简单、方便、安全、各种家畜均可采用的优点,但效果较发情母畜差。假台畜是用钢筋、木料、橡塑制品等材料模仿家畜的外形制成的,固定在地面上,其大小与真畜相近。

假台畜的外层覆以棉絮、泡沫等柔软之物,亦可用畜皮包裹,以假乱真。假台畜的结构要坚固、简单,方便采精以及便于清洗消毒。如图 4-1 所示,给出了猪、马、羊的假台畜外形结构示意图。如果使用真台畜,采精前台畜的臀部、外阴部及尾部,先用 2% 来苏儿液擦拭,然后用清水冲洗、擦干。采精时,台畜要保定在采精架内,保持周围环境安静。如使用假台畜,采精公畜需经过训练,即先用母畜做台畜数次,再改用假畜。

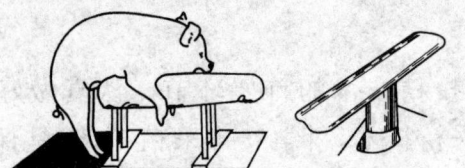

(a)猪用假台畜

(b)马用假台畜

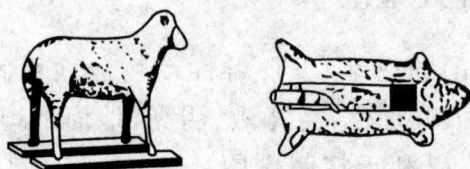

(c)羊用假台畜

图 4-1 假台畜

(三)种公畜的准备

种公畜精液品质的好坏与其体况密切相关。种公畜必须保持良好的繁殖体况,平时要给予全价饲料,精心饲养管理,加强运动,注意畜体与畜舍的环境卫生,做好疾病的预防和治疗工作,合理地安排采精次数。在每次采精前,需彻底清洗种公畜的阴茎和包皮。实践证明,种公畜采精前的性准备与采精量和精液品质有着密切关系,应采取有效方法进行诱导,使种公畜保持充分的性兴奋和旺盛性欲。

(四)假阴道的准备

假阴道是利用人工模拟发情母畜的阴道环境而设计的一种采精工具,其外形结构如图4-2所示。各种动物的假阴道构造基本相似,包括外筒、内胎和集精杯三个主要部件,另外还有胶圈、气门活塞、集精杯固定套等附件。如图4-3所示,给出了几种常见动物的假阴道的构造图。这里,我们将假阴道的主要部件简述如下:

(1)外筒。牛、羊、猪假阴道外筒多用硬橡胶或硬塑料制成,马、驴的假阴道则用镀锌的铁皮为材料。外筒中部设有灌水孔,马、驴的假阴道外筒还焊有手把。外筒结构应以轻便、光洁、不易变形、不漏水漏气为原则。如表4-2所示,列出了几种常见动物的假阴道外筒的规格。

表 4-2 假阴道外筒的规格

畜种	长度/cm	内径宽度/cm
马、驴	45	12
牛	50	8
猪	35~38	7~8
羊	20~30	4~5.5
兔	8~10	3

(2)内胎。假阴道内胎的材料要具有良好的弹性,对精子无害,通常以橡胶或乳胶制成。

(3)集精杯。牛、羊、兔使用的集精杯通常为双层玻璃制品,夹层中可注入热水,以免精液受低温打击。马、驴用的集精杯通常以硬橡胶或塑料制成。猪用集精杯多为广口瓶状。各种动物的集精杯一般均有计量刻度。

（4）其他附件。假阴道的其他主要附件包括胶皮圈、气门活塞、集精杯固定套、双连球等，具体作用如下：

①胶皮圈。用以固定内胎，使之不致从外筒上滑脱。要求弹性好，大小和外筒要适合。

②气门活塞。加在外筒灌水孔上，用以向内胎和外筒间注入空气，以调节假阴道的压力。

③集精杯固定套。用以将集精杯固定在假阴道上，以防采精时由于压力而脱落。

④双连球。用以向假阴道内打入空气，使假阴道产生一定的压力。

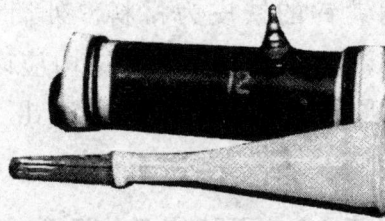

图 4-2　假阴道外观

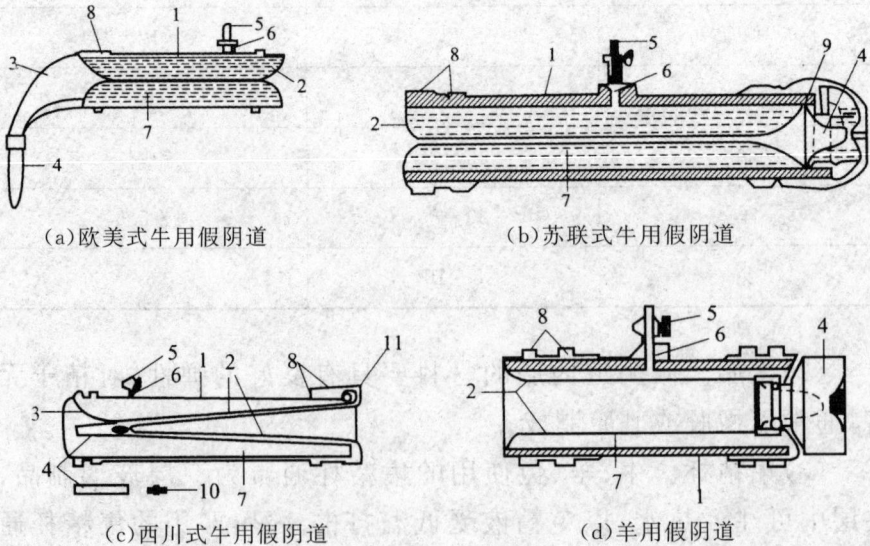

（a）欧美式牛用假阴道

（b）苏联式牛用假阴道

（c）西川式牛用假阴道

（d）羊用假阴道

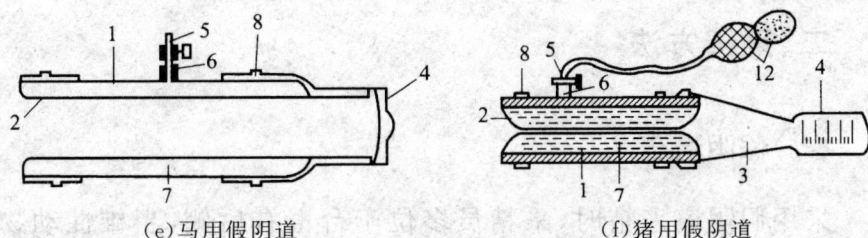

(e)马用假阴道　　　　　　(f)猪用假阴道

图 4-3　各种动物的假阴道

1—外壳；2—内胎；3—橡胶漏斗；4—集精杯；5—气嘴；6—水孔；7—温水；

8—固定胶圈；9—集精杯固定套；10—瓶口小管；11—假阴道入口泡沫垫；12—双连球

采精前，要对假阴道进行洗涤、安装内胎、消毒、晾干、注水、涂润滑剂、调节温度和压力等步骤，具体准备工作如下：

（1）假阴道安装。先检查假阴道外壳是否光滑，有无裂隙或开焊之处（特别是马用外壳），内胎是否漏水。如一切正常则把内胎两端翻卷在外筒两端，内胎装上后应有一定的松紧度，不扭曲，无皱褶。

（2）假阴道消毒。使用假阴道前要用 75% 酒精棉球消毒内腔，再用灭菌 0.9% 的 NaCl 或稀释液冲洗内壁残留的酒精。

（3）安装集精杯。将集精杯固定于一头，然后用胶圈固定。

（4）灌水和涂抹润滑剂。将 45℃～50℃ 温水注入灌水孔内，水量以假阴道竖立时水位达注水孔即可，水温以采精时内腔温度 38℃～42℃ 为宜。用消过毒的润滑剂（凡士林）涂抹假阴道入口的内腔表面，深度占内腔长度的 1/3～1/2 为宜。

（5）加压。向假阴道内注入水和空气以调节内腔的压力。

（五）采精人员的准备

采精人员应具有熟练的技术，动作敏捷，操作时要注意人畜安全。对每一头雄性动物的采精条件和特点应了如指掌。操作前，要求穿上长筒胶靴，身着紧身利落的工作服，避免与雄性动物及周围物体勾挂，影响操作。指甲剪短磨光，手臂要清洗消毒。

二、采精方法

(一)假阴道法

采用假阴道采精时,采精员多位于台畜右后侧,当雄性动物爬跨台畜时,使假阴道与雄性动物阴茎伸出方向一致,紧靠并固定于台畜尻部右侧,迅速将阴茎导入假阴道内,经几次抽动后射精。将假阴道的集精杯端下倾,以便精液流入集精杯内。当雄性动物跳下时,假阴道随着阴茎后移,尽可能收集全部射出的精液。待阴茎自行软缩脱出后,立即竖立假阴道,使集精杯一端向下,打开气嘴阀门,放掉空气,以充分收集滞留在假阴道内胎壁上的精液。

牛、羊将阴茎导入假阴道时,应用手掌轻托阴茎基部,不可用手抓握阴茎,否则会造成阴茎回缩。牛、羊射精时间较短,只有几秒钟,当公畜用力向前冲时即为射精。因此,要求采精者动作迅速敏捷,同时还要注意人畜安全。

马和驴采精时,可用手握住阴茎导入假阴道,但不要触碰龟头。当公马(驴)已射精,此时需使假阴道向集精杯方向倾斜,以防精液倒流。

(二)手握法

手握法采取公猪精液是目前广泛使用的一种方法,具有设备简单,操作方便,能采集富含精子部分的精液等优点,但其缺点是精液容易污染和受冷打击的影响。手握法采精的操作比较简单,这里不再赘述。如图 4-4 所示,是手握法采精的具体操作。猪在一次射精中,其精液常分为以下几个部分排出:

(1)含副性腺分泌物多,精子较少,精液清亮白色。

(2)精液浓,精子多,呈乳白色。

(3)精液较稀,清亮,精子少。

（三）电刺激采精法

电刺激指通过电流刺激腰椎有关神经和壶腹部而引起公畜射精的方法。电刺激采精器包括电流发生器和电极探头两部分。发生器由控制频率的定时选择电路、多谐振荡器的频率选择电路、调节多档的直流变换电路和能够输出足够刺激电流的功率放大器四个部分组成。探头则是适应大、中、小动物不同类型的由空心绝缘胶棒缠线而成的直型电极或环型电极组成。如图4-5所示，是电刺激采精的装置。

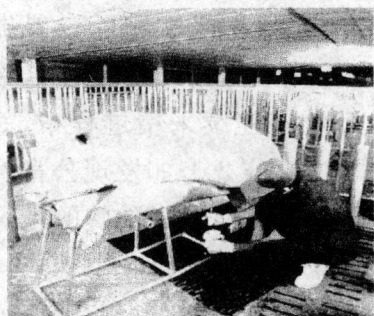

图 4-4 手握采精法

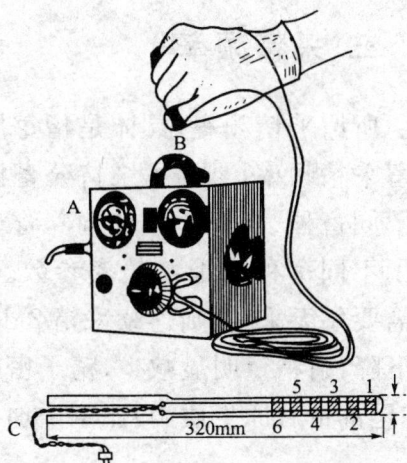

图 4-5 电刺激采精装置
A—电源；B—电极；C—棒状电极

采精时需将公畜以侧卧或站立姿势保定。对一些不易保定的野生动物可使用静松灵、氯胺酮等药物进行麻醉。先剪去包皮附近被毛，用生理盐水冲洗擦干。采用灌肠法清除直肠宿粪，然后将直肠电极探头慢慢插入肛门，抵达输精管壶腹部，插入深度大动物为 $20\sim25$ cm，羊约 10 cm，小动物（兔）约 5 cm。采精时先接通电源，然后调节刺激器，选择好频率，逐步增高电压和刺激强度，直至伸出阴茎，排出精液。如表4-3所示，列出了各种动物的电刺激采精参数。

表 4-3 各种动物电刺激采精参数

畜种	频率/Hz	刺激电流/mA	刺激电压/V	通电时间/s	
				持续	间隔
牛	20～30	150～250	3—6—9—12—16	3～5	5～10
绵羊、山羊	40～50	40～100	3—6—9—12	0	10
猪	30～40	50～150	3—6—9—12—16	5～10	5～10
梅花鹿、马鹿	40	200～250	3—6—9—12—16	10	10
大熊猫	30～40	40～100	3—6—9—12—16	3～5	5～10
家兔	15～20	100	3—6—9—12	3～5	5～10

三、采精频率

所谓采精频率,具体是指每周对公畜的采精次数。合理安排公畜采精频率,是为了维持公畜健康和最大限度采集精液。要根据不同畜种、不同个体和饲养管理条件来决定。如表 4-4 所示,给出了不同畜种的采精频率参数。各种动物在连续采精过程中,如果需要每天采精,则连续采精 2 d 后,休息 1 d 或 2 d;如发现公畜性欲下降,射精量明显减少,精子密度降低,镜检时发现未成熟的精子(如尾部带有原生质滴)比例增加,这时应立即减少或停止采精。

表 4-4 成年雄性动物正常的采精频率

畜种	每周采精次数	平均每周射出精子总数	平均每次射精量/mL	平均每次射出精子总数	精子活率/%
乳牛	2～6	150 亿～400 亿	5～10	50 亿～150 亿	50～75
肉牛	2～6	100 亿～350 亿	4～8	50 亿～100 亿	40～75
水牛	2～6	80 亿～300 亿	3～6	36 亿～89 亿	60～80
马	2～6	150 亿～400 亿	30～100	50 亿～150 亿	40～75
驴	2～6	100 亿～300 亿	20～80	30 亿～100 亿	80
猪	2～5	1000 亿～1500 亿	150～300	300 亿～600 亿	50～80
绵羊	7～25	200 亿～400 亿	0.8～1.2	16 亿～36 亿	60～80
山羊	7～20	250 亿～350 亿	0.5～1.5	15 亿～60 亿	60～80
兔	2～4	—	0.5～2.0	3.0 亿～7.0 亿	40～80

四、采精应注意的几个问题

在具体的采精实践中,应当注意的几个问题:

(1)采精的时间、地点应固定。这样有利于雄性动物养成良好的条件反射。应尽量固定采精人员,以便掌握雄性动物的特点,使采精易于获得成功。

(2)要一次爬跨即采到精液。多次爬跨虽然可以增加射精量,但实际精子数的增加不多,而且容易造成雄性动物的负条件反射。此外,多次爬跨易使假阴道混入尘土和杂质而降低精液质量。

(3)采精过程中,假阴道内温度应保持在 38℃～42℃。温度不适合往往是采精失败的原因。冬春气温低,集精杯也应保持在 34℃～35℃,以防温度变化对精子的危害。

(4)根据各种动物对假阴道压力的要求,适当调节压力和润滑度。

第三节　精液品质检查

精液品质检查是人工授精操作过程中的第二个环节,其目的在于鉴定精液品质的优劣,以便决定配种负担能力。精液品质检查的结果只能作为精液受精力的参考,而并非绝对依据,因为至今尚无一项指标能完全表明精液的确实受精力。检查精液品质时,操作力求迅速、准确,取样有代表性。为防止低温对精子的打击,可将采得的精液置于 35℃～40℃ 的温水中,并在 20℃～30℃ 室温条件下操作。

一、外观评定

外观评定是精液品质检查的主要途径之一,因为精液品质的优劣很可能在其外观上体现出来。通常情况下,对精液进行外观

评定时,着重考察如下几个指标:

(1)射精量。射精量是指公畜 1 次采精所射出的精液容积,可用带有刻度的集精瓶直接测出。在具体实践中,公畜的射精量过多或过少都不是正常现象,必须及时查找原因,采取必要的措施。

(2)色泽。色泽是指精液的颜色及其浓厚程度,在某种程度上反映精液是否正常、精子浓度的高低。精液色泽异常表明生殖器官有疾患,凡颜色异常的精液均不能用于输精。

(3)气味。正常的精液,应没有很浓的气味,或略带动物特有的腥膻味。如精液气味异常是混有尿液或包皮液。

(4)云雾状。一般地,动物正常精液因精子密度大而呈浑浊不透明状,肉眼观察时,由于精子运动而呈云雾状。精液浑浊度越大,云雾状越显著。乳白色越浓,精子密度和精子活力越高。

二、精子活率检查

精子活率是指精液中做直线运动的精子占整个精子数的百分比。精子活率是评定精液品质优劣的重要指标,一般对采精后、稀释后、冷冻精液解冻后的精液应分别进行活率检查。精子活率检查有估测法和死、活精子染色测定两种常用方法。

(一)估测法

估测法必须于采精后立刻在 25℃左右的实验室内进行,最好在 37℃保温箱内或加热的载物台上进行。在评定精子活率的同时也可以测定精子密度。

估测法评定精子活率时,用玻璃棒蘸取一滴原精液或经稀释的精液,滴在洁净的载玻片上,盖上洁净的盖玻片,其间充满精液,不存留气泡。也可滴在盖玻片上,翻放于凹玻片的凹窝中。置于显微镜下,放大 400 倍检查。显微镜的载物台需放平,最好在暗视野中观察。一般地,精子有三种运动类型,分别是直线前进运动、旋转运动和原地摆动。评价精子活率是根据直线前进运

动精子数的多少而定,即

$$精子活率=\frac{呈直线前进运动精子数}{总精子数}\times100\%$$

根据若干视野中所能观察到的前进运动精子数占视野内总精子数的百分率,按十级评分法加以评定。例如,100%的精子为前进运动时,活率为 1.0;90%的精子为前进运动时评为 0.9;以此类推。液态精液具有 0.5 以上的活率才能用于输精。冷冻精液解冻后活率在 0.3 以上即可应用。

这种肉眼估测法带有很大的主观性,要做到较为准确则需要有较多的经验。目前已有显微投影装置可将显微镜视野的图像反映到银幕上,供多人同时评定,其结果较为准确。

(二)死、活精子染色测定

精液中死、活精子所占的比例是鉴定精子活率的又一种方法。由于死精子细胞膜特别是核后帽部分对染料的通透性增强,使精子着色,根据这一原理可区别死精子和活精子。通常采用伊红—苯胺黑染色法,或者葡萄糖—刚果红染色法。用染色法测定的活精子百分比,其结果略高于估测法,因为有些精子虽未着色,但已失去运动能力。

三、精子密度检查

精子密度又称精子浓度,是指单位容积(1 mL)精液中所含有的精子数目。测定精子密度常采用估测法、血细胞计数法和光电比色测定法。

(一)估测法

通常与检测精子活率同时进行。在低倍(10×10)显微镜下根据精子分布的稠密和稀疏程度,将精子密度粗略分为"密""中""稀"三级。由于各种家畜精液中精子密度相差较大,很难使用统一的等级标准,而且评定带有一定的主观性,误差较大。此法在基层人工授精站常用。

(二)血细胞计数法

血细胞计数法是对公畜精液定期检查的一种方法,这种方法可准确地测定每单位容积溶液中的精子数。具体操作步骤如下:

(1)将血细胞计数板固定在显微镜的推进器内,用100倍放大找到计数室,再用400倍找到计数室的第一个中方格。

(2)稀释精液。将精液注入计数室前,用3%氯化钠溶液对精液进行稀释。牛、羊的精液用红细胞吸管(100倍或200倍)稀释,马、猪的精液用白细胞吸管(10倍或20倍)稀释,抽吸后充分混合均匀,弃去管尖端的精液2~3滴,把一小滴精液充入计数室。

(3)镜检。显微镜换用中倍镜,顺着对角线计算5个大方格网中的精子数,按公式进行计算(如图4-6所示)。为避免重复和漏掉,对于头部压线的精子采用"上计下不计""左计右不计"的办法;为了减少误差,应连续检查两次,求其平均值。如两次差异较大,要求作第三次。基于此,精子密度的计算公式可以归结为

精子密度=5个中方格总精子数×5×10×1000×稀释倍数

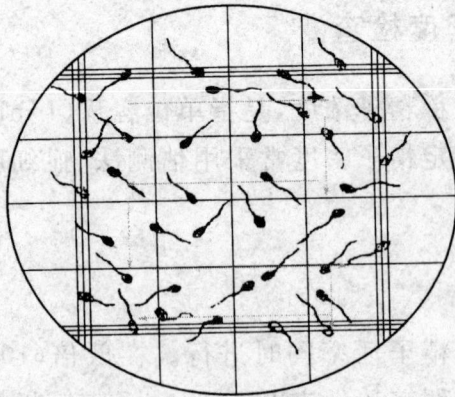

图4-6 精子计数顺序

四、精子形态检查

精子形态检查包括畸形率和顶体异常率两项。

(一)精子畸形率

所谓畸形精子,具体是指形态和结构不正常的精子。一般情况下,精子畸形率不超过 18％的牛、猪精液,精子畸形率不超过 14％的羊精液,精子畸形率不超过 12％的马精液,可以被认定是品质优良的精液。

通常情况下,人们根据精子出现畸形的部位,把精子分为头部、中段和尾部三类畸形,详述如下:

(1)头部畸形。常见的有窄头、头基部狭窄、梨形头、圆头、巨头、小头、头基部过宽和发育不全等。头部畸形的精子多数是在睾丸内精子发生过程中,细胞分裂和精子细胞变形受某些不良环境影响引起的,对精子的受精能力和运动方式都有显著的影响。

(2)中段畸形。包括中段肿胀、纤丝裸露和中段呈螺旋状扭曲等。试验证明,中段畸形多数是在睾丸或附睾中发生的。中段畸形的直接影响是精子运动方式的改变和运动能力的丧失。

(3)尾部畸形。包括尾部各种形式的卷曲、头尾分离、带有近端和远端原生质滴的不成熟精子(如图 4-7 所示)。大部分尾部畸形的精子是精子通过附睾、尿生殖道和体外处理过程中出现的。尾部畸形对精子的运动能力和运动方式影响最为明显。

精子畸形率的常用的检查方法是,将精液制成抹片,置于酒精固定液中固定 5～6 min,取出以水冲洗后,阴干或烘干,用蓝墨水或 0.5％的龙胆紫酒精溶液染色 3～5 min,再用水洗、干燥后镜检。检查总精子数不少于 200 个,计算出畸形精子百分率。

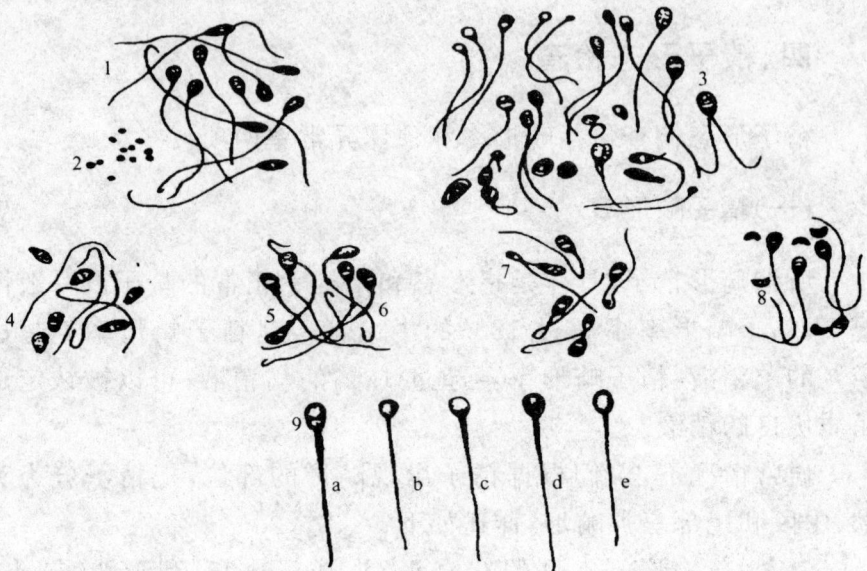

图 4-7 畸形精子类型

1—正常精子;2—脱落的原生质滴;3—各类畸形精子;4—头尾分离;
5、6—带原生质滴精子;7—尾弯曲精子;8—脱落顶体;9—各种家畜正常精子
a—猪;b—绵羊;c—水牛;d—黄牛;e—马

(二)精子顶体异常率

精子顶体异常有膨大、缺陷、部分脱落、全部脱落等数种(如图 4-8 所示)。在正常情况下,牛精子顶体异常率平均为 5.9%,猪为 2.3%。如果牛精子顶体异常率超过 14%,猪超过4.3%会直接影响受精率。顶体异常的出现可能与精子生产过程和副性腺分泌物异常有关。同时,精液在体外保存时间过长,遭受低温打击,特别是冷冻方法不当也可造成。

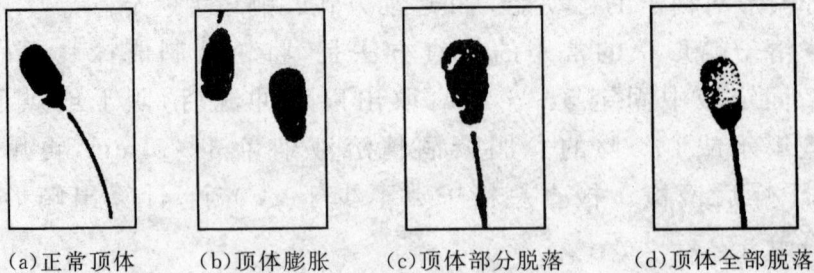

(a)正常顶体　(b)顶体膨胀　(c)顶体部分脱落　(d)顶体全部脱落
图 4-8　精子顶体的异常

五、其他检查

(一)精子存活时间和存活指数检查

精子存活时间是指精子在体外总的生存时间,精子的存活指数是指平均存活时间,它反映精子活力下降的速度。精子的存活时间与精子保持受精能力的时间直接相关,同时也是鉴定稀释液和精液处理效果的一种方法。具体方法是,将稀释后的精液置于所需保存的温度下(如 2℃~4℃、17℃或 37℃),间隔一定时间检查一次活力,直到无活动精子为止(最后一个间隔时间按 1/2 累计入精子存活时间)。

精子存活的总小时数为精子存活时间;而相邻两次检查的平均活力与间隔时间的乘积的总和为精子生存指数。精子存活时间越长,生存指数越大,说明精子生活力越强。

(二)精子抵抗力测定

精子抵抗力是精子对 1‰氯化钠溶液的抗性测定。钠的等渗溶液对精子脂蛋白膜有溶解作用,当精子的抗性越高时,这种溶液对精子的影响就越小,精子在稀释度更大的溶液中仍具有直线前进运动能力,它可以作为稀释倍数的参考依据。

(三)精液果糖分解试验

测定果糖的利用率,可反映精子的密度和精子的代谢情况。通常用 1 亿个精子在 37℃厌氧条件下每小时消耗果糖的毫克数表示。其方法是在厌氧情况下把一定量的精液(如 0.5 mL)在 37℃的恒温箱中停放 3 h,每隔 1 h 取出 0.1 mL 进行果糖量测定,将结果与放入恒温箱前比较,最后计算出果糖酵解指数。牛、羊精液一般果糖利用率为 1.4~2 mg,猪、马由于精子密度小,指数很低。

第四节　精液的稀释

精液稀释是指在采集的精液中加入适宜于精子存活并能保持其受精能力的稀释液。

一、精液稀释液的成分及作用

精液稀释液的成分因配方、保存方法、动物种类的不同而有所不同。从成分和功能上可分为四大类。

(一)稀释剂

稀释剂主要用于扩大精液容量。此类稀释液要求与精液有相同或相近的渗透压。各种营养物质和保护物质按一定配方配成的等渗溶液都具有稀释剂的功能,只不过其作用有主次之分而已。一般单纯用于扩大精液量的稀释液多为等渗的葡萄糖、果糖、蔗糖、柠檬酸钠溶液等。

(二)保护剂

稀释液的保护作用是多方面的,稀释本身就能降低精液中有害物质的浓度,起到保护作用。保护剂主要是对精子起保护作用,以免各种不良的理化因素和生物因素对精子造成危害。一般情况下,稀释液的保护剂中含有以下几类物质:

(1)缓冲物质。精液在保存过程中,由于精子代谢产物如乳酸和二氧化碳的积累,pH 常会有偏酸现象,当超过一定的限度就会对精子活力造成不可逆的抑制。一般用缓冲剂来控制精液 pH 的变化。常用的缓冲剂有磷酸二氢钾、柠檬酸钠、磷酸氢二钠、乙二胺四乙酸(EDTA)酒石酸钾钠、碳酸氢钠等。

(2)抗冷物质。精液保存时需要降温处理,为了有效避免降温时精子遭受冷休克而失去活力,需要在保存的稀释液中加入抗冷休克物质,使精子免受伤害。常用的抗冷休克物质有卵黄和奶类,实践证明,二者合用效果更佳。

（3）防冻保护物质。在冷冻精液制作过程中,冰晶的形成会造成对精子的损害。常用甘油、乙二醇、二甲基亚砜（DMSO）等作为防冻剂,以干扰冰晶的形成,从而对精子起到保护作用。

（4）抗菌物质。在采精和精液处理过程中,难免使精液受到细菌的污染。所以,稀释液中要加入抗菌物质。常用的抗菌物质有青霉素、链霉素、磺胺类药物等。值得注意的是,蜂蜜中含有丰富的葡萄糖和果糖及多种维生素,不仅为精子提供营养,而且也具有良好的保护作用。

（5）非电解质或弱电解质。精液中的电解质主要来自副性腺分泌物,具有刺激精子代谢,加快精子运动的作用,在自然交配中有助于受精。但高浓度的电解质不利于精子的体外存活,其中阴离子中的无机酸根离子如 Cl^-,对精子的危害性更大。因此,稀释液中添加非电解质（如糖类）和弱电解质（如有机酸盐、氨基乙酸等）,都有助于在保证渗透压的同时,降低稀释后精液的电解质浓度,对精子起到保护作用。

（三）营养剂

营养剂主要是提供营养,以补充精子所消耗的能量。常用的营养物质有葡萄糖、果糖、奶类和卵黄。这些物质或其中的一些成分能够透过精子膜进入细胞内,参与精子代谢,给精子提供外源能量,减缓内源物质的消耗,从而有助于延长精子在体外的存活时间。

（四）其他添加剂

近几十年,人类还研究开发了许多用于配制稀释液的添加剂,主要用于改善精子外在环境的理化特性,以及促进母畜生殖道的生理机能,以利于提高受精机会,促进受精卵的发育。常用的添加剂有如下几类:

（1）酶类。过氧化氢酶能够分解精子代谢过程中产生的过氧化氢,减轻其对精子的毒害作用;β-淀粉酶具有促进精子获能的作用。

（2）维生素类。维生素包括维生素 B_1、维生素 B_2、维生素 B_{12}、维生素 C、维生素 E 等,具有改善精子活力,提高受胎率的作用。

（3）激素类。激素主要是催产素,可促进母畜生殖道蠕动,促进精子向受精部位运行。

目前,已有的精液稀释液种类很多,在生产实践中,可以根据家畜的种类、精液保存方法等实际情况来决定选用何种精液稀释液。当然,在配置稀释液时,必须遵守一定的要求,如清洁卫生、精液保鲜等方面。

二、精液稀释方法和稀释倍数

（一）稀释方法

精液稀释应在精液品质检查后立即进行。稀释时先确定稀释倍数,然后将等温的稀释液沿着精液容器壁慢慢加入精液中,边加入边搅拌。如需高倍稀释,应先做 3～5 倍的低倍稀释,然后再高倍,逐渐加大稀释倍数,以防稀释打击。稀释后的精液立即用显微镜检查活率。

（二）稀释倍数

适宜的稀释倍数可延长精子的存活时间,但稀释倍数超过一定的限度则会降低精子的活力,影响受精效果。稀释倍数取决于原精液的精子密度和活力等。

牛精液耐稀释潜力很大,制作冻精时,一般可稀释 10～40倍;绵羊、山羊、公猪精液一般稀释 2～4 倍;马、驴精液若在采精当天或次日使用,一般稀释 2～3 倍。

一般地,用于计算稀释倍数的公式为

$$稀释倍数 = \frac{原精液每毫升精液有效精子数}{每毫升稀释精液有效精子数} = \frac{x}{y}$$

其中，$x =$ 精子密度×精子活率，$y = \dfrac{每头份应输入有效精子数}{每头份应输入精液容积}$。

例如，假设一头公牛射精量为 8 mL，精子密度为 $10 \times 10^8 =$ 10 亿，精子活率为 0.8，每头份应输入有效精子数为 10^7（1000万），每头份输入精液容积为 1 mL，则 $x = 10 \times 10^8 \times 0.8 = 8 \times 10^8$，$y = \dfrac{10^7}{1 \text{ mL}} = 10^7$，于是有：最大稀释倍数 $= \dfrac{8 \times 10^8}{10^7} = 80$ 倍。如表 4-5 所示，给出了各种动物精液的稀释倍数。

表 4-5   各种家畜精液的常用稀释倍数

畜种	稀释倍数	输精剂量	
		输精量/mL	前进运动精子数/亿个
牛	5~40	0.2~1	0.1~0.5
马	2~3	15~30	2.5~5
驴	2~3	15~20	2~5
羊	2~4	0.1~0.2	0.3~0.5
猪	2~4	20~50	20~50
兔	3~5	0.2~0.5	0.15~0.3

第五节　精液保存技术

精液稀释后即可进行保存，经保存可延长精子的存活时间，方便使用和运输。精液的保存技术主要有三种，分别是常温（13℃~20℃）保存技术、低温（0~5℃）保存技术、冷冻（−79℃干冰或−196℃液氮）保存技术。其中，常温和低温保存时，精液是液态，故为液态保存。

一、常温保存技术

常温保存技术是将精液保存在室温条件下，因温度有变动，所以也称变温保存。常温保存精液设备简单,易于推广,但保存时间较短。这种技术通过增加稀释液中的酸度降低精液的 pH,可逆性地抑制了精子的代谢,减少能量的消耗,从而延长精子的存活时间。为使稀释液的 pH 达到所需范围,可采取向稀释液中充入 CO_2、添加有机酸,也可采取装满并密闭保存或充氮气、利用精子本身在代谢中产酸等方法实现。

理论上的常温是指 20℃～25℃,但对于精液的保存则需根据不同的动物精液而异,为尽可能降低精子的代谢,以适当降低保存温度为宜。根据大量研究发现,猪精液的常温保存以 13℃～18℃较为理想。为达到这一温度,可采用专用恒温保温箱,也可用干井、水井、地窖保存,在运输时可用专用保温运输箱或广口保温瓶保存。

常温保存比较适合猪精液的保存。由于猪精液输精剂量较大,为避免保存过程中精液沉淀堆积,应间隔一定时间翻动一次。同时,在常温下,微生物的生长较旺盛,因此还必须添加适当的抗生素,抑制微生物的繁殖。猪的精液常温保存有效时间可达 3～5 d,如葡蔗柠液能保存 120 h,活力达 0.6。根据试验,猪的常温保存稀释液中不需要添加卵黄,目前部分稀释液已商品化。如表4-6,给出了猪精液常温保存稀释液的配制参数。

二、低温保存技术

低温保存是指将精液稀释后存放于 0℃～5℃ 的环境中,通常置于冰箱内或装有冰块的广口保温瓶中冷藏。其保存效果比常温保存时间长,但猪精液的低温保存效果则不如常温好。低温保存通过降低温度来抑制精子活动,降低代谢和运动的能量消耗达到延长精子保存时间的目的。输精时,温度回升至 35℃～38℃时,精子又逐渐恢复正常代谢机能并保持受精能力。

精液低温保存的关键是控制降温速度。由于精子对冷刺激敏感,特别是从体温急剧降至 10℃ 以下时,精子会发生不可逆的冷休克现象。造成精子冷休克死亡的原因是精子细胞膜上的缩醛磷脂疏水并低温时易固化,易造成细胞膜的破坏,使细胞内的

K⁺和蛋白质渗出,严重地损害了细胞的结构;还能使细胞内ATP迅速破坏,而且不能再使它合成,以至严重影响酵解和呼吸。为此,可在低温保存稀释液中添加低温保护剂如卵黄、奶类等,并控制降温速度,避免精子遭受冷休克。卵黄、奶类中含有亲水且在低温下不易固化的卵磷脂,能取代部分精子细胞膜上的缩醛磷脂,而减轻降温过程中的冷休克现象。为控制降温速度,可将稀释后的精液按每次输精量进行分装、封口,再外包数层棉花或纱布,最外层用塑料袋扎好,防止水分渗入,放入0℃～5℃冰箱中保存。在使用前要先升温,并经活力检查合格后方可用于输精。

低温保存较适合牛、羊等动物的精液保存。牛精液在0℃～5℃下有效保存时间可达3～5 d,并可做30～40倍稀释;山羊的精液0℃～5℃下可保存2～3 d;马和绵羊的精液低温保存效果不如牛的效果好。如表4-7所示,给出了牛精液低温保存稀释液的配制参数。

三、冷冻保存技术

精液冷冻保存是利用液氮(－196℃)或干冰(－79℃)作冷源,将经过特殊处理后的精液冷冻,保存在超低温下以达到长期保存的目的,使输精不受时间、地域和种畜生命的限制,是人工授精技术的一项重大革新。

(一)精液冷冻保存的意义

在人工授精技术中,精液的冷冻保存技术具有十分重大的意义,具体可以归纳如下:

(1)可以充分利用优良种用雄性动物。液态精液受保存时间的限制,其利用率最大只能达到60%,而冷冻精液是品种精液长期保存的方法。细管型冷冻精液的利用率可以达到100%。因此,冷冻精液的使用极大地提高了优良种用雄性动物的利用效率。

(2)加快品种的改良速度。由于冷冻精液充分利用了生产性能高的优良种用雄性动物,从而加速品种育成和改良的步伐。同时,冷冻精液的保存有利于建立巨大的具有优良性状的基因库,更好地保存品种资源,为开展世界范围的优良基因交流提供廉价的运输方式。

（3）便于雌性动物的输精。由于雌性动物的发情受自身生理状况及其他因素的影响,不同品种发情的时间个体差异较大,因此要有精液随时可用。而冷冻精液可达到这一目的。

表 4-6　猪精液常温保存稀释液的配制参数

成分	葡萄糖液	葡萄糖-柠檬酸钠液	氨基酸卵黄液	葡萄糖-柠檬酸钠-乙二胺四乙酸液	蔗糖-奶粉液	英国变温稀释液	葡萄糖-碳酸氢钠卵黄液	葡萄糖-柠檬酸钠-卵黄液
基础液								
二水柠檬酸钠/g	—	0.5	—	0.3	—	2	—	0.18
碳酸氢钠/g	—	—	—	—	—	0.21	0.21	0.05
氯化钾/g	—	—	—	—	—	0.04	—	—
葡萄糖/g	6	5	—	3	—	0.3	4.29	5.1
蔗糖/g	—	—	—	—	6	—	—	—
氨基乙酸/g	—	—	3	—	—	—	—	—
乙二胺四乙酸/g	—	—	—	0.1	—	—	—	0.16
奶粉/g	—	—	—	—	3	—	—	—
氨苯磺胺/g	—	—	—	—	—	0.3	—	—
蒸馏水/mL	100	100	100	100	100	100	100	100
稀释液								
基础液/(%,体积分数)	100	100	70	95	96	100	80	97
卵黄/(%,体积分数)	—	—	30	3	—	—	20	3
10%安钠咖/(%,体积分数)	—	—	—	—	4	—	—	—
青霉素/(U/mL)	1000	1000	1000	1000	1000	1000	1000	500
双氢链霉素/(μg/mL)	1000	1000	1000	1000	1000	1000	1000	500

注:英国变温稀释液需充二氧化碳,使 pH 调到 6.35。

表 4-7　牛精液低温保存稀释液的配制参数

成分	柠檬酸钠-卵黄液	葡萄糖-柠檬酸钠-卵黄液	葡萄糖-氨基乙酸-卵黄液	牛奶液	葡萄糖-柠檬酸钠-奶粉-卵黄液
基础液					
二水柠檬酸钠/g	2.9	1.4	—	—	1
碳酸氢钠/g	—	—	—	—	—
氯化钾/g	—	—	—	—	—
牛奶/mL	—	—	—	100	—
奶粉/g	—	—	—	—	3
葡萄糖/g	—	3	5	—	2
氨基乙酸/g	—	—	4	—	—
柠檬酸/g	—	—	—	—	—
氨苯磺胺/g	—	—	—	0.3	—
蒸馏水/mL	100	100	100	—	100
稀释液					
基础液/(%,体积分数)	75	80	70	80	80
卵黄/(%,体积分数)	25	20	30	20	20
青霉素/(U/mL)	1000	1000	1000	1000	1000
双氢链霉素/(μg/mL)	1000	1000	1000	1000	1000

(二)冷冻保存技术的基本原理

1.降温过程中物质的变化

物质的存在形式有气态、液态和固态。其中固态根据其分子排列不同,又分为结晶态(冰晶分子有规则地排列)和玻璃态(冰晶分子无规则地排列)。在不同的温度条件下,这两种形式可以相互转化。

经试验证明,$-60^\circ C \sim 0^\circ C$ 是冰晶形成的温度区域,尤其是 $-25^\circ C \sim -15^\circ C$ 范围,在逐渐降温通过这一温区时就形成结晶态;如果溶液快速降温通过这一温区时,溶液即形成玻璃态冷冻。

2.精液冷冻过程中的变化

精液的冷冻保存就是通过添加抗冻剂,并控制降温速度,避免冷冻过程中结晶的形成。超低温保存使精子处于零代谢状态,升温后能使精子复苏并且不失去受精能力。但精子冷冻过程会由于形成冰晶使精子受到损害,这些损害包括以下两个方面:

(1)精子外的水分先形成冰晶,从而形成精子内外的渗透压差,导致精子水分外渗,精子内渗透压增高,电解质浓度提高,酸碱失去平衡,导致精子化学伤害。

(2)冰晶的形成产生机械压力,导致精子细胞膜的破坏;冰晶渗透入精子内部,破坏精子结构,导致精子物理伤害。

如果在精液溶液中添加抗冻剂如甘油,则抗冻剂渗入精子细胞内,可降低电解质浓度;甘油的亲水性,可阻止精子内水分外渗,避免形成精子细胞内高渗,并干扰晶格的排列形成"过冷溶液";同时控制降温速度,达到快速降温,使水分子来不及移动和排列,就失去了能量,形成"过冷溶液";快速降温使液体只能形成极微小的"微晶",即玻璃化状态,则精子就不容易受到损伤,解冻后能恢复活力。这就是玻璃化冷冻学说。

3.保存和解冻过程的变化

精液冷冻时形成的冰晶很微小,所以表面能很高,微晶总是力图合并成大冰晶;一旦吸收一定的能量(如升温),冰晶就会合并成大冰晶,从而使精子受到破坏。因此在保存过程中,即使冻精温度只升高到-60℃,也可能使精子死亡。

冻精解冻是冷冻的逆过程,在解冻时也需要快速升温,才能保证防止微晶合并成大冰晶,使精子复苏并且不失去受精能力。精液冷冻保护剂虽然能增强精子抗冻能力,避免冰晶形成,但浓度过高时,会对精子产生危害,如伤害精子的顶体和颈部,使尾部弯曲,破坏某些酶类等,影响受胎。猪的精子对甘油尤其敏感,因此要掌握甘油用量。除甘油外,还有多羟基化合物如二甲亚砜

（DMSO）、三羟甲基氨基甲烷（Tris）、糖类等都具有抗冻作用。

限于本书篇幅，这里不再一一赘述各种动物常用精液冷冻稀释液的配制参数，仅给出马和绵羊的精液冷冻稀释液的配制参数，如表4-8所示。

表 4-8 马和绵羊的精液冷冻稀释液的配制参数

成分	马用稀释液种类			绵羊用稀释液种类		
	乳糖-卵黄-甘油液	乳糖-乙二胺四乙酸钠-柠檬酸钠-碳酸氢钠-卵黄-甘油液	解冻液	乳糖-卵黄-甘油液	葡萄糖-乳糖-卵黄-甘油液	解冻液
基础液						
葡萄糖/g	—	—	—	—	2.25	—
乳糖/g	11	11	—	10	8.25	—
奶粉/g	—	—	3.4	—	—	—
蔗糖/g	—	—	6	—	—	—
乙二胺四乙酸钠/g	—	0.1	—	—	—	—
柠檬酸钠/g	—	—	—	—	—	2.9
3.5%柠檬酸钠/mL	—	0.25	—	—	—	—
4.2%碳酸氢钠/mL	—	0.2	—	—	—	—
蒸馏水/mL	100	100	100	100	100	100
稀释液						
基础液/(%,体积分数)	95.4	94.5	—	76.5	75	—
卵黄/(%,体积分数)	0.8	2	—	20	20	—
甘油/(%,体积分数)	3.8	3.5	—	3.5	5	—
青霉素/(U/mL)	1000	1000	—	1000	1000	—
双氢链霉素/(μg/mL)	1000	1000	—	1000	1000	—

（三）冷冻精液生产过程

冷冻精液生产过程包括采精、品质检查、稀释（分装）、0℃～4℃平衡、冷冻（滴冻）、平衡、浸入液氮、解冻检查、合格的装袋（管）保存几个步骤。

1.采精与品质检查

精液冷冻效果与精液品质密切相关,必须做好采精的准备和操作,争取获得高质量的精液。一般情况下,牛、羊采用假阴道法,猪采用手握法采精,要求原精液镜检活力达 0.6 以上、密度中等以上才能生产冻精。

2.精液稀释

根据冻精种类、分装剂型及稀释倍数的不同,精液的稀释方法也不尽一致。目前生产中多采用一次或二次稀释法:

(1)一次稀释法。将含有甘油、卵黄的稀释液按一定比例加入精液中,适合于低倍稀释。

(2)二次稀释法。为避免甘油对精子因接触时间过长而造成的危害,可先用不含甘油的稀释液(第Ⅰ液)在室温下对精液作最后稀释倍数的一半稀释,然后精液连同第Ⅱ液一起置冰箱降温至 0℃~5℃(猪精液应为 5℃~8℃,全程约 1 h),再在此温度下作第二次稀释。

3.平衡降温

在一次稀释时,为避免降温过快产生冷休克现象,应在精液容器外包裹棉花或纱布降温,控制降温速度。平衡是降温后把稀释后的精液放置在 0℃~5℃的环境中停留 2~4 h,使甘油充分渗入精子内部,起到抗冻作用。

4.精液的分装与冻结

主要用于冷冻精液分装的剂型有颗粒型、细管型和袋装型三种,详述如下:

(1)颗粒型。将平衡后的精液在经液氮冷却的聚乙氟板上或金属板上滴冻成 0.1~0.2 mL 颗粒。这种方法的优点是操作简便、容积小、成本低、便于大量贮存。缺点是颗粒裸露易受污染、不便标记、大多需解冻液解冻。故有条件的单位多不用这种方法。

（2）细管型。先将平衡后的精液通过吸引装置分装到塑料细管中,再用聚乙烯醇粉、钢珠或超声波静电压封口,置液氮蒸气冷却,然后浸入液氮中保存。细管的长度约 13 cm,容量有 0.25 mL 和 0.5 mL 两种。细管型冷冻精液,适于快速冷冻,管径小,每次制冻数量多,精液受温均匀,冷冻效果好;同时精液不再接触空气,即可直接输入母畜子宫内,因而不易污染,剂量标准化,便于标记,容积小,易贮存,适于机械化生产。使用时解冻方便,但成本较颗粒型高。

（3）袋装型。猪、马的精液由于输精量大可用塑料袋分装,但冷冻效果不理想。

根据剂型和冷源的不同,精液冻结一般采用如下两种方法:

（1）干冰埋植法。对于颗粒冻精,是将干冰置于木盒上,铺平压实后,用模板在干冰上压孔,然后将经降温平衡至 5℃ 的精液定量滴入干冰压孔内,再用干冰封埋 2～4 min 后,收集冻精放入液氮或干冰内贮存。对于细管冻精,是将分装的细管精液铺于压实的干冰面上,迅速覆盖干冰,2～4 min 后,将细管移入液氮或干冰内贮存。

（2）液氮熏蒸法。对于颗粒冻精,是在装有液氮的广口瓶或铝制饭盒上,置一铜纱网(或铝饭盒盖),距离氮面 1～3 cm 处预冷数分钟,使其温度维持在 -100℃～-80℃。也可用聚四氟乙烯板代替铜纱网,先将它在液氮中浸泡数分钟后,悬于液氮面上,然后将经平衡的精液用吸管吸取,定量、均匀、整齐地滴于其上,停留 2～4 min。待精液颜色变橙黄色时,将颗粒精液收集于贮精袋内,移入液氮贮存。滴冻时动作要迅速,尽可能防止精液温度回升。细管冻精:将细管放在距离液氮面一定距离的铜纱网上,停留 5 min 左右,等精液冻结后,移入液氮中贮存。细管冷冻的自动化操作,是使用控制液氮喷量的自动记温速冻器调节。在 -60℃～5℃,每分钟下降 4℃;从 -60℃ 起快速降温到 -196℃。

5.冻精解冻

冻精解冻是检验精液冷冻效果的必要环节,也是输精前必需的准备工作。冻精解冻后必须进行活力检查,达到0.35以上方可进行输精。一般地,人们采用如下三种方法实现冻精解冻:

(1)颗粒冻精解冻。颗粒冻精解冻有干解冻和湿解冻两种方法。猪的冻精每剂量较大,多采用干解冻,即先将导热性能好的铝盒水浴升温到65℃,再倒入一个剂量的冻精解冻,待2/3以上冻精熔化时取出,倒入适量的38℃稀释液。牛的颗粒冻精多采用湿解冻,解冻时取一小试管,加入1 mL解冻液,放入温水中水浴,再取一粒冻精于小试管中,轻轻摇晃,使2/3冻精熔化时取出,再摇晃至完全熔化。据试验颗粒冻精湿解冻以45℃或65℃水浴解冻效果较好,但技术要求高,一般生产中以38℃~40℃水浴解冻较实用、易推广和效果好。

(2)细管冻精解冻。细管冻精可直接投入38℃~40℃温水中解冻,待细管由乳白色变透明时即可取出。

(3)解冻后的保存。理论上冷冻精液解冻后应在15 min内输精,但在农村散养条件下很难做到,也就存在解冻后保存的问题。冻精解冻后保存的效果主要决定于解冻液与保存温度。据试验,牛颗粒冻精解冻后以柠檬酸钠0.3 g、葡萄糖5.0 g、EDTA 0.1 g、H_2O 100 mL为解冻液,解冻后7℃~8℃或13℃~15℃保存效果较好,绝对存活时间达130 h左右,极显著地优于传统的2.9%柠檬酸钠液解冻。

最后需要特别指出的是,细管冻精由于含有高浓度的抗冻剂甘油,据试验解冻后以0℃~4℃保存较好,绝对存活时间达161 h,而且解冻后0℃~4℃保存10 h以内不影响受胎率。而解冻后室温(24℃~27℃)保存仅能存活12 h左右。

(四)精液的贮存与运输

目前,冷冻精液普遍采用液氮作冷源,液氮罐做容器贮存和运输。

液氮是空气中的氮气经分离、压缩形成的一种无色、无味、无毒的液体,比重为 0.8,沸点温度为−196℃。液氮具有很强的挥发性,当温度升至 18℃时,其体积可膨胀 680 倍。此外,液氮又是不活泼的液体,渗透性差,无杀菌能力。基于液氮的上述特性,在使用时要注意防止冻伤、喷溅、窒息等,用氮量大时要保持空气流通。

液氮罐由罐壁、罐颈、罐塞、提筒组成,其结构如图 4-9 所示,是利用绝热材料制成的高真空保温容器,真空度为 133.3×10^{-6} Pa,保温原理类似保温瓶。使用时要小心轻放,避免撞击、倾倒,特别注意保护罐颈和真空嘴,存放时不可密闭,要定期检查液氮的消耗情况,当液氮减少 2/3 时,要及时补充。

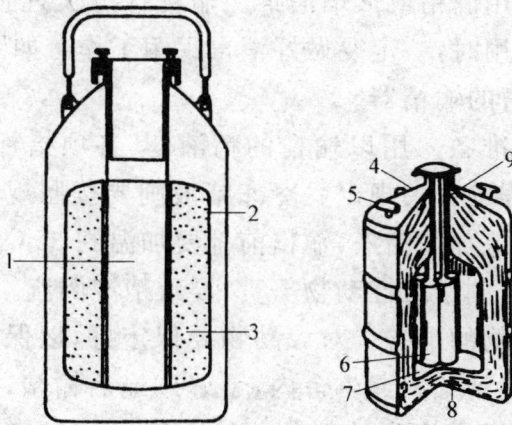

图 4-9　液氮容器

1—冷冻物存放区;2—真空和隔热层;3—稀释层;4—罐外壳;
5—手柄;6—提斗;7—罐内壳;8—优质隔热层;9—颈管

取用冻精时,冻精不可离开液氮面太长时间,避免温度回升,为此可采用不漏液氮的提筒或小塑料管。

第六节　输精技术

输精是人工授精操作的最后一个环节。实践证明,掌握好雌性动物发情排卵的时机,用正确的方法把精液输到雌性动物生殖道的适当部位,是提高受胎率的重要因素之一。

一、输精前的准备

必要的准备工作是确保输精工作顺利完成的保障。一般地,输精前需要做的准备工作如下:

(1)输精器械的准备。在输精前,相关器械、用品必须洗涤干净并消毒灭菌。玻璃和金属输精器可用蒸煮或干燥箱灭菌;输精胶管要用高压或蒸煮消毒,特殊情况下,如胶管不够用时,也可用酒精消毒其外部;开张器以及其他金属用具,用前可浸泡在消毒液中,使用时再用酒精或火焰消毒。输精管每次只能用于一头动物,需要重复使用时,一定要做好消毒灭菌工作。如图4-10所示,给出了各种家畜的输精器。

(2)精液的准备。用以输精的精液,其各项指标必须符合人工授精操作规程的有关规定。冷冻精液则要按照规定,解冻后再用于输精;液态保存的精液,输精前都要加温到35℃左右,因为过低的温度往往会刺激雌性动物努责,导致精液倒流。

(3)雌性动物的准备。对大动物要保定好,以保证人畜安全。母牛可保定在输精架内或牛舍内,系好颈绳后输精;马、驴可用配种架保定,也可用扁绳脚绊保定;母羊可保定在输精架内或由助手倒提母羊两后肢进行保定。发情母猪一般不用保定即可输精。动物保定好以后,把尾根拉向一侧,用温肥皂水或清水把外阴周围洗净,擦干后即可输精。

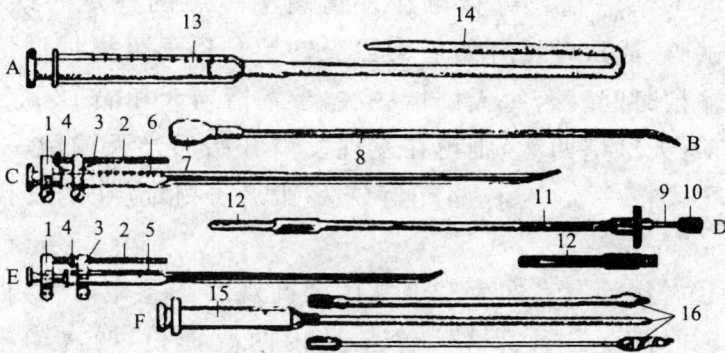

图 4-10　各种家畜的输精器

A—马用注射输精器;B—牛用胶球输精器;C—牛用注射输精器;

D—牛用细管输精器;E—羊用注射输精器;F—猪用注射输精器

1—注射器活塞夹;2—刻度板;3—注射器圆筒夹;4—螺旋转轮;

5—容量 2 mL 羊用导管注射器;6—容量 4 mL 牛用导管注射器;

7—胶球;8—玻璃管;9—推杆;10—推杆调节处;11—输精枪套管;

12—嘴管(装精液细管);13—容量 50 mL 马用导管注射器;

14—马用橡胶输精管;15—容量 30 mL 猪用导管注射器;

16—各种猪用输精管

二、输精要求

(一)输精量和输入有效精子数

输精量和输入有效精子数应根据畜种和精液保存的方法来确定。一般对体型大、经产、产后配种和子宫松弛的母畜输精量要大些,而体型小、初次配种和当年空怀的母畜可适当减少输精量。液态保存的精液其输精量比冷冻精液多一些。

(二)输精的时间、次数和输精间隔时间

一般来说,各种动物都适宜在排卵前 4～6 h 进行输精。在生产中,常用发情鉴定来判定输精的时间。奶牛在发情后 10～20 h 输精;水牛则在发情后第二天输精;母马自发情后 2～3 d,隔日输精一次,直至排卵为止。马可根据直肠检查方法触摸卵巢上卵泡

发育程度酌情输精。母猪可在发情高潮过后的稳定时期,接受"压背"试验,或从发情开始后第二天输精。母羊可根据试情程度来决定输精时间。若每天试情一次,于发情当天和隔 12 h 各输精一次;若每天试情两次,则可在发现发情开始后半天输精一次,间隔半天再输精一次。兔、骆驼等诱发排卵动物,应在诱发排卵处理后 2~6 h 输精。

牛、羊、猪等家畜在生产上常用外部观察法鉴定发情,但不易确定排卵时间。往往采用一个情期内两次输精,两次输精间隔 8~10 h(猪间隔 12~18 h),马、驴输精间隔时间,如采用直肠触摸判断排卵时间准确,输精一次即可,如采用试情法和观察法就需要增加输精次数,但不超过 3 次。

(三)输精部位

输精部位与受胎率有关。牛采用子宫颈深部输精比子宫颈浅部输精受胎率高;猪、马、驴以子宫内输精为好,羊、兔采用子宫颈浅部输精即可。

如表 4-9 所示,给出了不同畜种的输精要求。

表 4-9 各种动物输精要求

畜种	精液状态	输精量/mL	输入前进运动精子数	适宜输精时间	输精次数	输精间隔时间/h	输精部位
牛水牛	液态	1~2	0.3亿~0.5亿	发情开始后 9~24 h 或排卵前 6~24 h	1或2	8~10	子宫颈深部或子宫内
	冷冻	0.2~1.0	0.1亿~0.2亿				
马驴	液态	15~30	2.5亿~5.0亿	接近排卵时,卵泡发育第 4、5 期或发情第二天开始隔日 1 次到发情结束	1或3	24~48	子宫内
	冷冻	15~40	1.5亿~3.0亿				
猪	液态	30~40	20亿~50亿	发情后 19~30h 或接受"压背"试验盛期过后 8~12h	1或2	12~18	子宫内
	冷冻	20~30	10亿~20亿				

畜种	精液状态	输精量/mL	输入前进运动精子数	适宜输精时间	输精次数	输精间隔时间/h	输精部位
绵羊山羊	液态	0.05～0.1	0.5亿	发情开始后10～36h	1或2	8～10	子宫颈内
	冷冻	0.1～0.2	0.3亿～0.5亿				
兔	液态	0.2～0.5	0.15亿～0.2亿	诱发排卵后2～6h	1或2	8～10	子宫颈内
	冷冻	0.2～0.5	0.15亿～0.3亿				
鸡	液态	0.05～0.1	0.65亿～0.9亿	在子宫内无蛋存在时输精	1或2	5～7d	输卵管内
	冷冻						

三、输精方法

(一)母牛的输精

对于母牛而言,一般常用的输精方法如下:

(1)阴道开张器输精法。操作时一手持开张器或阴道内窥镜,打开母牛阴道,借助光源找到子宫颈口,另一手持吸有精液的输精管,插入子宫颈 2～3 cm 处,慢慢注入精液,再退出输精管和开张器或阴道内窥镜。此法能直接观察到输精部位,容易掌握。但操作时牛易骚动不安、精液倒流,受胎率低,目前很少应用。

(2)直肠把握输精法。将母牛绑定,外阴清洗并擦干;冷冻精液先解冻、装枪(细管冻精)或吸进输精管(颗粒冻精),分开外阴,将输精管插入阴道到子宫颈外口,持输精管的手靠住阴户,避免牛骚动时输精管退出。再左手(或右手)伸入直肠,排出宿粪,找到并正确握住子宫颈。左右手配合,使输精器前端通过子宫颈皱褶进入子宫体内。确认输精器到达子宫体时,缓慢注入精液,退出输精管。如图 4-11 所示,分别给出了牛的直肠把握输精法的错误操作方法与正确操作方法。

(二)母猪的输精

母猪阴道与子宫颈结合处无明显界限,输精管较容易插入。

操作时,先将输精管涂以少许稀释液增加润滑度,用一只手拇指与食指将阴唇分开,另一只手将输精管插入阴道,开始插入时稍斜向上方,以后呈水平方向前进,边旋转输精管边插入,当遇到阻力不能前进时,将输精管稍向后拉,然后接上精液瓶,用手挤压精液瓶缓慢输入精液。输精完毕向左旋转出输精管,并用手捏母猪的腰部,防止精液倒流。如图 4-12 所示,是猪输精的示意图。

(a)错误把握法　　　　　(b)正确把握法

图 4-11　牛的直肠把握输精法

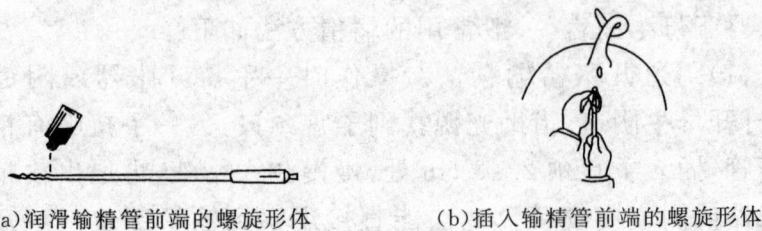

(a)润滑输精管前端的螺旋形体　　　(b)插入输精管前端的螺旋形体

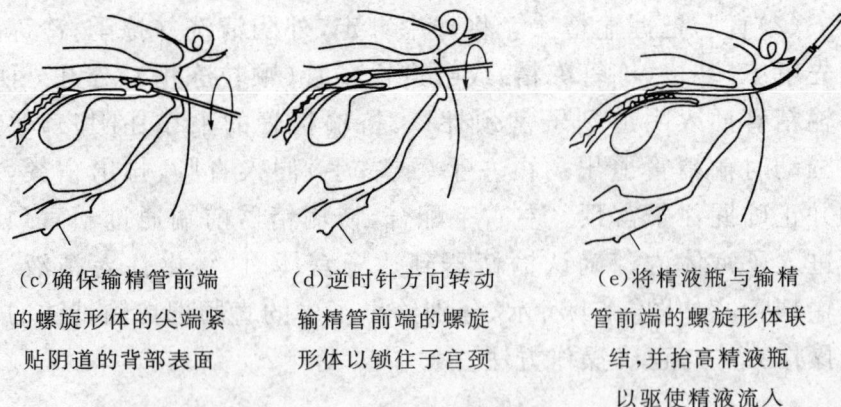

(c)确保输精管前端的螺旋形体的尖端紧贴阴道的背部表面　　(d)逆时针方向转动输精管前端的螺旋形体以锁住子宫颈　　(e)将精液瓶与输精管前端的螺旋形体联结,并抬高精液瓶以驱使精液流入

图 4-12　猪的输精

此法的优点是输精部位深,不易倒流、受胎率高;能防止给孕牛误配;用具简单,操作安全、方便。但初学者不易掌握,输精管较难通过子宫颈。输精管通过子宫颈皱褶时有触及软骨的感觉,在不能通过子宫颈皱褶时,只要尽量把输精管导向子宫颈轴心就行。

(三)母羊的输精

绵羊和山羊都用开张器法输精,其操作方法与牛相同。由于羊体型小,为工作方便,提高效率,可在输精架后设置一坑,或安装可升降的输精台架。也可由助手抓住羊后肢倒立保定后输精。如图4-13所示,是羊的输精示意图。

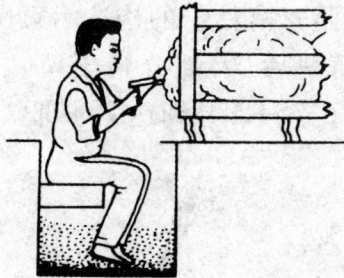

图 4-13 羊的输精

(四)母马(驴)的输精

母马(驴)常用胶管导入法输精。左手握住吸有精液的注射器与胶管的接合部,右手握导管,管的尖端捏于手掌间内慢慢伸入母马阴道内,当手指触到子宫颈口后,以食指和中指扩大颈口,将输精胶管前端导入子宫颈内,提起注射器,缓慢注入精液;精液输入后,缓慢抽出输精管,用手指轻轻按捏子宫颈口,以刺激子宫颈口收缩,防止精液倒流。

(五)母兔的输精

母兔仰卧或伏卧保定后,将输精管沿背线缓慢插入阴道内

7~10 cm,然后慢慢注入精液,输精后将母兔后躯抬高片刻,以防止精液倒流。

第七节　家禽人工授精技术

家禽的人工授精始于 20 世纪 30 年代的苏联,主要用于研究。20 世纪 60 年代种鸡笼养后,才受到普遍重视,80 年代才在生产中广泛应用。

一、家禽精子的运行与在输卵管内的寿命

如图 4-14 所示,是家禽精子的构造示意图。家禽的受精部位在漏斗部。交配或输精后,大部分精子留在子宫阴道部的腺窝(精窝腺)中,其余精子经过 1 h 到达漏斗部。

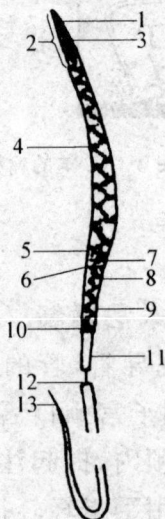

图 4-14　家禽精子的构造

1—顶冠;2—顶体;3—顶突;4—头;5—近端中心粒;6—前远端中心粒;7—颈;
8—中级螺旋体;9—中段膜;10—后远端中心粒;11—尾;12—轴丝;13—尾端

由于睾丸的环境温度及母禽生殖道的特殊构造,家禽精子在

母禽生殖道存活时间比家畜长得多,鸡精子达 35 d,火鸡精子达 70 d。精子在母禽生殖道内保存受精能力时间受品种、个体、季节和配种方法等因素影响。对于一般鸡群,精子的受精能力在交配 3～5 d 后就有所下降,但一周内尚可维持一定的受精能力。一般种鸡放入母鸡群后要经 10～14 d 才能获得较高的受精率。若采用人工授精,维持正常受精能力的时间可长达 10～14 d。

二、家禽的输精

(一)输精前准备

家禽输精前的一些准备工作是十分重要的,这里以鸡为例来讨论。

选留种鸡是给鸡输精的首要工作,一般选 60～70 日龄的种公鸡,并以 1:(15～20)的比例选留,蛋鸡 6 月龄,肉鸡 7 月龄,并以 1:(30～50)的比例选留。并且要选留生长发育正常、健壮、冠发达而鲜红、泄殖腔大、湿润而松弛,性反射好,乳状突充分外翻、大而鲜红、精液品质好的公鸡。

采精公鸡应与母鸡隔离饲养,采精前 3～4 h 应停水停料,以减少粪尿对精液的污染。采精应有固定日程和时间,隔天一次或每周 4～5 次,时间固定在上午 9～10 时。采精前应把公鸡泄殖腔周围羽毛剪去,以免妨碍操作和污染精液。采精器械应洗净、消毒、烘干。

(二)输精时间与部位

就输精时间而言,每天大部分母禽产完蛋后,是输精最适宜的时间。一般鸡、火鸡在下午 16:00 以后;鹅鸭宜在上午 10:00 以后进行。

就输精部位而言,母鸡、火鸡浅部阴道 1～2 cm 处输精(或 3～4 cm),鸭鹅深部阴道 4～6 cm 处输精,由 2～3 人操作。

（三）输精方法

给家禽输精时，助手左手应握住母禽双翅，提起母禽，使禽头朝上，肛门朝下，右手掌置于母禽耻骨下，在腹部柔软处施以一定的压力使泄殖腔开张，输卵管口翻出。此时母禽如有粪便即排出，然后将母禽泄殖腔朝向输精员。母禽输卵管开口于泄殖腔内左侧上方。

输精员将输精管插入输卵管 1 cm 左右处，注入精液后，输精器向后拉，同时解除对母禽腹部的压力。

就输精量与次数而言，鸡每周一次，原精 0.025～0.03 mL（含精子 0.5～1 亿个）；火鸡原精 0.015～0.023 mL（含精子 1～2 亿个），间隔 10～12 d；鹅、鸭 0.8～1 亿个。间隔 5～7 d。

三、影响家禽受精率的因素

实践表明，家禽受精率主要受以下因素影响：

（1）公禽。精液品质优良的公禽，受精率就高。但在啄斗序列中处于优势的公禽，不一定能产生品质优良的精液。公禽换羽时精液品质下降，换羽后可完全恢复。

（2）母禽。产蛋率越高，受精率越高。输精频度要适宜，过多抓鸡引起"骚扰应激"，降低受精率、产蛋率。

（3）输精部位与器械消毒不严也会影响受精率。

第八节　犬的人工授精

一、犬的性成熟与性周期

研究表明，中小型犬的性成熟时期处于 6～10 月龄；大型犬的性成熟时期处于 8～10 月龄。犬类一般每年发情两次，分别在春季 3～5 月、秋季 9～10 月。

一般地,中小型犬的最佳初配时间是 1.5 岁;大型犬的最佳初配时间是 2 岁;犬类的妊娠期为 60 d,可以连续妊娠 7～8 年,而其寿命约在 10～15 岁;犬类发情前期为 7～12 d,此时外阴充血潮红,流出混有血液的黏液;发情期为 6～12 d,此时外阴红肿,流出带红黄色的黏液,母犬主动接近公犬,并接受交配;犬类排卵在发情开始后 48～60 h,排出卵子为初级卵母细胞阶段,需经 40～72 h 才成为次级卵母细胞,具有受精能力;发情后期持续达两个月,这一时期外阴征状逐步消失,如怀孕则进入妊娠期;犬类休情期为 3 个月,这一时期拒绝公犬爬跨。

实践证明,犬类配种宜在排卵前 1.5 d 至排卵后 3 d。最适宜配种时间是见到阴道出血后 8～14 d,间隔 24～48 h 配两次。配种后阴户外翻明显则已配上,自然闭合则未配上。

二、犬的人工授精

研究表明,犬类的射精分三段:第一段 0.5～2 mL 为尿道球腺分泌物,精子少;中段精子密;后段为前列腺分泌物,量多,达 10～35 mL,射精时间长,达半小时。

犬类精液的稀释液一般由 3‰柠檬酸钠加 3‰卵黄或 1.4‰柠檬酸钠、3‰GS 液 80 mL 加 20 mL 卵黄组成,一般低温 0℃～5℃可保存 5 d。

犬类精液的冷冻保存稀释液有 A 液和 B 液之分。3‰柠檬酸钠 75 mL 加卵黄 25 mL 为 A 液,取 A 液加入 14‰的甘油为 B 液。稀释时,原精液先以 A 液 1∶1～3 稀释,再在 0℃～5℃下用 B 液作 1∶1～3(原精)稀释,平衡 2～3 h,再制冻(同牛)。

第五章　动物受精、妊娠诊断与分娩助产技术

受精是精子和卵子结合产生一个新的个体细胞合子的过程。受精结束便意味着妊娠的开始。妊娠是雌性哺乳动物所特有的生理现象，是从合子、早期胚胎发育到胎儿发育成熟后与其附属膜共同排出体外之前的生理过程。分娩是当胎儿在母体内发育成熟后，胎儿及其附属膜从母体子宫内排出体外的过程。这三个过程对于动物繁殖具有十分重要的意义。

第一节　受　精

精子进入卵母细胞并与卵子融合成一个合子的生理过程称为受精。受精是动物有性生殖过程的中心环节，标志着胚胎发育的开始，是一个具有双亲遗传特征的新生命的起点。整个受精过程包括配子在母畜生殖道的运行、配子在受精前的准备、受精过程和异常受精。在受精过程中，精子和卵子经历了一系列复杂的生理生化和形态学变化。

一、配子的运行

所谓配子的运行，具体是指精子由射精部位（或输精部位）和卵子由卵巢排出后到达受精部位（输卵管壶腹）的过程。射精部位因公母畜生殖器官的解剖构造不同而有所差别，可分为阴道射精型和子宫射精型两类。阴道射精型的家畜有牛和羊。公畜只能将精液射入到发情母畜的阴道内。这是因为母畜子宫颈较粗硬，子宫颈内壁上有许多的皱襞（螺旋状的半月型的皱褶），发情

时子宫颈开张小，交配时公畜的阴茎无法插入子宫颈内，只能将精液射至子宫颈外口附近。子宫射精型的家畜有马属动物和猪。此类公畜可直接将精液射入发情母畜的子宫颈和子宫体内。马的子宫颈比较柔软松弛，猪没有子宫颈阴道部，发情时，子宫颈变得十分松软且开张很大。交配时公马的龟头膨大，尿道突可直接插入子宫颈，并将精液射入子宫内；公猪螺旋状的阴茎可直接深入子宫颈或子宫内，将精液射入子宫。

（一）精子在母畜生殖道内的运行

实验观察发现，精子经子宫颈、子宫体、子宫角进入输卵管，完成获能后与卵子结合。如图 5-1 所示，给出了精子通过母畜生殖道期间获能的过程。

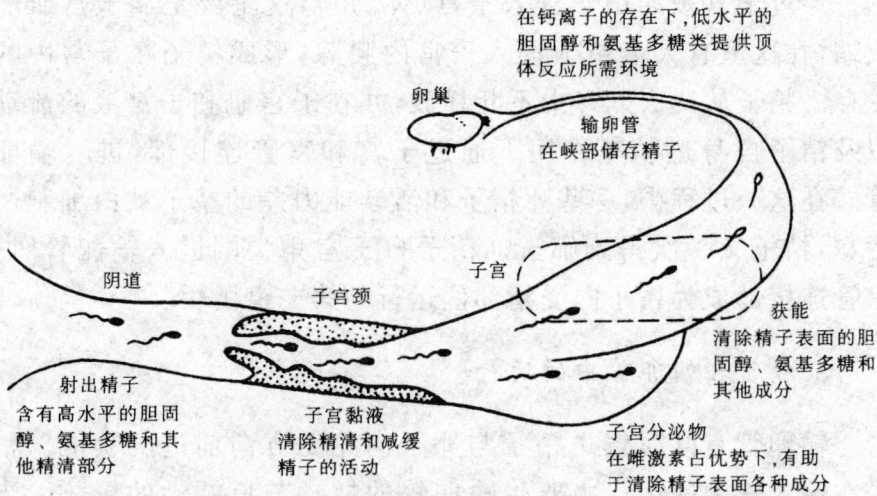

图 5-1　精子通过母畜生殖道期间获能的过程

1. 精子在子宫颈内的运行

母畜子宫颈上皮有两种细胞：一种是分泌细胞，主要功能是分泌黏液；另一种是纤毛细胞，它们在子宫颈管腔端有纤毛。发情的母畜在雌激素作用下，分泌细胞会分泌大量稀薄黏液，黏液中的黏蛋白排成纵行，纤毛细胞的纤毛摆动使黏液由前向后流动,精子便在黏蛋白纵行的行间利用尾部的摆动前进。排卵后,在孕酮的影响下,子宫颈黏液中的黏蛋白分子结构变卷曲,分子间水分减少而变得黏稠,使精子难以通过。

当阴道射精型动物的精子进入母畜子宫颈时,它会阻止衰老或畸形精子通过,而被子宫颈黏膜的绒毛颤动排回阴道,或被白细胞吞噬,起到对精子的初步筛选作用。因此,子宫颈是此类射精型精子的第一道生理屏障。子宫颈管内有许多隐窝对精子起暂时储存作用,可缓慢释放精子,起到精子库的作用。因此,子宫颈也是阴道射精型动物的精子进入母畜生殖道后的第一个精子库。

2.精子在子宫内的运行

穿过子宫颈的精子进入子宫(体、角),这主要是靠子宫肌的收缩,在这里有大量精子进入子宫内膜腺,形成精子在子宫内的贮存。精子从这个贮存中不断释放,并在子宫肌和子宫液的流动以及精子自身运动等作用下通过子宫和宫管连接部,进入输卵管。在这一过程中,一些死精子和活动能力差的精子被白细胞所吞噬,精子又一次得到筛选。精子自子宫角尖端进入输卵管时,宫管连接部成为精子向受精部位运行的第二道栅栏。

3.精子在输卵管中的运行

输卵管有同时输送精子与卵子向相反方向前进的功能。精子在输卵管中的运行主要受输卵管的蠕动与反蠕动的影响。当精子通过输卵管峡部进入壶腹部,两者连接处即为壶峡部,峡部也是暂时性精子库。壶峡部可限制精子进入壶腹部,防止多精子受精。在交配(授精)时,虽然有大量的精子进入母畜生殖道,但通过以上三个栏筛后,精子在母畜生殖道内分布很不均匀,阴道内多于子宫内,子宫内多于输卵管内。

研究表明,越接近受精部位精子越少,最后到达输卵管壶腹部的精子只有数十个至数千个。猪、牛的精子获能部位主要是在输卵管。

4.精子在母畜生殖道运行的速度

有关精子运行到输卵壶腹部的速度不一,但精子自射精(输精)部位到达受精部位的时间,比精子自身运动的时间要短。一般来说几分钟或十几分钟,最多不超过 30 min 就可到达受精部位。如牛、羊在交配后 15 min 左右即可在输卵管壶腹发现精子,猪为 15~30 min,马为 24 min 左右。精子运行的速度与母畜的生理状态、粘液的性状以及母畜的胎次都有密切关系。如表 5-1 所示,列出了各种动物精子运行至受精部位的时间和精子数。

表 5-1　各种动物精子运行至受精部位的时间和精子数

动物种类	射精部位	由射精到受精部位出现精子的时间/min	到达受精部位的精子数/个
猪	子宫颈、子宫	15~30	1000
牛	阴道	2~13	<5000
绵羊	阴道	6	600~700
兔	阴道	4~10	250~500
犬	子宫	数分钟	50~100
猫	阴道、子宫颈	—	40~120
人	阴道	5~30	很少
小鼠	子宫	10~15	<100
大鼠	子宫	15~30	50~100
仓鼠	子宫	2~60	很少
豚鼠	子宫	15	25~50
马	子宫颈、子宫	24	—

5.精子保持受精能力的时间

配种或输精后,由于母畜生殖道中的隐窝、子宫内膜腺和输卵管峡部的作用,使精子陆续到达壶腹部,并使到达壶腹部的精子数大为减少。各种动物到达的精子数虽然相差很大,但一般不超过 1000 个。只有在一定数量的精子到达受精部位时,才能发生受精作用。如表 5-2 所示,列出了各类动物精子在雌性生殖道内的存活时间和维持受精能力的时间。

表 5-2　各类动物精子在雌性生殖道内的存活时间和维持受精能力的时间

动物种类	存活时间/h	维持受精能力的时间/h
牛	96	24～48
绵羊	48	30～48
猪	43	25～30
马	144	72～120
人	90 以上	72 以内
犬	264	108～120
兔	96	24～30
大鼠	17	14
小鼠	13	6～12
豚鼠	41	21～22
雪貂	—	30～120
蝙蝠	140～156 d	138～156 d

6.精子运行的动力

发情母畜在雌激素和少量孕酮的协同作用下,及在精清中的前列腺素和交配时释放的催产素的刺激下,使生殖道发生有节律的收缩,推动精子运行,这是将精子推向受精部位的主要动力。当精子通过子宫颈以及在靠近和进入卵母细胞时,则主要依靠本身的活动能力。

(二)卵细胞在输卵管内的运行

1.卵母细胞的接纳

母畜排卵时,在雌激素、孕酮比值变化所引起的激素作用下,输卵管伞部充血而撑开呈伞状,依靠输卵管系膜肌层的收缩作用而紧贴于卵巢表面。同时,卵巢因韧带的收缩,发生一种环绕其本身纵轴往返的缓慢旋转活动,从而便于输卵管接纳排出的卵母细胞。输卵管伞黏膜上的纤毛波动能够形成液流,使卵母细胞进入伞口。

2.卵母细胞运行的过程

卵母细胞由输卵管漏斗向子宫方向运行,主要依靠输卵管上皮的细胞纤毛摆动、壶峡接合部和子宫输卵管接合部的收缩活动。这些生理活动主要受卵巢激素的调节。

3.卵母细胞保持受精能力的时间

卵母细胞保持受精能力的时间要比精子短得多。卵母细胞进入输卵管峡部时,就丧失了受精力,进入子宫的未受精卵母细胞,在几天之内就崩解而被吸收,或被白细胞吞噬。

二、受精前的准备

受精开始于获能精子进入次级卵母细胞的透明带,结束于雌原核与雄原核的染色体组合在一起,成为一个单一的合子细胞。受精不但使卵母细胞因被精子激活而完成减数分裂,而且使合子发生卵裂。合子是新个体的第一个细胞,是新生命的开始。合子具有父母双方各半的遗传物质——染色体。这种结合在自然选择中,可以促进物种的进化。

(一)精子的获能

哺乳动物的精子在母畜生殖道中经一定时间,精子膜发生生理生化的变化,获得与卵母细胞受精能力的过程,称为精子获能。精子获能这一现象最初是由美籍华人学者张明觉和 Austin 分别发现的。1951 年,张明觉曾将附睾或射出的精子进行过多次体外受精的研究,但均未能成功。后来他注意到精子在雌性生殖道运行至受精部位的时间,总比排卵的时间要提前,精子总要在受精部位等候卵子。通过试验证实,精子只有在子宫和输卵管发生某些变化才具有受精能力。1952 年 Austin 将这种现象命名为"精子获能"。

精子获能后耗氧量增加,运动速度和方式发生了改变,尾部摆动的幅度和频率明显增加,呈现一种非线性、非前进式的超活化运动状态。精子获能的主要意义在于使精子做顶体反应的准备和精子超活化,促进精子穿越透明带。现已发现大多数动物精子,如兔、大鼠、小鼠、猪、雪貂、马、牛、羊、猴、人等都要经过获能。如表 5-3 所示,列出了各种动物精子获能所需要的时间。

表 5-3　各种动物精子获能所需要的时间

动物种类	获能时间/h	动物种类	获能时间/h
猪	3～6	大鼠	2～3
绵羊	1.5	小鼠	<1
牛	3～4	仓鼠	2～4
犬	7	恒河猴	5～6
兔	5	松鼠猴	2
人	7	猫	20
豚鼠	4～6	雪貂	3.5～11.5

(二)卵母细胞受精前的变化

未通过输卵管的卵母细胞即使与获能精子相遇也不能受精。卵母细胞在运行到输卵管受精部位的过程中,可能发生了某种类似精子获能的生理变化而获得与精子结合的能力。在体外受精中,卵母细胞需在体外培养液中培养若干小时才能受精。据此认为,卵母细胞和精子一样需经历一个类似精子获能的受精准备过程。

三、受精过程

精子在到达受精部位之前依靠输卵管的蠕动。一旦到达受精部位后则主要依靠本身的趋向性活动来接近卵母细胞。同时卵母细胞也能释放一种氨基多糖类的物质,诱发精子的顶体反应,并与精子释放的相关酶系发生反应。如图5-2所示,是受精过程的示意图。

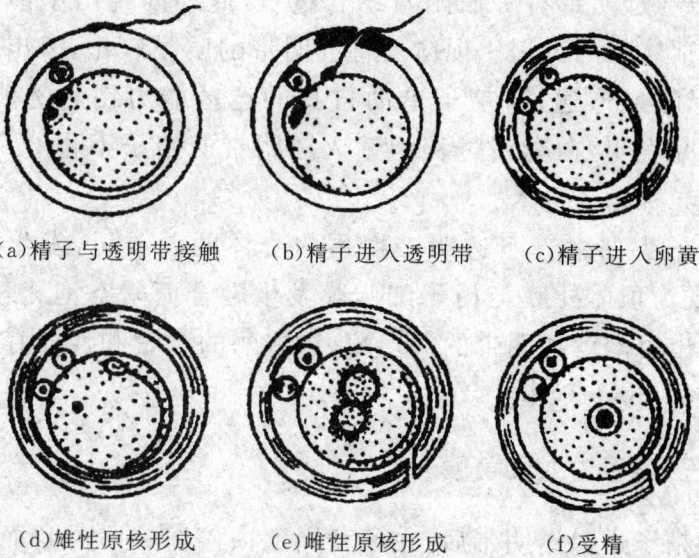

(a)精子与透明带接触　(b)精子进入透明带　(c)精子进入卵黄

(d)雄性原核形成　(e)雌性原核形成　(f)受精

图5-2　受精过程

(一)精子穿过放射冠

受精前有大量精子包围着卵细胞。当精子穿过卵丘时,精子头部质膜和顶体外膜发生了复杂的膜融合,并形成小泡,从小泡之间的孔隙内释放出透明质酸酶和放射冠酶,在这些酶的共同作用下,使精子顺利地通过放射冠细胞而到达透明带的表面。顶体形成的小泡和顶体内酶的激活与释放,被称为"顶体反应"。因透明质酸酶和放射冠酶不具有种间特异性,因此放射冠对精子没有选择性,不同动物的精子所释放的透明质酸酶均能溶解放射冠。

参与受精的精子虽是极少数,但精子的浓度对放射冠的作用有重要意义,当精子浓度大时,能释放更多的透明质酸酶,从而使黏蛋白的基质更容易被溶解,提高了精子的穿透性。

（二）精子穿过透明带

进入放射冠的精子,顶体发生改变和膨胀,当精子与透明带接触时,即失去头部前端的质膜及顶体外膜。在穿入透明带之前,精子与透明带有一段附着结合过程,此期间经历了前顶体素转变为顶体酶的过程。顶体酶将透明带的质膜软化,溶出一条狭窄、圆形隧道形通道,精子借助自身的运动能力钻入透明带内。大量研究表明,在受精过程中钻入透明带的精子不止一个,但它能阻止异种精子进入。

精子头部附着于透明带糖蛋白受体的前或后,发生顶体反应,表现为顶体外膜与精子细胞膜发生融合而呈空泡化,从顶体中释放出可溶解透明带的许多酶,这些酶的数量和性质存在物种间的差异。

（三）精子进入卵黄膜

当精子进入透明带后,在卵黄周隙内停留一段时间而后触及卵黄膜,引起卵子发生特殊变化,使卵子从休眠状态苏醒过来,这种变化称为"激活",引起卵黄膜收缩,释放出某些物质扩散到全卵的表面和卵黄周隙,从而使透明带关闭,后来的精子不能进入透明带。这种变化称为"透明带反应"。但家兔的卵子没有这种变化。

卵黄膜外覆盖密集的微绒毛,精子触及卵黄膜后,卵黄膜的微绒毛首先包住精子头部的核后帽区,并与该区的质膜融合,不久精子连同尾部一起进入卵黄膜内。大多数哺乳动物在精子接触卵黄膜之前,卵子的第一极体就存在于卵黄周隙中,当精子进入卵黄后,卵子才进行第二次成熟分裂,排出第二极体。进入卵黄膜的精子是有严格选择性的,一般只能进入一个。

（四）原核形成

精子进入卵黄后引起卵黄收缩并排出液体进入卵黄周隙。

此时精子头部膨大,尾部脱落,精子核形成核仁,周围形成核膜,整个形状似体细胞核——雄原核。大多数动物的卵子在精子进入卵黄后,卵子进入第二次成熟分裂,排出第二极体,卵子出现核膜和核仁,形成雌原核。

(五)配子配合

两个原核同时发育在数小时内体积可达原来的 20 倍。除猪以外,其他家畜的雄原核略大于雌原核。当两核发育到一定阶段时,两核互相靠近,彼此接触,体积缩小,开始融合,核仁、核膜消失,原核形态也不复存在,两组性染色体合并,进入第一次卵裂前期。至此,受精宣告结束。

四、异常受精

哺乳动物的正常受精均为单精子受精,形成的合子发育成正常的新个体。在受精过程中,由于人为和环境因素的影响,如延迟配种、生理、物理和化学刺激等,有时会出现非正常受精的现象。异常受精则包括多精子受精、双雌核受精、雄核发育和雌核发育等。异常受精的出现率为正常受精的 2%～3%。在畜牧生产实践中,母畜配种和输精延迟易引起多精子受精。

双雌核受精是由于卵子某一次减数分裂时,未排出极体所致,如此形成有 3 个原核的三倍体。双雌核受精多见于猪,母猪发情开始 30 h 以后配种,则 20% 以上的卵子是双雌核。猪的三倍体胚胎可能存活到附植后,但不久即死亡。

雌核发育或雄核发育在受精开始时是正常的,但受精后如有一方的原核未能形成,即造成单倍体。人工孤雌生殖卵激活方法有多种,常用的有机械刺激(卵子体外操作和穿刺处理)、温度刺激、电刺激、酶刺激、麻醉剂处理、蛋白质合成抑制剂处理等。但实验证明,人工孤雌卵能够着床,但不能全程发育。将其与正常胚构成嵌合体后,孤雌胚则可以参与机体的全程发育,并能形成各种组织。

最后需要指出的是,多倍体的单传体胚胎均不能正常发育,在发育早期死亡。

第二节　妊娠及期间母体的生理变化

妊娠又称怀孕,具体是指受精卵第一次卵裂到胎儿成熟娩出的时期。整个妊娠过程可分为胚胎早期发育期、胚胎附植期和胎膜、胎盘期。

一、胚胎的早期发育

从受精卵第一次卵裂到原肠胚形成的过程称为胚胎早期发育。如图 5-3 所示,是受精卵的发育过程示意图。根据早期胚胎发育的特点,可将胚胎的早期发育分为如下三个阶段:

(1)桑椹期。受精卵细胞不断地分裂,卵裂球逐渐变小,但整个胚胎的大小未变,最后形成 32 个细胞,这些细胞在透明带内形成致密的细胞团,其形状像桑椹,故称桑椹胚。桑椹期主要发生在输卵管中,部分在子宫中度过。

(2)囊胚期。桑椹胚形成后,由于卵裂球分泌的液体在细胞间隙积聚,所以最后在胚胎的中央形成一充满液体的腔——囊胚腔。随着囊胚腔的扩大,多数细胞被挤在腔的一端,称内细胞团,将来发育成胎儿;而另一部分细胞构成囊胚腔的壁,称滋养层,以后发育为胎膜和胎盘。囊胚后期,胚胎从透明带脱出,称扩张囊胚。

(3)原肠期。胚泡的进一步发育,出现内胚层,此时称为原肠期,这时的胚胎称为原肠胚。随着胚泡的发育,胚结上面的滋养层细胞溶解退化,胚结裸露出来,称为胚盘,随后,胚盘向着囊胚腔的部分以分层的方式逐渐形成一个新的细胞层,向胚泡的内壁扩展,成为完整的一层即内胚层,其外面的细胞层成为外胚层。以后在内胚层和滋养层(外胚层)之间出现中胚层。

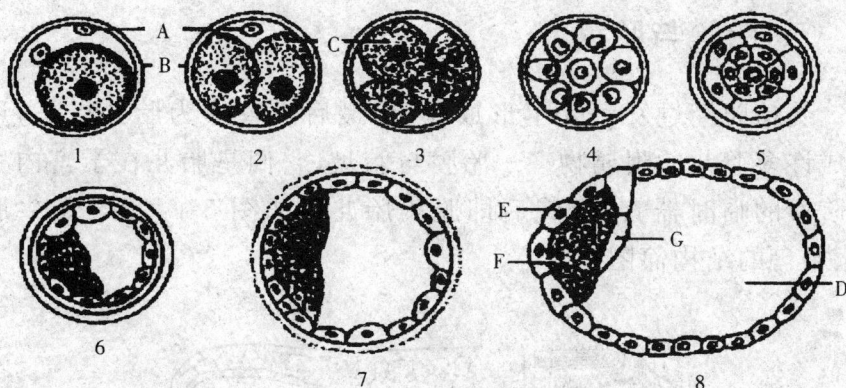

图 5-3　受精卵的发育

1—合子；2—二细胞期；3—四细胞期；4—八细胞期；5—桑椹期；
6、7、8—囊胚期；A—极体；B—透明带；C—卵裂球；D—囊胚腔；
E—滋养层；F—内细胞团；G—内胚层

二、胚泡的附植

　　胚泡在子宫内发育的初期阶段是处在一种游离的状态，并不和子宫内膜发生联系，以后胚泡增大，由于胚泡内液体的不断增加及体积的增大，在子宫内的活动逐步受到限制，与子宫壁相贴附，随后和子宫内膜发生组织及生理的联系，位置固定下来，这一过程称为附植，又称附着、植入或着床。

　　胚泡在游离阶段，单胎动物的胚泡可能因子宫壁的收缩由一侧子宫角到另一侧子宫角；对于多胎动物的胚泡也可向对侧子宫角迁移，称为胚泡的内迁。牛的胚泡一般无内迁现象。

　　动物胚泡的附植是一个渐进的过程，准确的附植时间差异较大。在游离期之后，胚泡与子宫内膜就开始了疏松附植。紧密附植发生在此后较长的一段时间，且有明显的种间差异，最终以胎盘建立为止。

　　胚泡附植的早晚与怀孕期的长短有一定关系。附植时间早的动物妊娠期短，反之妊娠期长。另外，子宫的环境条件和胚胎发育的同步程度对附植的顺利完成也具有重要的意义。

三、胎膜与胎盘

受精卵经过发育除了形成胚胎,最后发育成为胎儿以外,还形成许多胎儿的附属物——胎膜与胎盘,它们是胎儿在子宫内发育阶段的临时器官,分娩后即脱离胎儿。如图 5-4 所示,是牛胎膜、胎盘的结构简图。

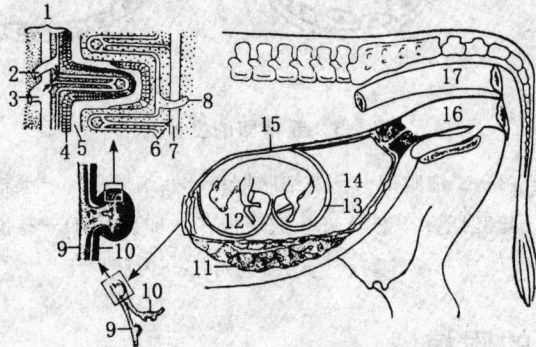

图 5-4　牛胎膜、胎盘的结构简图

1、10—尿膜绒毛膜;2—胎儿静脉;3—胎儿动脉;4—细胞滋养层;
5—子宫腔;6—基质;7—母体动脉;8—母体静脉;9—子宫壁;11—子叶;
12、15—羊膜绒毛膜;13—尿膜羊膜;14—尿囊腔及尿水;16—阴道;17—直肠

(一)胎膜

胎膜是胎儿的附属膜,是胎儿本体以外包裹着胎儿的几层膜的总称。其作用是与母体子宫黏膜交换养分、气体及代谢产物,对胎儿的发育极为重要。在胎儿出生后,即被摒弃,所以是一个暂时性器官。它源于 3 个基础胚层,即外胚层、中胚层和内胚层。通常按其结构部位及功能而分为如下几个部分:

(1)卵黄囊。哺乳动物胚胎发育初期都有卵黄囊的发育,在卵黄囊上有完整的血液循环系统,是主要的营养器官,起着原始胎盘的作用。原肠胚进一步发育后,分为胚内和胚外两部分,其胚外部分即形成卵黄囊。卵黄囊的外层和内层分别由胚外脏壁中胚层和胚外内胚层形成。

（2）羊膜。羊膜是包围在胎儿外面的一层透明薄膜，在胎儿脐孔处与胎儿皮肤相连，羊膜和胎儿之间的腔称为羊膜腔，内有羊水，能保护胚胎免受震荡和压力的损伤，同时为胚胎提供自由生长的条件。羊膜能自动收缩，使处于羊水中的胚胎呈轻微摇动状态，从而促进胚胎的血液循环。分娩时羊膜破裂，羊水流出，能够润滑产道。羊膜上分布着来自尿膜内层的许多血管，随着尿囊的发育逐渐萎缩退化。

（3）尿膜。尿膜是构成尿囊的薄膜。尿囊通过脐带中的脐尿管与胎儿膀胱相连，尿囊中存有尿水。尿膜分内外两层，内层与羊膜粘连在一起，称尿膜羊膜；外层与绒毛膜粘连在一起，称为尿膜绒毛膜。尿膜上分布有大量来自脐动脉、脐静脉的血管。牛、羊、猪的尿囊在胎儿的腹侧和两侧包围着羊膜囊，马、驴、兔的尿囊则包围着整个羊膜囊。

（4）绒毛膜。绒毛膜是位于最外层的胎膜，包围着尿囊、羊膜囊和胎儿。绒毛膜的外表面分布着大量弥散型（马、驴、猪）或子叶型（牛、羊）的绒毛，并与子宫黏膜相结合。马的绒毛膜填充整个子宫腔，因而发育成"两角一体"。反刍动物形成双角的盲囊，孕角较为发达。猪的绒毛膜呈圆筒状，两端萎缩成为憩室。

（5）脐带。脐带是连接胎儿腹部和胎膜之间的一条带状物。脐带内含有脐动脉、脐静脉、脐尿管和卵黄囊残迹。脐带是胎儿和胎盘联系的纽带，被覆羊膜和尿膜，其中有两支脐动脉，一支脐静脉（反刍动物有两支），有卵黄囊的残迹和脐尿管。其血管系统和肺循环相似，脐动脉含胎儿的静脉血，而脐静脉则是来自胎盘，富含氧和其他成分，具有动脉血特征。脐带随胚胎的发育逐渐变长，使胚体可在羊膜腔中自由移动。

（二）胎盘

胎盘通常指由尿膜绒毛膜和子宫黏膜发生联系所形成的组织。其中尿膜绒毛膜部分称为胎儿胎盘，而子宫黏膜部分称为母体胎盘。哺乳动物发育的早期特点是胚胎通过胎盘从母体器官吸取营养。因此,对胎儿来说,胎盘是一个具有很多功能活动并和母体有联系但又相对独立的暂时性器官。

1.胎盘的类型

根据绒毛膜表面绒毛的分布,一般可以将胎盘分为如下四类:

(1)弥散型胎盘。弥散型胎盘又称上皮绒毛膜胎盘,是动物中比较广泛的一种胎盘类型,这种类型的胎盘绒毛膜的绒毛分布在整个绒毛膜表面,马、驴、猪的胎盘属此类。猪的绒毛有集中现象,即少数较长绒毛聚集在小而网的称绒毛晕的凹陷内。

(2)子叶型胎盘。绒毛集中在绒毛膜表面的某些部位,形成许多绒毛丛,呈盘状或杯状凸起,称胎儿子叶;母体子宫内膜上对应分布有子宫阜(母体子叶)。胎儿子叶上的许多绒毛,嵌入母体子叶的许多凹下的腺窝中,称子叶型胎盘。这种胎盘结构复杂,绒毛不容易从腺窝中脱出。因此,分娩时胎儿胎盘和母体胎盘分离较慢,多出现胎衣不下。

(3)带状胎盘。绒毛膜上皮细胞与子宫黏膜深处的血管内皮相接触,分娩时母体胎盘组织脱落,血管破裂,故有出血现象。猫、狗等属此类。绒毛膜在此区域与母体子宫内膜接触附着,而其余部分光滑。由于绒毛膜上的绒毛直接与母体胎盘的结缔组织相接触,所以此类胎盘又称为上皮绒毛膜与结缔组织混合型胎盘。

(4)盘状胎盘。子宫黏膜的血管消失,血液直达绒毛膜的上皮。人和灵长类属此类型。

2.胎盘的功能

胎盘是一个功能复杂的器官,具有物质运输、合成分解代谢及分泌激素等多种功能,详述如下:

(1)胎盘的运输功能。胎盘的运输功能,表现在胎儿和母体间的物质交换。根据物质的性质及胎儿的需要,胎盘采取不同的运输方式。物质运输的方式主要有如下几种：

①简单扩散。如二氧化碳、氧、水、电解质等都是物质自高分子浓度区移向低浓度区，直到两方取得平衡。

②加速扩散。可能细胞膜上有特异性的载体，与一定的物质结合，通过膜蛋白的变构，以极快的速度，将结合物从膜的一侧带到另一侧。如葡萄糖、部分氨基酸及大部分水溶性维生素等以加速扩散的方式运输。

③主动运输。胎儿方面的某些物质浓度较母体为高，该物质仍能由母体运向胎儿方面，估计可能是胎盘细胞内酶或特异载体的功能作用，才能使该物质穿越胎盘膜，如氨基酸、无机磷酸盐、血清铁钙及维生素 B_1、维生素 B_2、维生素 C 等就是这样运输的。

④胞饮作用。极少量的大分子物质（如免疫活性物质及免疫球蛋白）可能借这一作用而通过胎盘。

（2）胎盘的代谢功能。胎盘组织内酶系统极为丰富。所有已知的酶类，在胎盘中均有发现。因此，胎盘组织具有高度生化活性，具有广泛的合成及分解代谢功能。

（3）胎盘的内分泌功能。胎盘像黄体一样也是一种暂时性的内分泌器官。既能合成蛋白质激素（如孕马血清促性腺激素、胎盘促乳素），又能合成甾体激素。这些激素合成释放到胎儿和母体循环中，其中一些进入羊水被母体或胎儿重吸收，在维持妊娠和胚胎发育中起调节作用。

（4）胎盘的屏障。胎儿为自身生长发育的需要，既要从母体进行物质交换，又要保持自身内环境同母体内环境的差异。物质进入胎盘前通过严格的选择，并且有些物质必须分解成比较简单的物质才能进入胎儿血液。特别是有害物质通常不能通过胎盘，保护了胎儿的生长发育环境。

四、妊娠母畜的主要生理变化

妊娠之后，由于发育中的胎儿、胎盘和黄体的形成及其所产生的激素都对母体产生极大的影响，因而，母体在形态上和生理上产生了很多变化,这些变化对妊娠诊断有很好的参考价值。

(一)母体全身的变化

妊娠后,随着胎儿生长,母体新陈代谢变得旺盛,食欲增加,消化能力提高,营养状况改善,体重增加,被毛光润。但妊娠后期,胎儿迅速生长发育,母体常不能消化足够的营养物质满足胎儿的需求,妊娠前半期所贮存的营养物质被消耗,所以尽管食欲良好或者更为旺盛,却常变得消瘦。

妊娠后半期,是胎儿生长发育最快的阶段,胎儿对钙、磷等矿物质需求量增多,如果含矿物质的补充饲料缺乏,往往会造成母畜体内钙、磷含量降低,母畜脱钙,出现后肢跛行、易发生骨折、牙齿磨损快、产后瘫痪等表现。

妊娠母体的性情一般变得温顺、安静、嗜睡,行动小心谨慎,易出汗。

妊娠后期,母畜腹部轮廓发生改变,即腹部膨大起来。在马属动物中因右侧有盲肠,胎儿被挤向左侧;牛、羊左侧有瘤胃,胎儿在右侧;猪在腹底,表现腹部往下垂。由于胎儿增大,占据了母体腹内的一定位置,腹内压力增高,内脏器官的容积减小,使排尿排粪的次数增多,但每次的量减少。呼吸次数增加,且呼吸方式由胸腹式呼吸变成胸式呼吸。妊娠后期,血中碱储下降,出现酮体较多,有时会导致"妊娠性酮血症"。此外,还出现血凝固能力增强,红细胞沉降速度加快等现象。由于组织水分增加,子宫压迫腹下及后肢静脉,以至这些部位特别是乳房前的下腹壁上,容易发生水肿,产后自行消失,多见于产前 10 d 的马。牛多不发生此现象,但个别乳牛发生时也比较明显。

妊娠后,乳腺发育显著,一般分娩前 2 周可挤出少量乳汁。

(二)生殖器官的变化

母畜妊娠期间生殖器官的变化主要包括如下几个方面:

(1)卵巢的变化。母畜配种后,没有怀孕时,卵巢上的黄体退化,然而有胚胎时,这种黄体可作为妊娠黄体继续存在,分泌孕酮,维持妊娠,从而中断发情周期。在怀孕早期,这种中断是不完全的。对于一些母牛,由于卵巢的卵泡活动,妊娠早期仍可出现发情。虽然有卵泡发育甚至接近排卵前的体积,但这些卵泡多不能排卵而退化,闭锁。同时,卵巢的位置也会发生变化,怀孕后随着胎儿体积的增大妊娠子宫逐渐深入腹腔,卵巢也随之下沉。妊娠母牛卵巢的黄体以最大的体积持续存在于整个怀孕期,其颜色为金褐色,并不突出卵巢表面。孕猪卵巢的黄体数目往往较胎儿为多,孕后也有再发情的。

(2)子宫的变化。随着怀孕的进展,子宫容积逐渐增大。子宫通过增生、生长和扩展的方式以适应胎儿生长的需要。子宫肌保持着相对静止和平稳的状态,以防胎儿的过早排泄。子宫各种变化具体时间随畜种而不同,增生是子宫内膜由于孕酮的致敏而出现,发生在胚泡附植之前,其主要变化为血管分布增加,子宫腺增长,腺体卷曲及白细胞浸润。子宫的生长是在胚胞附植后开始,它包括子宫肌的肥大,结缔组织基质的广泛增长,纤维成分及胶原含量增加。这种基质的变化,对于子宫适应孕体的发展及产后子宫的复原过程是有意义的,子宫的生长也是在雌性激素和孕酮的协同作用下发生的。在子宫扩展期间,子宫生长减慢,胎儿迅速生长,子宫肌层变薄,纤维拉长。子宫的生长和扩展,首先是由孕角和子宫体开始的,在整个怀孕期,单胎动物孕角的增长比空角的大得多。因此,孕角与空角始终不对称。怀孕的前半期,子宫体积的增长主要是子宫肌纤维肥大及增长。怀孕的后半期,则是胎儿使子宫壁扩展。因此,子宫壁变薄。猪怀孕时,子宫肌纤维主要是长度增加,因肌肉层仅稍变厚,胎儿所在处子宫角较粗,两个胎儿之间的部分较为狭窄,子宫角长度可达3 m,充满胎儿的子宫角曲折地位于腹腔底部,因此使腹壁下垂。子宫角向前可抵达隔膜。怀孕时,子宫颈的脉管数目增加,并分泌一种封闭子宫颈管的黏液,称子宫颈栓。牛的子宫颈栓较多,且经常更新,排出时常附着于阴门下角。马的子宫颈栓较少,子宫颈的括约肌收缩很紧。因此,子宫颈管就完全封闭起来,宫颈外口即紧闭。

(3)子宫颈。子宫颈是妊娠期保证胎儿正常发育的门户。子宫颈上皮的单细胞腺分泌黏稠的黏液封闭子宫颈管,称子宫栓。牛的子宫颈分泌物较多,妊娠期间有子宫栓更新现象,马、驴的子宫栓较少。子宫栓在分娩前液化排出。

(4)子宫动脉。由于胎儿发育的需要,随着胎儿不断地增大,血液的供给量也必须增加。妊娠时子宫血管变粗,分支增多,特别是子宫动脉(子宫中动脉)和阴道动脉子宫支(子宫后动脉)更为明显。随着子宫动脉管的变粗,动脉内膜的皱襞增加并变厚,而且和肌层联系疏松,所以血液流过时造成脉搏从原来清楚的搏动变为间隔不明显的流水样的颤动,称为妊娠脉搏(孕脉)。这是妊娠的特征之一,在妊娠后一定时间出现,孕脉强弱及出现时间,随妊娠时间而不同。至怀孕末期,牛、马的子宫动脉可以粗如食指,孕角子宫中动脉的变化比空角的显著。

(5)阴道和阴门。妊娠初期,阴门收缩紧闭,阴道干涩;妊娠后期,阴道黏膜苍白,阴唇收缩;妊娠末期,阴唇、阴道水肿,柔软有利于胎儿产出。

第三节　妊娠诊断及方法

在动物配种之后,及时掌握母畜是否妊娠、妊娠的时间、胎儿和生殖器官的异常情况,以便对已妊娠者加强饲养管理,对未孕者进行必要的处理。监测动物妊娠与否,或胚胎的发育情况称为妊娠诊断。简便、准确、快捷、经济的妊娠诊断,是母畜高效生产的重要技术环节之一。

动物妊娠诊断的方法有很多种,这里主要讨论生产实践中常用的几种。

一、外部观察法

外部观察法是通过观察母畜的外部征状进行妊娠诊断的方法，此法适用于各种母畜。其缺点是不易做出早期妊娠诊断，对少数生理异常的母畜易出现误诊，因此常作为妊娠诊断的辅助方法。

母畜妊娠后，发情周期停止，食欲增强，膘情好转，被毛润泽，性情温顺，行动谨慎安稳。妊娠初期，外阴部干燥收缩、紧闭，有皱纹，至后期呈水肿状。妊娠中、后期，可见腹围增大，且向一侧突出（牛、羊为右侧，马为左侧，猪为下腹部）。在饱食或饮水后，可见胎动。乳房胀大，四肢下部或腹下出现浮肿现象，排粪、排尿次数增多。在产前1～2周，从乳房中能挤出清亮乳汁。

二、阴道检查法

阴道检查法是一种用阴道开腟器打开母畜的阴道，根据阴道黏膜、阴道黏液和子宫颈口发生的变化进行妊娠诊断的方法。母畜妊娠后，阴道黏膜苍白，表面干燥、无光泽、干涩，插入开腟器时阻力较大。子宫颈口关闭，有子宫栓存在。随着胎儿的发育，子宫重量的增加，子宫颈往往向一侧偏斜。此法的不足点是当母畜患有持久黄体、子宫颈及阴道有炎症时，易造成误诊。阴道检查往往不能做出早期妊娠诊断，如果操作不慎还会导致孕畜流产，故应作为一种辅助妊娠诊断法。

三、直肠检查法

直肠检查法是用手隔着直肠壁触摸卵巢、子宫、子宫动脉的状况及子宫内有无胎儿存在等来进行妊娠诊断的方法，适合于大家畜。其优点是诊断的准确率高，在整个妊娠期均可应用。但在触诊胎泡或胎儿时，动作要轻缓，以免造成流产。

例如，对妊娠母牛进行直肠检查时，一般先摸到子宫颈，再将中指向前滑动,寻找角间沟,然后将手向前、向下、再向后,分别触摸,把 2 个子宫角都掌握在手内。经产牛子宫角有时不呈"绵羊角"状而垂入腹腔,不易全部摸到,这时可握住子宫颈,将子宫角向后拉,然后手沿着肠管向前迅速滑动,握住子宫角,这样逐渐向前移,就能摸清整个子宫角。摸过子宫角后,在其尖端外侧或其下侧寻找到卵巢。

寻找子宫动脉的方法是:将手掌贴着骨盆顶向前滑动,超过胛部以后,可以清楚地摸到腹主动脉的最后一个分支,即可摸到髂内动脉的分岔。左右髂内动脉的根部,各分出一支子宫动脉,子宫动脉和脐动脉共同起于髂内动脉起点处。如图 5-5 所示,是母牛子宫动脉的解剖位置。

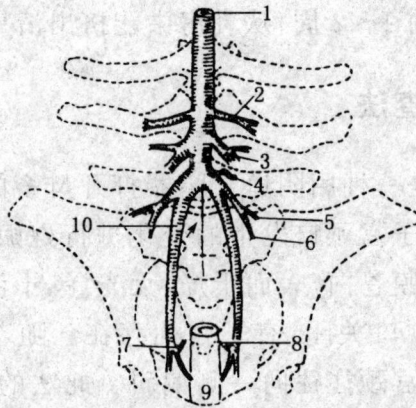

图 5-5 母牛子宫动脉的解剖位置

1—腹主动脉;2—卵巢动脉;3—髂外动脉;4—肠系膜后动脉;5—脐动脉;
6—子宫动脉;7—尿生殖动脉;8—尿生殖动脉子宫支;9—阴道;10—髂内动脉

诊断时应先触摸子宫颈、子宫分岔、子宫角,然后再检查子宫中动脉及卵巢。一般从子宫角、子宫中动脉的变化已确诊妊娠时,就不再摸卵巢。如果不慎破坏了妊娠黄体,会引起流产。

一般地,未孕母牛的征状是:子宫颈、子宫体、子宫角及卵巢均位于骨盆腔内,经产多次的牛,子宫角可垂入骨盆入口前缘的腹腔内。两角大小相等,形状亦相似,弯曲如"绵羊角"状,经产牛有时右角略大于左角,弛缓,肥厚。能够清楚地摸到子宫角间沟,经过触摸子宫角即收缩,变得有弹性,几乎没有硬的感觉,能将子宫握在手中,子宫收缩像一球形,前部并有角间沟将其分为两半。卵巢大小及形状视有无黄体或较大的卵泡而有变化。

需要特别注意的是,做早期怀孕检查时,要抓住典型征状。不仅检查子宫角的形状、大小、质地的变化,也要结合卵巢的变化,做出综合的判断。

四、超声波诊断法

超声波是指声音的振动频率大于 20 000/s 的一种声波。超声波诊断是利用超声波的物理特性和动物体组织结构声学特点密切结合起来的一种物理学检查方法。检测超声波诊断技术具有安全可靠、操作简单、结果判断迅速、准确率高等优点。

超声波碰到正在运动的物体时,以略微改变的频率返到探头,此称多普勒效应,用以探测脏器的运动和血流,如心脏和脉管的活动、胎心和脐带的搏动等。目前被广泛用于动物的妊娠诊断和监测胎儿死活。

超声波诊断法主要用于探查猪、羊、奶牛、黄牛、驴的胎动、胎儿心搏及子宫动脉的血流。此外,亦可根据超声波反射的波形进行诊断。由于机体内各种脏器组织的声阻抗不同,超声波先通过子宫壁进入子宫,而后经子宫壁出子宫,从而产生一定的波形。若已妊娠,子宫内有胎儿存在时超声波则通过子宫壁(包括胎膜)、胎水、胎儿,再经胎水、子宫壁(包括胎膜)出子宫,产生与未孕时不同的特有的波形,据此可作为妊娠诊断的依据。

国外应用超声波进行家畜早期妊娠诊断报道较早。近年来,超声波在我国也被广泛应用于家畜的诊断。

五、腹部触诊法

腹部触诊法是用手触摸母畜的腹部,感觉腹内有无胎儿或胎动来进行妊娠诊断的方法,此法只适用于妊娠中后期,多应用于猪和羊。另外,也可采取直肠—腹壁触诊法。母羊在触诊前应停食一夜,触诊时,母羊仰卧保定,用肥皂水灌肠,排出直肠宿粪,然后将涂润滑剂的触诊棒(直径 1.5 cm,长 50 cm,前端弹头形,光滑的木棒或塑料棒)插入肛门,贴近脊柱,向直肠内插入 30 cm 左右,然后一只手把棒的外端轻轻下压,使直肠内一端稍微挑起,以托起胎泡。同时另一只手在腹壁触摸,如能触及块状实体,为妊娠,如果摸到触诊棒,应再使棒回到脊柱处,反复挑动触摸。如仍摸到触诊棒,即为未孕。诊断时注意防止直肠损伤,配种已经 115 d 以后的母羊要慎用。

六、其他诊断法

随着妊娠诊断技术的发展,除以上方法外,现已发现的多种母畜妊娠早期检查方法还有宫颈黏液检查法、孕酮水平测定法、免疫学诊断法、早孕因子测定法、血小板计数法、经穴皮温变化法、血清酸滴定法、碱性磷酸酶活力测定法、PMSG 放射免疫测定法等。此外,还有辅助诊断技术,如子宫颈黏液煮沸法、7%碘酒测定法、3%硫酸铜测定法。

总之,妊娠诊断或早期妊娠诊断方法不断增多,如放射免疫测定法(RIA)、酶联免疫吸附测定法(ELISA)、乳胶凝集试验(LAIT)等。可供测定的样品种类多,如乳样(全乳、脱脂乳和干乳)、血样、尿样、毛发、粪便等。测定的激素或因子种类也增多,如早孕因子(EPF)等。测定的灵敏度和精确度及各测定法间的相关性不断提高,如吸附测定法(ELISA)的灵敏度 10~20 pg。测定程序更为简单、快速,如 20 世纪 80 年代的乳汁 P4 现场测定试剂盒,在几分钟即可获得诊断结果。

第四节　分娩发动的机制

分娩是指怀孕期满,胎儿发育成熟,母体将胎儿及其附属物从子宫内排出体外的生理过程。引起分娩发动的因素是多方面的。实验研究表明,动物的分娩是由激素、神经和机械等多种因素的协同、配合,母体和胎儿共同参与完成的。

一、中枢神经系统的影响

母体中枢神经系统对分娩是否起主导作用,医学界曾经做过许多研究。很早以前医学界就意识到分娩是母体的神经反射活动,其反射中枢在脊髓,若脊髓受到损坏,分娩就有困难;相反,切断脊髓或使子宫与反射中枢断绝联系,并不能阻止分娩,说明中枢神经系统对母畜分娩并不是完全必需的,但对分娩过程具有调节作用。首先,胎儿前置部分进入产道,对子宫颈、阴道产生刺激,然后引起神经冲动。这种冲动信号必须由下丘脑传导到神经垂体,促进 OXT 的释放,刺激子宫肌肉收缩。这种神经垂体的反射性分泌,也可能由生殖道的机械性刺激所引起,由此发生正常分娩。

二、内分泌的影响

(一)胎儿内分泌变化

根据试验证明,切除妊娠羔羊的下丘脑、垂体和肾上腺后,可使母羊的妊娠期无限期地延长。而对切除垂体和肾上腺的胎羔灌注促肾上腺皮质激素(ACTH)或肾上腺皮质素类似物(19碳类固醇、皮质素等),又可引起分娩。进一步的试验发现,用 ACTH 或糖皮质素滴注正常发育的胎羔,会引起早产。

上述事实表明,胎儿下丘脑—垂体—肾上腺轴(系统)对于发动分娩起着重要作用。当胎儿发育成熟以后,胎儿通过下丘脑使垂体分泌促肾上腺皮质激素,从而促使胎儿肾上腺分泌肾上腺皮质激素,胎儿肾上腺皮质激素则引起胎盘雌激素分泌增加、孕酮减少。雌激素的分泌可刺激子宫内膜前列腺素的分泌。前列腺素则促进卵巢黄体溶解,并刺激子宫肌的收缩。孕酮水平下降,对子宫肌的抑制作用解除。雌激素使子宫肌对各种刺激更加敏感，而且促进母体本身释放催产素，所以在催产素与前列腺素的协同作用下，激发子宫收缩，发动分娩，将胎儿排出体外。如图 5-6 所示，是绵羊胎儿发动分娩示意图。

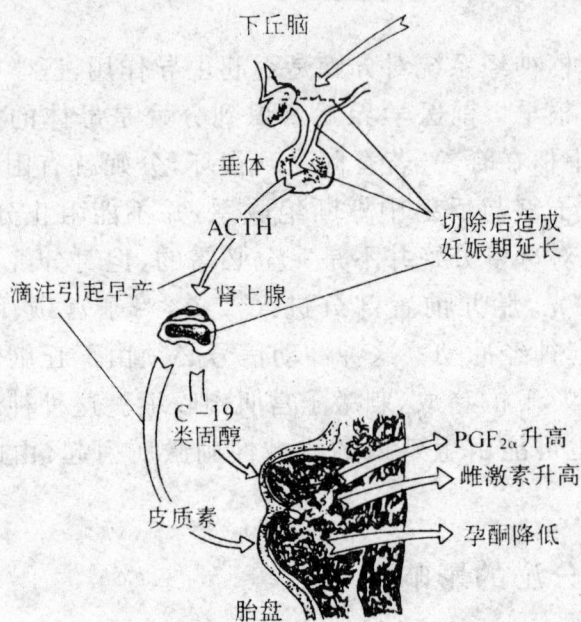

图 5-6　绵羊胎儿发动分娩

（二）母体内分泌变化

母体的生殖激素变化与分娩发动密切相关，但这些变化在不同物种间差异很大。如图 5-7 所示，给出了绵羊分娩前后外周血（除 $PGF_{2\alpha}$ 为子宫静脉血外）中激素浓度的变化。接下来，我们将母畜分娩前体内生殖激素的变化简要讨论如下：

（1）孕酮。母体血浆孕酮浓度的明显降低，是动物分娩时子宫颈开张和子宫肌收缩的先决条件。在妊娠期内，孕酮一直处在一个高而稳定的水平上，以维持子宫相对安静且稳定的状态。有人认为，这可能是由于孕酮的作用影响了细胞膜外 Na^+ 和细胞内 K^+ 的交换，改变了膜电位，使膜出现超极化状态，抑制子宫的自发性收缩或催产素引起的收缩作用。孕酮还可强化子宫肌 β 受体的作用,抑制子宫对兴奋的传递,最终导致子宫肌纤维的舒张和平静。临产前,由于胎儿生长迅速,对胎盘的代谢需求增强,从而刺激胎盘合成 PGE_2。PGE_2 对胎儿下丘脑—垂体—肾上腺轴有激活作用,从而导致牛、羊和猪等家畜分娩前胎儿皮质醇等内分泌的变化。各种家畜产前孕酮含量的变化不尽相同。孕酮开始降低的时间:牛在分娩前 4~6 周;绵羊在分娩前 1 周;山羊和猪在分娩前几天快速下降;马则在产前达到最高峰,产后迅速下降。

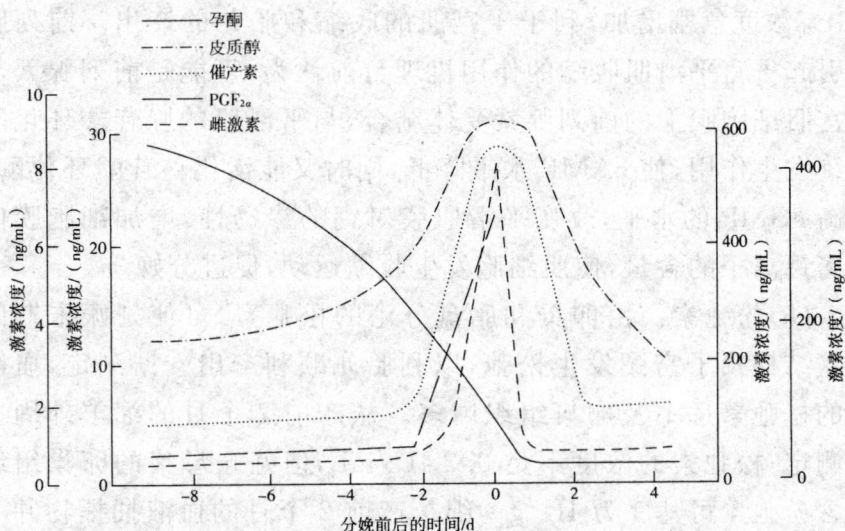

图 5-7 绵羊分娩前后外周血(除 $PGF_{2\alpha}$ 为子宫静脉血外)中激素浓度的变化

(2)雌激素。随着妊娠时间的增长,胎盘产生的雌激素逐渐增加。绵羊和山羊在妊娠期间,雌激素逐渐增至分娩前的高峰;而牛是在分娩前迅速达到峰值,一般发生在分娩前 16~24 h,雌激素可刺激子宫肌的生长和肌球蛋白的合成,特别是在分娩时对提高子宫肌的规律性收缩具有重要作用。分娩前,雌激素水平增高,孕酮浓度下降,孕激素与雌激素的比值发生改变,使子宫肌对催产素的敏感性增强,也有助于 PGk 的释放,从而触发分娩活动。

(3)催产素。大量试验表明,对已妊娠的绵羊或其他实验动物切除脑垂体后,分娩活动仍依照本身的模式进行,说明催产素可能不是发动分娩的主要因素。随着孕期的进行,子宫对催产素的敏感性增强,到怀孕后期,仅用少量的催产素即可引起子宫的强烈收缩。临产前,孕酮含量降低,雌激素水平上升,可导致催产素的释放。此外,胎儿及胎囊对产道的压迫和刺激,也可反射性地引起催产素的释放。

(4)前列腺素。对分娩发动起主要作用的是 $PGF_{2\alpha}$,它能溶解妊娠黄体、消除孕酮对雌激素的抑制作用,促进子宫肌收缩和刺激垂体后叶释放催产素。分娩前 24 h,山羊和绵羊子宫静脉中 $PGF_{2\alpha}$ 浓度急剧增加,利于子宫肌的收缩和胎儿的产出。前列腺素引起子宫平滑肌收缩的作用机理目前认为,可能是前列腺素与子宫肌细胞膜上的前列腺素受体结合,与平滑肌的腺苷酸环化酶系统发生作用,使 cAMP 水平降低,同时又能活化鸟苷酸环化酶,提高 cGMP 的水平,改变平滑肌膜对钙的渗透性,增加细胞膜内游离钙离子的含量,使肌细胞发生收缩运动,促进分娩。

(5)松弛素。由卵巢和胎盘分泌的松弛素,可使妊娠末期的骨盆结构及子宫颈发生松弛,以利胎儿顺利产出。据测定,血液中的松弛素远不及卵巢组织内多。从产前 2 个月的绵羊外周血中测定,松弛素的浓度不足 0.2 IU/mL,但妊娠母猪的卵巢组织中含松弛素可达 1 万 IU/g。绵羊产前 2 个月的血液抽提物并不能使小鼠子宫增重或引起子宫扩张;而从妊娠母猪的卵巢提取纯化的松弛素,只用 0.24 μg 的小剂量,就可使小鼠的耻骨缝裂开 0.5 mm,如果将剂量增至 1.2 μg(0.18 IU),耻骨缝就能裂开到 0.8 mm,但这并不意味着绵羊血中的松弛素活性就低于妊娠母猪血中的活性。松弛素可促使子宫颈发生显著性变化,如用松弛素处理临产绵羊,可使子宫由硬变软,从而免除由此引起的难产。

(6)皮质醇。分娩发动与胎儿肾上腺皮质激素有关。分娩前各种家畜皮质醇的变化不同,黄体依赖性家畜(如山羊、绵羊、兔)产前胎儿皮质醇显著升高,母体血浆皮质醇也明显升高,猪也有类似变化;奶牛胎儿皮质醇在产前 3~5 d 会突然升高,但母体皮质醇保持不变;马分娩前胎儿皮质醇稍有升高,但母体皮质醇保持不变。在绵羊、山羊和牛胎儿肾上腺释放的皮质醇通过激活胎盘中的 17α-羟化酶将孕酮转化为雌激素使母体雌激素与孕酮比值升高,这对分娩的发动起着至关重要的作用。

三、物理与化学因素的影响

胎膜的增长、胎儿的发育使子宫体积扩大、重量增加,特别是妊娠后期,胎儿的迅速发育、成熟,对子宫的压力超出其承受的能力,从而引起子宫反射性的收缩,发动分娩。当胎儿进入子宫颈和阴道时,刺激子宫颈和阴道的神经感受器,反射性地引起母体垂体后叶释放催产素,从而促进子宫收缩并释放 $PGF_{2\alpha}$。催产素和 $PGF_{2\alpha}$ 的进一步增高,引起子宫肌收缩加剧,促进胎儿的排出。

第五节　分娩的预兆与分娩过程

一、分娩的预兆

母畜分娩前,在生理、形态和行为上都将发生一系列变化,称为分娩预兆。对这些变化的全面观察,可以预测分娩时间,作好助产准备,确保母子平安。一般地,母畜分娩前会出现如下预兆:

(1)乳房变化。一般母畜在分娩前,乳房会迅速发育,膨胀增大,有时还出现浮肿。其中,牛在分娩前的乳房变化要比其他家畜更加明显。分娩前母畜的乳头和乳汁的变化情况虽然常作为估算预产期的依据,但受母畜营养状况的影响较大。在营养不良情况下母畜变化不明显,是否漏乳则与母畜乳头管的松紧程度有密切关系。因此,不能单纯依靠乳房变化做出判断。

(2)阴部变化。在分娩前数天到一周,母畜阴唇逐渐变松软、肿胀、体积增大,阴唇皮肤上的皱褶展平,并充血稍变红。从阴道流出的黏液由浓稠变稀薄,尤以牛和羊最为明显。

（3）骨盆变化。一般地，母畜在临产前数天，骨盆韧带开始变松软。到妊娠末期，由于骨盆血管内血量增多，静脉淤血，促使毛细血管壁扩张，血液的液体部分渗出管壁，浸润周围组织。

（4）行为变化。在分娩前母畜都有较明显的精神状态变化，均出现食欲不振、精神抑郁、徘徊不安和离群寻找安静地（散养情况下）等现象。

（5）体温变化。一般地，母畜在临产前的 1～2 个月，体温会逐渐上升；到临产时，体温则可能下降；在分娩过程和产后又逐渐恢复到产前的正常体温。

二、各种家畜分娩预兆的特点

在这里，我们将几种常见家畜分娩预兆的特点总结如下：

（1）猪。腹部大而下垂，卧时可见胎动。产前 3～5 d，阴唇肿胀松弛，尾根两侧塌陷，产前 3 d 中部两对乳头可挤出少量清亮液体，产前 1 h 可挤出初乳。

（2）牛。初产牛妊娠 4 个月后乳房开始增大，后期乳房胀大明显，经产牛分娩前数天乳头呈现蜡状光泽，可挤出清亮胶状液体，并且在分娩前 2 d 充满初乳。产前 2 个月到产前 7～8 d，体温上升达 39℃，产前 12 h 左右，体温下降 0.4℃～1.2℃。

（3）犬。分娩前两周乳房开始膨大，分娩前几天乳房分泌乳汁，阴道流出黏液。临产前，母犬不安、喘息并寻找僻静处筑窝分娩。母犬临产前 3 天左右体温开始降低，母犬的正常体温是 38℃～39℃，分娩前下降为 36.5℃～37.5℃，当体温回升时即要分娩，这是分娩的重要预测指标。分娩前 24～36 h，母犬食欲逐渐减退，甚至停食，行动异常，常以脚趾扒地，回头望腹，初产母犬的反应更加明显。分娩前，母犬臀部坐骨结节处下陷，外生殖器肿胀，分娩前 3～10 h，子宫颈口开张，在此期间母犬坐卧不安，常打哈欠并张口发出怪声、呻吟或尖叫，抓垫草，呼吸加快，同时排尿次数增多，这时出现阵痛。

（4）猫。母猫交配后 40 d，可以观察到孕猫腹部逐渐膨大、下垂,平常不易看到的两排乳头也逐渐明显了,甚至到临产前还会自动流出奶汁。临产前的孕猫进入产箱或产窝不愿出来。临产当天一般不吃食,所以如无疾病等原因的干扰,到预产日期时突然停食,应该是孕猫分娩的重要预兆。产前 12～24 h,孕猫的体温也明显下降 1℃左右。

三、分娩过程

分娩是母畜借子宫和腹肌的收缩,将胎儿及胎膜(胎衣)排出体外的过程,大体可分为如下三个阶段:

(1)开口期。是指子宫开始阵缩起,到子宫颈口完全开张,与阴道的界限消失为止。这一段的特点是只有阵缩,即子宫间歇性的收缩。开始收缩的频率低,间隔时间长,持续收缩的时间和强度低;随后收缩频率加快,收缩的强度和持续的时间增加,到最后以每隔几分钟即收缩一次。初产母畜表现不安、起卧频繁、食欲减退等;经产者表现不甚明显。

(2)胎儿排出期。指从子宫颈口完全开张到胎儿排出为止。在这段时间,由阵缩和努责共同发生作用。努责是指膈肌和腹肌的反射性和随意性收缩,一般在胎膜进入产道后才出现,是排出胎儿的主要动力,它比阵缩出现晚,停止早。产畜烦躁不安、呼吸和脉搏加快,最后侧卧,四肢伸直,强烈努责。

(3)胎衣排出期。指从胎儿排出后到胎衣完全排出为止。胎儿排出后,母畜稍加安静,几分钟后,子宫恢复阵缩,但收缩的频率和强度都比较弱;有时伴有轻微的努责将胎衣排出。猫、犬等动物的胎衣常随胎儿同时排出。

实际上开口期和胎儿排出期并没有明显的界限。母畜分娩过程的三个阶段有明显的种间差异。如表 5-4 所示,列出了各种母畜分娩各阶段所需的时间。由于各种动物胎盘组织结构的差异,所以胎衣排出的时间也各不相同。

表 5-4　各种母畜分娩各阶段所需的时间

畜别	开口期	胎儿产出期	胎衣排出期
牛	6 h(1～12 h)	0.5～4 h	2～8 h
水牛	1 h(0.5～2 h)	20 min	3～5 h
马	12 h(1～24 h)	10～30 min	20～60 min
猪	3～4 h(2～6 h)	2～6 h	10～60 min
羊	4～5 h(3～7 h)	0.5～2 h	2～4 h
骆驼	11 h(7～16 h)	25～30 min	70 min
鹿	1 h(0.5～2 h)		50～60 min
犬	3～6 h		—
兔	20～30 min		—

第六节　分娩助产技术

在自然状态下,动物往往自己寻找安静地方,将胎儿产出,并让其吮吸乳汁。因此,原则上对正常分娩的母畜无须助产。助产人员的主要职责是监视母畜的分娩情况,发现问题及时给母畜必要的辅助,并对仔畜及时护理,确保母子平安。

一、助产的准备

为了使母畜能够顺利生产,必须做好必要的准备工作。一般地,助产的主要准备工作如下:

(1)按预定产期提前转入产房。根据配种记录,计算出母畜分娩预定时间,在预定产期前 1～2 周转入产房饲养。对于母猪应根据预产期提前 5～7 d 进入产房,以便使其尽早熟悉周围的环境,并注意观察母畜分娩预兆的出现。母羊须在分娩前 10 d,单独饲养,以免与其他羊只发生抵架而流产。

(2)产房的准备。对产房的一般要求是宽敞、清洁、干燥、安静、无贼风、阳光充足、通风良好、配有照明设施。孕畜在转入前，必须对产房墙壁及饲槽消毒，换上清洁柔软的垫草。天冷的时候，产房须有保温条件，特别是猪，温度应不低于15℃～18℃，否则分娩时间可能延长，仔猪死亡率增加。

　　（3）助产用品、器械的准备。助产用品一般包括70％的酒精、5％～10％的碘酊、来苏儿溶液、催产药物、棉花、纱布、注射器及针头、体温计、听诊器、镊子、产科绳，毛巾、肥皂、脸盆、剪刀、耳号钳、称重用具、记录表格及照明设备，此外最好还备有一套手术助产器械。一切器械和用品都应经过严格消毒，以防病菌带入产道，造成生殖器官疾病。如图5-8所示，给出了产科绳及其使用方法示意图。

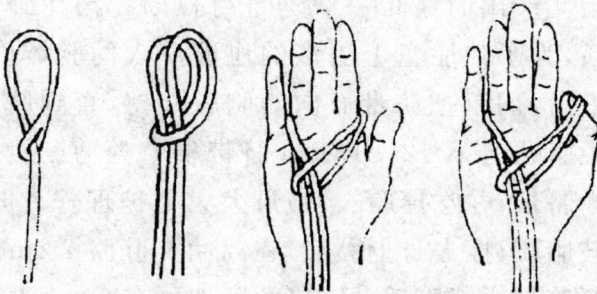

图5-8　产科绳及使用方法

　　（4）助产人员准备。助产人员应受过助产训练，熟悉母畜分娩规律，严格遵守助产操作规程及必要的值班制度，尤其在夜间。在助产时要注意自身消毒和防护，避免人身伤害和人畜共患病的感染。

二、正常分娩助产的技术

　　对正常分娩母畜的助产又称接产，主要是监视母畜的分娩情况，给母畜必要的辅助和对仔畜及时护理。重点做好以下几方面的工作：

　　（1）产前母畜临产时先用温开水清洗外阴部、肛门、尾根及后躯，然后用70％的酒精、1％的来苏儿溶液或0.1％的高锰酸钾溶液消毒。马、牛须用绷带将尾根缠好拉向一侧系于颈部。接产人员应穿好工作服和胶围裙及胶靴,消毒手臂。

（2）当胎儿头露出阴门之外而羊膜尚未破裂时,应立即撕破羊膜,使胎儿鼻端露出,防止窒息。若遇羊水流失,胎儿仍未排出或母畜努责微弱,可抓住胎头及前肢,随母畜努责,沿着骨盆轴方向拉出胎儿,在牵拉过程中注意保护阴门。

（3）若遇母畜站立分娩,应双手托住胎儿,以防落地摔伤。胎儿产出后,要立即擦干口腔和鼻腔黏液防止吸入肺内引起异物性肺炎。如胎儿无呼吸有心跳,应立即进行抢救。

（4）胎儿产出后,脐血管迅速封闭,处理脐带的目的并不在于防止出血,而是希望断端尽早干燥,避免因细菌侵入而造成感染。牛、羊、猪的胎儿产出时脐带一般均自行拉断。马在卧下分娩时脐带一般不断,为了使胎盘上更多的血液流入幼驹体内,可在脐带上涂上碘酊后,用手把脐带血向幼驹腹部捋,直到脐血管显得空虚时再从距脐孔之下 12~15 cm 脐带狭窄处剪断。母犬产出仔犬后会咬断脐带,并吃掉胎衣,当母犬无力护理仔犬时,助产人员要即时撕破胎膜,擦去身上黏液,在离胎儿肚脐 2 cm 处用消毒后的剪刀剪断脐带。断脐后,马、猪的断端可在 5%~10% 的碘酊内浸泡片刻,牛、羊、犬等其他畜种可在断面外面涂以碘酊。断脐后除持续出血不止,一般不进行结扎。

（5）擦干仔畜身上的黏液。对幼驹或仔猪出生后可立即将身上的胎水或黏液擦干。牛和羊可让母畜舔干仔畜,这样母畜食入羊水,可增强子宫的收缩能力,加速胎衣的脱落和排出。对于人工哺乳的犊牛,一般不让母牛舔吮仔畜身上的黏液,以免母牛恋犊,增加挤奶的难度。但天冷时应注意保温,对外出放牧时分娩的羔羊,应迅速将其擦干。对初产母羊不要擦干羔羊的头颈和背部,否则母羊可能不认羔羊。

（6）帮助幼畜站立和哺乳。新生仔畜产出不久即试图站立,但最初一般站不起来,应予以帮助。在仔畜接近乳房前,最好擦净乳头,先挤出 2~3 把初乳,然后让其吮乳。对无哺乳习惯或不认仔畜,拒绝仔畜吮乳的要帮助。对特别虚弱或不足月的仔畜,应将其置于30℃左右的环境中,包上棉被,并进行人工哺乳。

这里必须指出的是,本节我们仅讨论了正常分娩助产的技术,而助产技术更大的意义在于遇到难产状况时的应急处理,关于难产的助产,我们将在下一节进行讨论。

第七节　难产及其预防

胎儿正常分娩产出取决于推动胎儿娩出的适宜力量、通畅的产道及胎位或胎儿发育正常三个方面。如一方面出现问题,就会分娩异常,造成难产。

一、难产的分类

根据引起难产的原因不同,可以将难产分为如下三类:

(1)产力性难产。主要包括阵缩及努责微弱、阵缩及破水过早和子宫疝气等。阵缩及努责微弱多见于牛、羊、猪,尤其奶牛最常见,有因产畜营养不良、体弱、过老、全身性疾病等引起,在分娩开始即出现的;也有长时间分娩引起产畜过度疲劳引起的。阵缩及破水过早偶见于马、驴,引起原因尚不清楚。

(2)产道性难产。包括因母畜子宫捻转、子宫颈、阴道及骨盆狭窄、产道肿瘤、便秘、膀胱充溢等,多见于猪、牛、羊。

(3)胎儿性难产。主要由胎儿的姿势、位置、方向异常所引起,也有因胎儿和骨盆的大小不相适应而发生。牛、羊、马的难产多半是由于胎儿异常造成的。在牛的难产中,胎儿性难产约占70%以上,尤其是肉牛。

在上述三类难产中,以胎儿性难产最为多见。而在胎儿异常中,马、牛、羊的胎儿因头颈和四肢较长,容易发生姿势性难产,尤其容易因头颈侧弯和前肢异常而造成难产。猪因头颈短,以胎儿过大引起的难产较多。在各种动物中,由于牛的骨盆结构原因,难产发生要比马、羊等多见。

二、难产的助产

难产种类繁多、复杂,在实施助产前,通过对胎儿及产道的临床检查,必须判明难产情况,这是原则,在此基础上,才能确定助产方案。在实际应用中,常见的难产助产方法有如下几种:

(1)子宫弛缓。猪可用产科套、产科钩钳等助产器械拉出胎儿。当手或器械触及不到胎儿时,可待胎儿移至子宫颈时再拉。有时只要取出阻碍生产的胎儿后,其余胎儿便会自行产出。大家畜一般都不用药物进行催产,而行牵引术。在猪和羊,如果手和器械触及不到胎儿,可使用 OXT,促使子宫收缩,但使用前,必须确认子宫颈已经充分开张,胎势、胎位和胎向正常,且骨盆无狭窄或其他异常,否则可能加剧难产,增加助产的难度。在怀疑仔猪未产完时,也可使用 OXT。肌肉和皮下注射 OXT 的剂量:猪和羊 10～20 IU。为了提高子宫对 OXT 的敏感性,必要时可先注射苯甲酸雌二醇 4～8 mg 或己烯雌酚 8～12 mg,1～2 h 后再进行 OXT 的处理。

(2)努责过强及破水过早。用指尖掐压孕畜背部皮肤,使之减缓努责。如已破水,可以根据胎儿姿势、位置等异常情况,进行矫正后牵引,如果子宫颈未完全松软开张,胎囊尚未破裂,为缓解子宫的收缩和努责,可注射镇静麻醉药物。如果胎儿已经死亡,矫正、牵引均无效果,可施行截胎术或剖腹产术。

(3)子宫捻转。若临产时发生捻转,应首先把子宫转正,然后拉出胎儿;若产前发生捻转,应对子宫进行矫正。矫正子宫的方法通常有四种:通过产道或直肠矫正胎儿及子宫、翻转母体、剖腹矫正或剖腹产。后三种方法主要用于捻转程度较大而产道极度狭窄,手难以进入产道或用于子宫颈尚未开放的产前捻转。

(4)子宫颈开张不全。助产取决于病因、胎儿及子宫的状况。如果牛的阵缩努责不强、胎囊未破且胎儿还活着,须稍等候,使子宫颈尽可能开张,过早拉出易造成胎儿或子宫颈损伤。在此期间可注射己烯雌酚、OXT 和葡萄糖酸钙等进行药物治疗。根据子宫颈开张的程度、胎囊破裂与否及胎儿的死活等,选用牵引术、剖腹产或截胎。

(5)胎儿过大。胎儿过大引起的难产,可以选用的助产方法有牵引术、外阴切开术、剖腹产术、截胎术、人工诱导分娩等。

(6)双胎难产。助产原则是先推回一个胎儿,再拉出另一个胎儿,然后再将推回的胎儿拉出。在推回胎儿时一定要注意:怀双胎时,子宫容易破裂,因此推的时候应谨慎小心。双胎胎儿一般都比较小,拉出并无多大困难,但在推之前,须把两个胎儿的肢体分辨清楚,不要错把两个胎儿的腿拴在一起外拉;如果产程已很长,矫正及牵引均困难很大时,可用剖腹产术或截肢术。双胎难产救治后多发生胎衣不下,因此,应尽早用手术法剥离,并及时注射 OXT。

(7)胎势异常。一般需要将胎儿推回腹腔,因此大多需要施行硬膜外麻醉,将胎儿矫正后再用牵引术拉出。胎势异常可能是单独发生,也可能与胎位异常、胎向异常同时发生。

(8)胎位异常。胎儿只有在正常的上位时才能顺利产出,因此在救治这类难产时,必须要将侧位或下位的胎儿矫正成上位。在矫正时,必须先将胎儿推回,然后在前置的适当部位上用力转动胎儿。如果能使母畜站立,则矫正较容易。

(9)胎向异常。这类难产极难救治。救治的主要方法是转动胎儿,将竖向或横向矫正成纵向。一般是先将最近的肢体向骨盆入口处拉,如果四肢都差不多时,最好将其矫正为倒生,并灌入大剂量的润滑剂,防止子宫发生损伤或破裂。如果胎儿死亡,则宜施行截胎术,当胎儿活着时,宜尽早施行剖腹产术。

三、难产的预防

难产在实践中不是经常发生,一旦发生,如处理不当,极易引起幼畜死亡,甚至危及产畜生命,或使产道和子宫受到损伤、感染疾病,影响产畜的繁殖能力。因此,积极的预防难产对提高动物

的繁殖率具有重要意义。一般地,预防难产的常用措施有如下几种:

(1)避免母畜过早配种。母畜如尚未发育成熟,分娩时容易发生骨盆狭窄,造成难产。

(2)妊娠期间,对母畜进行合理饲养,以保证胎儿的生长和维持母畜的健康,减少发生难产的可能性。特别是肉猪和肉牛生产中,在母畜妊娠后期应适当减少蛋白质饲料,避免胎儿过大。

(3)妊娠母畜要适当使役、运动。妊娠母畜适当使役和运动可提高全身和子宫的紧张性,使分娩时胎儿活力和子宫收缩力增强,有利于胎儿转变为正常分娩的胎位、胎势,减少难产、胎衣不下的发生,有利于产后子宫恢复。

(4)接近预产期的母畜,应在产前一周或半个月进入产房,适应环境,避免环境应激效应。在分娩过程中,要保持环境的安静,应有专人护理和接产。

(5)做好临产检查,对分娩正常与否做出早期诊断。牛在胎膜露出到排出胎水后,马在尿囊膜破裂、尿水排出后,应及时检查胎儿的前置部分及胎位。如胎儿出生时前置部分(头与两前肢)正常进入产道、胎位也正常,则可任其自然分娩。如有异常(如腕部前置、头侧弯),应及时矫正,因为此时胎儿的躯体尚未进入骨盆腔,胎水还未流尽。子宫内润滑,矫正比较容易,可避免难产发生。如果诊断为倒生时,要迅速助产,防止胎儿窒息。

第八节　产后护理

分娩后母畜的生殖器官发生了很大变化,机体的抵抗力减弱,为病原微生物的入侵和繁衍创造了条件,因此必须加强对母畜的护理;新生仔畜产出后,周围环境和生活条件发生了根本性变化,为了使仔畜适应外界环境,很好地生长发育,必须加强护理。

一、新生仔畜的护理

新生仔畜是指断脐到脐带干缩脱落这个阶段的幼畜。由于仔畜出生后,由原来的母体环境进入外界环境,生活条件和生活方式发生了巨大变化,仔畜的各个器官开始独立活动,但是,其生理机能还不甚完善,抗病力和适应能力都很差。因此,在这一阶段的主要任务是促使仔畜尽快适应新环境,减少新生仔畜的病患和死亡。一般地,新生仔畜的护理措施有如下几种:

(1)防止窒息。仔畜出生后应立即清除其口腔和鼻腔的黏液,以防窒息。一旦出现窒息,应立即查找原因并进行人工呼吸。

(2)注意保温。由于新生仔畜的体温调节中枢尚未发育完全,皮肤调节体温的能力也比较差,在外界环境温度较低,特别是冬、春季节要注意仔畜的防寒、保温。分娩后应立即擦干羊水或让母畜舐干仔畜身上的黏液,可减少仔畜热量的散失,有利于母仔感情的建立。新生仔畜不仅对低温很敏感,对高温也敏感,例如,出生后 2～3 d 的羔羊在 38℃ 只能存活 2 h 左右。因此,在高热季节要注意仔畜的防暑。

(3)帮助哺乳。母畜产后最初几天分泌的乳汁为初乳。一般产后 4～7 d 即变为常乳。初乳的营养丰富,蛋白质、矿物质和维生素 A 等脂溶性维生素的含量较高,且容易消化,甚至有些小分子物质不经肠道消化便可直接吸收。特别是初乳内还含有大量的免疫抗体,这对新生仔畜获得免疫抗体、提高抗病能力是十分必要的。因此,必须使新生仔畜尽早吃到初乳。

(4)开展人工哺乳或寄养。对于因产仔过多、母畜奶头不够或母畜产后死亡等而失乳的仔畜应进行人工哺乳或寄养,要做到定时、定量、定温;用牛奶或奶粉给其他畜种的仔畜人工哺乳时,最好除去脂肪并加入适量的糖、鱼肝油、食盐等添加剂,并做适当的稀释。

二、产后母畜的护理

母畜分娩和产后期,生殖器官发生很大变化,产道的开张以及产道和黏膜的某些损伤,分娩后子宫内沉积的大量恶露,使母畜在这段时间抵抗力降低,并易于被病原微生物侵入和感染。因此,为促使产后母畜尽快恢复正常,应加强对产后母畜的护理。一般地,产后母畜的护理措施有如下几种:

(1)母畜分娩时由于脱水严重,一般都发生口渴现象。因此产后应及时供给足够的温盐水或温麸皮盐水,以增强母畜体质,有利恢复健康。

(2)分娩后要注意观察胎衣及恶露排出情况,注意防止阴道、子宫脱出。

(3)母畜产后最初几天,要给予品质好、易消化的饲料,满足机体营养需要。

(4)对奶牛,产后最初几天,要控制挤奶量,防止产后瘫痪的发生;在乳房水肿严重时,要限制青绿多汁饲料的喂量。

(5)在高温季节,为防止母畜子宫、产道发生炎症,最好在母畜产后立即注射抗生素。对个别炎症严重的个体可用高锰酸钾、呋喃西林、青链霉素等药物进行灌洗子宫的处理。

三、假死胎儿的急救

胎儿吸入羊水、助产方法不当或产房温度过低使胎儿产出时受到冷应激等原因可引起胎儿窒息,胎儿呼吸发生障碍或停止,心跳微弱,若脐带充满血液(脐血泡满),外挤后有回源现象,称假死。此时如不采取措施进行急救,往往会引起真死。若呼吸、心跳停止时间较长,脐带无血或有血但不饱满,无回流现象,叫真死。新生仔畜假死的急救可采用以下措施:

(1)提后腿急救。对猪、羊等假死小动物,可倒提后肢抖动,并轻轻拍打胸腹部,使呼吸道黏液排出,至出现呼吸。

(2)温水法。擦净仔畜口鼻及呼吸道中的黏液和羊水后,将胎体放入 40℃～60℃温水中,右侧卧,头外露,左手托颈,胎儿背向自己,右手有节奏地沿胸廓由上而下按摩,至出现呼吸正常为止。可用于各动物。

(3)按摩胸部急救法。使胎儿右侧卧,右手以 60～80 次/分钟的速度有节奏按压心胸部,至心跳出现为止,适用于大动物。

另外,在采取上述急救措施的同时,可配合使用刺激呼吸中枢的药物,如皮下或肌内注射 1‰山梗菜碱 0.5～1 mL 或 25％尼可刹米 15 mL,也可酌情使用其他强心剂。

第六章 动物繁殖控制技术

　　动物繁殖控制技术是应用某些激素或药物以及畜牧管理措施有效地干预雌性动物繁殖过程,控制其发情周期的进程、排卵的时间和数量、分娩时间及泌乳数量等的技术。其目的是充分挖掘母畜的繁殖潜力,以饲养较少的母畜来获取较高经济收益。

第一节　发情控制技术

　　发情控制技术是利用激素或饲养管理等措施,控制母畜个体或群体发情,它包括诱导发情和同期发情等。随着家畜发情控制技术的不断改进和完善,目前它已成为动物繁殖管理的重要技术措施而被广泛应用。

一、诱导发情

(一)诱导发情的定义及意义

　　对处于生理或病理状态下乏情的母畜,施以激素或其他措施,使之出现正常的发情、排卵的技术,称为诱导发情技术。诱导发情处理对象为个体。针对个体乏情的确切原因,采用针对性技术措施达到诱使其发情的目的。诱导发情在生产中有很重要的意义。通过诱导发情,可缩短母畜发情周期,增加胎次,提高繁殖效率;对因病理原因不发情的动物,可恢复其繁殖机能,继续繁殖后代;对季节性乏情的动物,也可通过诱导发情改变其繁殖季节,提高生产效益。

（二）诱导发情的原理

母畜的发情活动直接受到生殖内分泌激素的调控,同时也受外界因素对这一调控机制的影响。在季节性或泌乳性乏情的情况下,FSH 和 LH 分泌量不足以维持卵泡发育,卵巢处于静止状态,卵巢上既无黄体存在也无卵泡发育,利用外源激素制剂或改变饲养管理条件的方法,对卵巢机能的直接或间接作用,诱导乏情母畜出现发情的生理活动,使卵泡发育、成熟和排卵。

诱导发情的激素制剂主要有 FSH、LH、HCG、GnRH、PMSG、雌激素、孕激素、前列腺素等。在诱导发情中,FSH、LH 和 HCG 对母畜的卵泡发育、成熟和排卵具有直接促进作用,其他激素制剂则在体内通过参与对母畜发情的调控机制起间接作用。

FSH 和 PMSG 制剂可作为促卵泡发育的首选激素,HCG、LH 和 GnRH 制剂则多辅助性地应用于促进卵泡的成熟和排卵。雌激素可以诱导母畜出现明显的发情表现(如性欲、性兴奋及发情黏液等),但卵巢上通常缺乏卵泡发育和排卵的重要生理活动,必须等到下一次发情才能配种。孕激素可抑制垂体促性腺激素的释放,阻止发情,如连续使用孕激素,就一直抑制发情。但是,连续多日接受孕激素处理的乏情母畜,可在突然撤除孕激素的抑制作用后出现发情和排卵活动。前列腺素具有溶解黄体的作用,可以通过溶解黄体而解除孕激素对发情活动的抑制作用,产生诱导母畜发情的功效。

（三）各种动物诱导发情的方法

1. 牛诱导发情的方法

对初情期后较长时期不发情的青年母牛或带犊哺乳的乏情母牛,可采用孕激素结合 eCG 的方法。用孕激素(阴道栓剂、埋植剂或注射剂)首先处理 12 d,然后在处理结束时一次性注射 eCG 试剂 800～1000 IU,母牛会在处理完成之后 1.5～5 d 发情。对母牛单独使用孕激素栓剂(如 PRID 或 CIDR)或埋植剂(Syncp-Mate B)处理 12~14 d,通常也可收到较好的诱导效果。

产后泌乳奶牛可以在产后 14 d 用 GnRH 类似物(LRH-A2或 LRH-A3)进行处理,每日肌肉注射一次,每次 0.2~0.4 mg,连续处理 2~3 次后母牛可出现发情和排卵。一个疗程处理后 10d内仍未见发情的,可再次处理。

对因持久黄体引起乏情的母牛,使用 PGF$_{2\alpha}$或其类似物可以收到良好的诱导发情效果。目前,我国常用的 PG 类似物有氯前列烯醇,一次性肌肉注射 0.2~0.4 mg 即可获得良好的效果。此外,子宫内灌注 PG 或其类似物也可达到同样的效果。

2.羊诱导发情的方法

对初情期母羊或非繁殖季节的乏情母羊,可以通过激素处理或某些饲养管理措施达到诱导发情的目的。一般而言,诱导发情的时间愈接近繁殖配种季节,诱导效果愈好。

常用的方法有单独使用 eCG 或与孕激素联合使用。eCG 单独使用时,只需给每只羊肌肉注射一次,剂量为 500~1000 IU。在联合使用孕激素和 eCG 时,孕激素可选用阴道栓或皮下埋植。首先用孕激素处理 12~14 d,然后在处理的最后 1 d 注射 500~1000 IU 的 eCG 制剂,母羊一般在处理结束后 2~4 d 发情。对卵巢上含有黄体的母羊,可采用氯前列烯醇(每只羊 0.1~0.2 mg)进行处理,也可收到良好效果。

对母羊采用一些饲养管理措施也可达到良好的诱导发情效果。"补饲催情""公羊效应"是生产中常用的诱导发情方法。"补饲催情"是指在母羊发情季节即将到来时,加强饲养管理,对母羊补饲适量精料,提高营养水平,可以促进母羊发情。"公羊效应"是指在配种季节到来之前数周,将一定数量公羊放入母羊群中,可激发乏情母羊卵巢活动,促使母羊非繁殖季节性的乏情提早结束。"公羊效应"也可促进泌乳期的母羊提早结束乏情。

绵羊的诱导发情还可通过创造人工气候环境来实现。在温带地区,绵羊的发情季节是在日照时间开始缩短的季节,所以利用人工控制光照和温度的方法,也可引起母羊发情。

3.猪诱导发情的方法

猪主要采用仔猪断奶、激素和公猪刺激等方法。母猪在哺乳期通常不发情,只是在仔猪断奶后才出现正常发情。因此,诱导哺乳母猪发情主要采用仔猪断奶的方法,母猪在断奶后1周左右即可恢复正常发情。如果在断奶时配合肌肉注射氯前列烯醇0.2 mg,可以获得更好的诱导发情效果。但是,一些在断奶后超过10 d仍未发情的母猪,可采用育情素CSG600(eCG400IU+hCG200 IU)或PG600肌肉注射,诱导发情。对于达到性成熟年龄(8~9月龄)但仍未发情的后备母猪,可加强母猪的运动,采用育情素CSG600或PG600肌肉注射,促进发情。

二、同期发情

(一)同期发情的原理

在自然情况下,任何一群母畜,每个个体都随机地处于发情周期的不同阶段(如卵泡期或黄体期的早、中、晚各期)。同期发情技术就是以卵巢和垂体分泌的某些激素制剂,有意识地干扰母畜的发情过程,暂时打乱它们的自然发情周期规律,继而将发情周期的进程调整到预期的时间之内,人为地造成发情的同期化。这种人为的干扰,就是使被处理的母畜卵巢按照预定的要求变化,使它们的机能处于一个共同的基础上。同期发情的核心问题是控制黄体期的寿命,人工延长黄体期或缩短黄体期。如能使一群母畜的黄体期同时结束,就能引起它们同期发情。一般地,控制动物发情进程有如下两种途径:

(1)延长黄体期,使卵泡期推迟。向一群待处理的动物同时施用孕激素,抑制卵泡的发育和发情,经过一定时期同时停药,随之引起同期发情。这种方法,当在施药期内,如黄体发生退化,外源孕激素代替了内源孕激素（黄体分泌的孕激素），造成了人为黄体期，推迟了发情期的到来。

(2)缩短黄体期，使卵泡期提前。施用前列腺素，使黄体溶解，中断黄体期，从而促进垂体促性腺激素的释放，提前进入卵泡期，使发情提前到来，实际上缩短了发情周期。

上述两种途径所用的激素性质不同，作用亦各异，但都能达到发情同期化的目的。即处理后的结局，都是动物体内孕激素水平（内源的或外源的）迅速下降，故可收到同样的效果。

(二)诱发同期发情的药物

诱发同期发情的药物，根据其性质大体分为三类：第一类是抑制发情的孕激素类物质，如孕酮、甲孕酮、炔诺酮、氯地孕酮、氟孕酮、18-甲基炔诺酮、16-次甲基氯地孕酮等；第二类是促进黄体退化的前列腺素及其类似物，如 15-甲基前列腺素 $F_{2\alpha}$、前列腺素甲酯、氯前列烯醇等；第三类是在应用上述激素的基础上，配合使用的促性腺激素，如 FSH、LH、PMSG、HCG 和 GnRH 及其类似物，可以增强发情同期化和提高受胎率。

(三)常见家畜的同期发情

1.牛的同期发情

对于牛的同期发情处理，常用以下几种方法：

(1)孕激素阴道栓塞法。目前多选用阴道置留器。CIDR 装置为管状，每个外套橡胶中含孕酮 2.25 g，内部胶囊中含雌二醇 10 mg（如图 6-1 所示）。插入阴道置留 12 d，除去 24 h 前肌注 25 mg 前列腺素，对分娩后 64～143 d 无发情奶牛处理，成功率达 75%。用 CIDR 处理肉牛 14 d 能使 50% 出现卵巢周期。用 CI-DR 的优点在于不影响未孕牛以后的发情和受胎。阴道栓塞法的另一方法是，取 18-甲基炔诺酮 50～100 mg，用色拉油（事先煮沸消毒）溶解，浸泡于海绵中（如图 6-2 所示）。海绵呈圆柱形，直径和长度约 10 cm,用开膛器、长柄镊子将海绵送入阴道中,9~12 d 后,将海绵栓取出。在取出海绵后肌肉注射 PMSG 试剂 1000 IU 或氯前列烯醇。

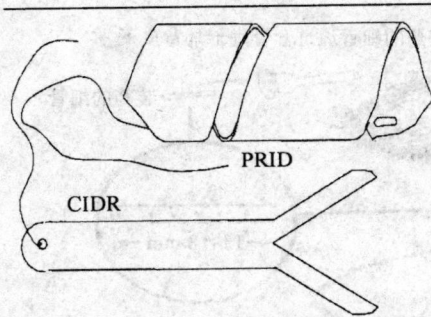

图 6-1　阴道置留器

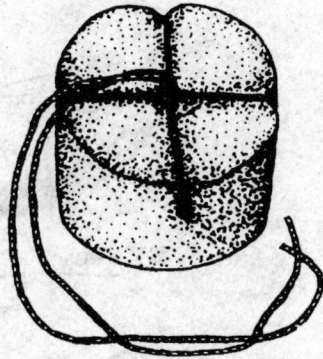

图 6-2　孕酮海绵阴道栓

(2)孕激素埋植法。将 18-甲基炔诺酮 15~25 mg 及少量消炎粉装入长 15~18 mm 的塑料细管(可用装精液或胚胎的细管)中,并在管壁上打一些孔,以便药物释放。使用时利用兽用套管针将细管埋植于耳背皮下(如图 6-3 所示)。9~12 d 后,在埋植处作一切口,用手将细管挤出,同时注射氯前列烯醇 0.2 mg 或 PMSG 试剂 500~800 IU。取管后一般 2~5 d 大多数母牛发情排卵。

(3)前列腺素给药法。用国产氯前列烯醇肌肉注射 0.4 mg,可使大多数牛在处理后 3~5 d 发情排卵,由于前列腺素对新生黄体(排卵后 5 d 内)没有作用,因此一次注射往往同期发情率和受胎率都不高,空怀牛比率分别为 62%、42.11%,若采取 2 次肌肉注射,即第 1 次注射后间隔 9~12 d,再注射第 2 次,可获得高的同期发情率(空怀牛可达 94%)和受胎率(80.65%)。用氯前列烯醇对牛群进行处理时,第 1 次处理后出现发情的母牛都不予配种,经过第 2 次处理后,各畜所处的生理状态更一致使同期发情率更高,经 2 次处理后母牛的生殖激素的分泌才能达到平衡状态,确保高的受胎率。前列腺素也可用输精枪进行子宫内灌注,可减少激素用量一半。

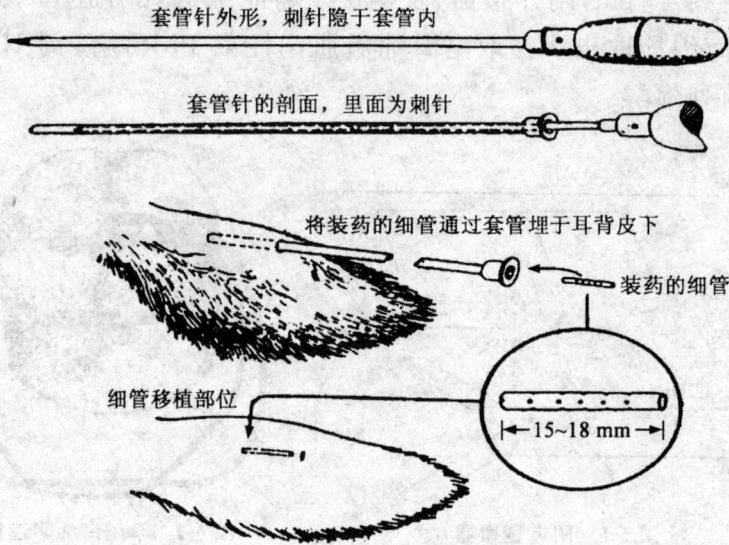

套管针外形，刺针隐于套管内

套管针的剖面，里面为刺针

将装药的细管通过套管埋于耳背皮下

装药的细管

细管移植部位

|←15~18 mm→|

图 6-3　孕激素耳背皮下埋植法

（4）用三合激素处理法按牛体重大小每头肌注 3～5 支。黄牛每 100 kg 体重用量 0.7 mL。水牛每 100 kg 体重用量 1 mL。注药后 95％左右的牛 2～4 d 开始发情，第 3 天发情的占 60％。

2.羊的同期发情

上述处理牛的方法也可以用于诱导羊同期发情，只是药物用量较少、海绵栓直径较小、孕激素处理时间较短而已。通常，羊用海绵栓直径和厚度以 2～3 cm 为宜。孕激素用量为：甲孕酮 40～60 mg，甲地孕酮 40～50 mg，18-甲基炔诺酮 30～40 mg，氟孕酮 30～60 mg，孕酮 150～300 mg。前列腺素的用量一般为牛的 1/4～1/3。

3.猪的同期发情

猪用孕激素处理易引起卵巢囊肿，而且发情率和受胎率都不高；用前列腺素处理的同期发情率也比牛和羊低，故对猪多以同期断奶，结合使用促性腺激素，常用措施有如下两种：

（1）促性腺激素释放激素对后备母猪的同期发情。先用乙烯雌酚肌注 2 mL/头，以调整发情周期，在第 2 情期发情前 2～3 d 肌注促性腺激素释放激素类似物 LRHA$_2$（促排卵素 2 号）每头 20 μg，在第 3 情期自然发情时配种，视母猪体重大小，配种前 6～12 h 每头每次肌注 5～12.5 μg 的 LRHA$_2$，一般不超过 25 μg。注射乙烯雌酚后，后备母猪在 18～22 h 后发情，但只有发情表现，阴户流出黏液，而卵巢不一定排卵。第 2 情期肌注 LRHA$_2$，20 h 后全部发情，发情率达 100%。

（2）青年母猪皮下埋植乙基去甲睾酮 500 mg，处理 20 d，或每天注射 30 mg，持续 18 d，停药后 2～7 d 发情率可达 80% 以上，受胎率可达到 60%～70%。法国生产的合成类固醇激素 RU-2267，用于性成熟的青年母猪（每天口服 15～20 mg），连续 18 d，停药后 80%～90% 在第 4～8 d 出现发情，情期受胎率可达70%～90%。

（四）影响同期发情效果的因素

同期发情技术是一项综合性技术，很多因素可影响它的处理效果。归纳起来有以下几个方面：

（1）处理对象的选择。组织实施同期发情，应对每只参与同期发情的母畜作繁殖史调查，对大家畜最好做一次直肠检查。这些母畜应该有正常的发情周期、生殖系统健康、体况中等、饲养管理良好者。对有卵巢机能障碍的母畜，应在治疗基础上，作诱导发情对象处理。

（2）所用药品的质量。必须对每批次药物作预备试验，以便把握好使用剂量，力求达到预期效果。

（3）适当的处理时间。对季节性发情的动物，最好在发情季节或发情季节即将开始时作同期发情处理，才能取得较好的效果。即使是非季节性发情的动物，如我国的黄牛、牦牛和水牛，也应选择在发情最旺盛的季节，才能取得较好的效果。

（4）输精技术人员的水平和使用冷冻精液的质量。同期发情人工授精的输精方法虽然与常规人工授精无多大差别。但因在短时间内输精处理大批发情母畜，必须是技术熟练、身体健康、体力充沛者。对用于输精的冷冻精液解冻后的质量必须达到规定标准,最好使用细管冻精,以减少解冻稀释的污染和确保输入足够量的有效精子数。

(5)同期发情处理后的管理。对同期发情处理后的母畜应加强饲养管理并做好配种后第 2 情期返情与否的跟踪观察。一般而言,同期发情的第 1 情期受胎率不会很高。牛是 35%~45%,猪 60%左右,羊 40%~60%。因此,抓好第 2 情期的补配是提高同期发情受胎率的重要手段。

第二节　排卵控制技术

排卵控制主要是指用激素处理母畜,控制其排卵的时间和数量。控制排卵时间的技术称诱发排卵;用较高剂量 Gn 促使排卵数量多于正常数的技术称为超数排卵。在生产实践中,许多情况下是在同期发情的基础上实施诱发排卵,此时称为同期排卵。同期发情、诱发发情技术,已能使母畜发情。在理论上,母畜发情后会自然排卵,而实际情况是同期发情或诱发发情后,母畜的发情、排卵尚有较大的时间范围,不能精确预测。而控制排卵时间是在发情即将到来或已经到来时给予 Gn 或 GnRH 处理,准确控制排卵的时间。实际上是利用外源激素来替代体内激素促进卵泡成熟和/或排卵。外源的 Gn 和 GnRH 可能与体内的激素同时共同作用,也有可能在体内的 Gn 和 GnRH 高峰分泌之前作用,从而使卵泡成熟和排卵提前,以实现排卵时间的控制。

一、诱导排卵

垂体前叶分泌大量促黄体素(LH)促进排卵的发生,排卵前LH峰是成熟卵泡分泌雌激素对下丘脑的正反馈作用引起的。猪、牛和羊等的 LH 峰出现与其开始表现发情行为(接受交配)和发生排卵在时间上有密切联系。当有成熟卵泡时,注射 GnRH、

LH 及其类似物或 hCG 等外源性激素稍早于内源性的 LH 峰的作用,达到诱导排卵和控制排卵时间的目的。注射太早,动物可能不会出现发情行为(不接受交配)、排出不成熟的卵母细胞或卵泡发生黄体化而不排卵。注射太晚,动物的排卵时间仍受体内 LH 峰的影响而不会提前。同期发情处理的动物可应用诱导排卵促进排卵同期化,有助于动物的配种及提高受胎率。

实践表明,牛在发情结束后 12 h 即可排卵。当出现排卵延迟或同期发情处理时,可应用诱导排卵技术。一般是在孕激素结束处理后 24~48 h 或 PG 处理后 48~72 h 或在人工授精的同时应用 1000~2000 IU 的 hCG、50~100 IU 的 LH、50~100 μg 的 LHRH-A_2 或 A_3。羊发情处理后 24~48h 注射 250~500 IU 的 hCG 可提高受胎率。应用较低剂量的 PMSG 处理母猪能增加排卵数,可使窝产仔增加 1~2 只。对初情期前母猪用 800~1000 IU 的 PMSG 处理后 72h,可肌注 500~1000 IU 的 hCG 以提高排卵率,并适用于定时输精。母猪同期发情处理后,可利用公猪或其气味、声音刺激母猪,或使母猪接受双重交配,能促进排卵。兔是交配后排卵动物,正常情况下母兔交配后都能排卵受胎。当营养水平低下、温度较低或应激等时,母兔往往不能正常发情和排卵。虽然可强制交配使之排卵,但排卵数和胎儿数较少。应用 5~10 IU 的 LH 或 50~100 IU 的 hCG 诱导排卵,可提高排卵数和胎儿数。对于母鹿应用同期发情技术可使其排卵时间较自然发情鹿提前,在撤栓后 55~57 h 即发情后 6~8 h 可进行定时输精,也可进行二次定时输精,以获得较高的受胎率。

二、诱发产双胎

一般而言,在正常生理条件下,动物排卵数与窝产仔数高度相关,排卵数多,妊娠产仔数也多。激素诱发产双胎主要用于牛和单胎品种的绵羊,处理后经过配种,使其正常妊娠。在这种情况下,一般是增加动物的双胎比例,提高产仔数,但是,在外源激素实际应用上,不可能保证每个个体均能产双胎,同时又要避免多胎,因为多胎对于单胎动物会造成妊娠困难、胚胎发育不良和死亡、新生动物不易成活等。若对于本来产双胎较多的绵羊和山羊品种,则可以诱发产三胎。

诱发产双胎和诱发发情是不同的概念,也不同于超数排卵。这主要表现在激素使用方法和剂量的不同。限制性增加雌性动物的排卵数,一方面可通过控制 GTH 的使用剂量,限制卵泡的成熟和排卵数,目前常用的 GTH 主要有 PMSG、FSH、hCG、LH等;另一方面也可用激素为抗原主动或被动免疫动物,中和体内相应生殖激素,使其生物活性部分或全部丧失,引起生殖内分泌的动态平衡系统发生定向移动,产生预期的生理变化。例如,将类固醇类激素与大分子蛋白质结合以增强免疫原性,通过主动或被动免疫动物,降低卵泡发育过程中机体体液内雌激素等性腺激素的量,削弱其对下丘脑和垂体的负反馈,促使垂体 FSH 分泌量的增加,进而导致卵泡发育数增加。目前常用的抗原主要有睾酮、雄烯二酮(雌激素合成的前体)和雌激素、孕激素等。

抑制素免疫是通过主动或被动免疫,中和体内抑制素的水平,降低其对垂体 FSH 分泌的抑制作用,使体内 FSH 水平升高,增加排卵率。由于不同种属动物的抑制素结构具有很强的同源性,因此不同动物之间抑制素可相互交叉作用。目前常用的免疫原有卵泡液或精液中提取的抑制素活性物以及人工合成的抑制素肽片段、重组 α 亚基等。

最初诱导双胎,只是单独使用 PMSG 和 FSH,随着生殖激素研究的进展,现在主要将几种促性腺激素制成复合制剂。

通过生殖激素的免疫途径提高动物繁殖力具有广阔的应用前景,但由于动物生殖内分泌调节是非常复杂的生理活动,而且其内分泌生理状态在不同的种属或个体之间存在差异,因此,该项技术的应用效果仍然有限,结果的准确性和可靠性仍难预测,许多方面还未形成常规的技术措施。

三、超数排卵

超数排卵是指在动物发情周期的适当时期,应用外源性促性腺激素(如 FSH、LH、PMSG 等)诱导卵巢上比在自然情况下有较多的卵泡发育并排卵的方法,简称超排。

(一)超数排卵的原理及方法

动物卵巢上卵泡的发育受到 FSH 和 LH 的影响,FSH 能促进卵泡颗粒细胞加速有丝分裂并分泌卵泡液,有利于卵泡腔的形成。LH 可使优势卵泡分泌雌二醇增加以恢复卵母细胞减数分裂。成熟卵泡分泌 $PGF_{2\alpha}$,促进了卵泡膜细胞释放胶原酶溶解局部组织,出现排卵过程。哺乳动物在出生时,卵巢上有 $2\times10^5\sim4\times10^5$ 个卵母细胞,在其生命过程中经自然发情排卵的仅有数十个。在自然条件下,约有 99% 的有腔卵泡发生闭锁、退化,仅有 1% 的成为优势卵泡,能发育成熟。在卵巢上的有腔卵泡闭锁前,应用 FSH 和 LH 或 PMSG 可使大量的卵泡发育成熟并排卵。超数排卵可促进动物尤其是单胎动物有较多的卵母细胞发育成熟并排出,利用卵巢上卵母细胞资源可以进行动物繁殖技术研究和应用、发挥动物繁殖潜力、提高动物繁殖效率及加速品种改良。在畜牧生产中,肉牛、绵羊和山羊怀双胎、一些裘皮羊怀多胎、提高母猪的产仔数以及对需要高质量的卵子和实施显微操作时等均可利用超排技术。

在动物超排处理中所用激素主要有 FSH、LH、PMSG、hCG 和 $PGF_{2\alpha}$、GnRH 及其类似物(如 LHRH-A$_3$)。为配合动物的同期发情,也可应用孕酮及其类似物。纯品的 FSH、LH 和 GnRH 一般都是从猪、羊垂体中提取,成本高价格贵。目前常用的为 FSH 复合制剂,如 Follitropin V。PMSG 的半衰期较长,作用时间也较长,容易出现副作用。可应用 PMSG 抗血清或单克隆抗体处理,在 PMSG 处理后约 72 h(一般在 LH 峰后数小时)注射,以中和剩余的 PMSG,可消除其不良影响,提高超排效率。LHRH-

A_3 是一种促性腺激素释放激素类似物,在动物配种后应用,可使血中 FSH 和 LH 水平升高,促进 LH 排卵峰提前,有效增加排卵数量并能改善胚胎的质量。动物超排处理所用激素多为蛋白质性质的,使用后可能会刺激机体产生相应的抗体。在第二次使用相同激素时,可能会因动物体内含有抗体而效果降低。

(二)几种常见动物的超数排卵方法

1.牛的超数排卵方法

在具体实践中,母牛常用的超数排卵方法如下:

(1)采用 PMSG 一次性注射。PMSG 具有促卵泡发育的功能,所不同的是 FSH 需分多次注射,一般一天两次,连续处理 3～4 d,有的甚至处理 5 d,使用 PMSG 只需注射一次即可。经超排处理的母牛一般在发情周期的第 14～16 d 即预期发情前的 4～5 d,肌肉注射 1500 IU 的 PMSG,至发情时可望有 8～10 枚卵泡发育,在卵泡发育成熟后可注射前列腺素使其排卵。

(2)根据母牛自然发情周期进行超排。确定超排所使用 FSH 的剂量,一般体形较大的成年牛剂量大些,重复超排的剂量也要适当提高。青年牛首次超排剂量小些。剂量确定以后,即供体牛发情当天为 0 d,在母牛发情周期的第 9～12 d 开始,连续 4 d 进行 FSH 递减量肌内注射,每天上午、下午各注射一次,注射 FSH 的第 3 d 上午(第五次)同时注射 4 mg 的 PG,一般在注射 PG 以后 48 h,母牛发情,进行人工授精。

(3)利用阴道栓人为控制卵泡波进行超排。在发情周期的任意一天上午(只要不是发情的当天就可以)放入阴道栓(进口的 CIDR、国产的海绵栓),同时肌内注射雌二醇 2 mg,孕酮 100 mg。如果不是马上注射雌二醇,过 10 min 注射,可以不注射孕酮。放栓的当天第 1 d,从放栓的第 5 d 开始进行超排注射,也是递减法注射。

2.羊的超数排卵方法

在具体实践中,母羊常用的超数排卵方法如下:

(1)FSH+PG法。在发情周期第17 d(绵羊为第12或第13 d)开始肌肉注射(或皮下注射)FSH,以递减剂量连续注射3 d,共6次,每次间隔12 h,第5次注射FSH同时肌肉注射氯前列烯醇0.1 mg。FSH总剂量国产的为150~300 IU,澳大利亚产的为13~15 mL。

(2)PMSG法。在供体发情周期的第16~18 d(绵羊为第12~13 d),一次性肌肉注射或皮下注射800~1500 IU的PMSG,出现发情后或配种当天肌肉注射500~750 IU的hCG。

3.猪的超数排卵方法

猪的超数排卵一般采用PMSG,而不用FSH,外源注射PMSG的时间在性周期的第15~17 d,PMSG和HCG的剂量,按照初情期前(PMSG400 IU+HCG200 IU,56 h后注射HCG500 IU)、初情期后(PMSG1200 IU,96 h后注射HCG500 IU)和经产母猪(PMSG1200~1400 IU),依次递增,一般PMSG为500~2000 IU,HCG为500~750 IU。

(三)超数排卵处理的效果及其影响因素

1.超数排卵处理的效果

一般地,超数排卵处理的效果通过如下几个指标来考察:

(1)受胎率。凡是进行超排处理排出的卵子的受精率一般要低于自然发情排出的卵。

(2)排卵数。单胎动物供体母畜一次超排的数目不宜过多,两侧卵巢一次排卵数为10~15枚较为适宜。对于多胎动物的排卵数可以多一些。如果超排卵子数过多,会有相当多的未成熟的卵子排出,使受精力下降,同时卵巢恢复正常生理机能所需的时间会延长。

(3)发情率。应用促性腺激素和 PGF$_{2\alpha}$进行超排处理,大部分母畜有发情表现,也有少数母畜不表现发情,但却能正常排卵。

(4)发情出现时间和胚胎回收率。作超排处理注射 PGF$_{2\alpha}$后 48 h 内发情的供体母畜胚胎回收率最高,72 h 以后发情的胚胎回收率则大幅度下降,而且多为未受精卵。当超排卵子数过多时,胚胎的回收率有下降的趋势。

(5)发情周期。超排后的母畜体内血液中含有高浓度的孕激素,因此发情周期将会延长。血液中的孕激素大部分来自超排后所生成的黄体,少部分来自黄体化的闭锁卵泡。

2.影响超数排卵效果的因素

近年来伴随胚胎移植技术的发展,超数排卵技术日趋完善,但由于影响超数排卵的因素较多,诸如产犊季节、产后期时间的长短、产后期的泌乳阶段、泌乳量、营养状况、泌乳时间的长短、机体激素水平以及个体差异等,控制排卵数还不够理想。因此,研究影响超排的因素、研究超排效果稳定的处理程序和方法,已是人们长期以来极为关注的研究领域。影响超排可能的因素如下:

(1)个体反应。母牛在施行超排过程中,约有 1/3 的供体牛效果理想,有 1/3 的牛反应一般,而有 1/3 的牛效果甚差。有的个体牛对不同的促性腺激素反应不同,因此在使用一种促性腺激素作超排处理效果不佳时,可以试用另一种促性腺激素。

(2)年龄和胎次。青年母畜经超排处理,排卵数和胚胎收集率均高于经产母畜,可能由于青年母畜对超排药物敏感性高之故。

(3)超排时期。在发情周期不同的时期进行超排处理,其效果不一样。一般以发情周期第 10 d 以后作超排处理效果较好。分娩后不久的母畜,不宜作为供体进行超排处理。母牛分娩后 45~60 d 以后处理效果较好。但是,产后空怀时间过长的母畜作超排处理的效果不高。

（4）品种。不同品种的母畜对同一种超排处理的效果不同。如应用 2000 IU 的 PMSG 进行超排处理,黑白花奶牛平均排卵 5.3 枚,西门达尔牛平均排卵 12.2 枚,利木赞牛平均排卵 16.4 枚。品种不同,超排后的排卵数和回收胚胎数有差异。

（5）季节。母牛在 27℃ 以上的气温下,对发情周期及胚胎的成活都会产生不良影响。日照时间的长短对供体牛的激素分泌和受胎效果也有明显的影响。大多数品种的牛在很大程度上都表现出繁殖的季节性。一般而言,秋冬季节超排反应极显著高于春季。并且采胚数、可用胚百分率,秋冬季节显著高于春季。可见,秋冬季节是获得形态正常胚胎和建立胚胎库最为有利的时期。季节对超数排卵有着明显的影响,这与日粮在营养成分、微量和常量元素以及生物活性物质方面的平衡受到破坏有关。

（6）泌乳。处于泌乳高峰期的母牛对 PMSG 不敏感。

四、性成熟前动物卵泡发育和成熟控制技术

各种动物有其特定的初情期和性成熟,从出生至生殖功能停止,卵巢上的卵泡不断地发育、闭锁或退化。在自然条件下,初情期前的卵巢上虽有卵泡发育但不能成熟,这可能与动物的内分泌机能发育不完善有关。因性成熟前动物卵巢上无黄体,无须考虑其发情周期,依据动物的发育阶段、体重和目的,可应用适量的 FSH、PMSG、hCG 及孕酮阴道栓等外源性激素处理性成熟前动物,使之卵泡发育、成熟和排卵。

性成熟前动物卵泡发育和成熟控制技术主要应用于如下几个方面:

（1）世代间隔较长动物的育种,以缩短世代间隔。例如,可使牛的世代间隔从原来的 30 个月缩短至 15 个月左右。

（2）研究性成熟前动物卵巢活动情况、卵泡发育潜能、卵巢对激素的反应、卵子发育及受精能力等。

（3）集约化养猪生产中后备猪初情期延迟的调控。

第三节　分娩控制技术

在自然条件下,妊娠动物分娩的发动是在母体、胎儿、激素、神经及机械性的伸张等多种因素的相互联系、协调作用下发生的。根据动物的妊娠和分娩机理,应用外源激素(如 $PGF_{2\alpha}$ 及其类似物、肾上腺皮质激素、糖皮质激素、雌激素和催产素等)处理或其他方法模拟妊娠动物分娩发动,通过人为地干扰妊娠过程,终止妊娠和启动分娩,达到控制妊娠动物人工流产或分娩的目的。

一、分娩控制技术的意义

分娩控制又称诱发分娩或人工引产,是在妊娠末期的一定时间内,注射某种激素制剂,诱发孕畜在比较确定的时间内提前分娩,产出正常的仔畜的技术。

根据配种日期和临产表现,很难准确预测孕畜分娩开始的时间。采用分娩控制技术,可使极大多数孕畜分娩发生在预定的日期和白天,减少护理分娩母畜的劳力和时间。同时还有助于人们做好护理准备,减少或避免新生仔畜和孕畜伤亡。

在实施同期发情和配种的情况下,分娩控制可使孕畜诱发同期分娩,为新生仔畜的寄养提供了更多机会。胎儿在妊娠后期的生长速度很快,对肉用猪和牛采取分娩控制可减少因胎儿过大引起的难产。在羔皮用羊,为取得花纹更美观的羔羊裘皮,或兽医防疫要求生产无特定病原畜群时,也要实施分娩控制。

当前,在规模猪场多采用诱导分娩技术。但分娩控制技术也有其局限性,如使用不当会造成产死胎、新生仔畜死亡、成活率低、初生体重降低、胎衣不下发病率增加、母畜泌乳力下降、生殖机能恢复延迟等不良反应。因此,分娩控制技术也只能使猪预产期提前 3 d(112～113 d);牛、羊、马的预产期提前一周之内。超过这一期限,会造成前述不良后果。

分娩控制技术控制分娩的时间,也只能使被处理动物集中在投药后 20～50 h 内分娩,而很难控制在更严格的时间范围内。

二、分娩控制的原理

在自然分娩的情况下,胎儿发育成熟后,其中枢神经系统通过下丘脑使垂体前叶分泌促肾上腺皮质激素,并使它作用于胎儿的肾上腺皮质,使之分泌皮质素。动物在分娩前皮质素分泌突然增加,并通过胎儿血液循环到达胎盘,皮质素进入胎盘后改变胎盘内相应的酶活性,使胎盘合成的孕酮进一步转化为雌激素,这样就使母畜在分娩前 2～3 d 胎盘和血液中的孕酮水平急速下降,而雌激素水平急速上升,这两种变化则诱发胎盘与子宫大量合成前列腺素,并在催产素的协同下启动分娩。基于此,我们可以将分娩控制的原理概括如下:

(1)胎儿发育成熟后,其中枢神经通过下丘脑使垂体前叶分泌促肾上腺皮质激素(ACTH),并使它作用于胎儿的肾上腺皮质,使之分泌皮质素。动物在分娩前皮质素分泌突然增加,并通过胎儿血液循环到达胎盘,皮质素进入使胎盘(子宫内膜)分泌 $PGF_{2\alpha}$,$PGF_{2\alpha}$ 有三方面的作用,即溶解黄体,刺激子宫收缩和刺激垂体后叶释放 OXT。

(2)促肾上腺皮质激素(ACTH)作用于胎盘,使胎盘雌激素分泌增多(在分娩前达到峰值),高水平的雌激素解除了孕酮对子宫肌的抑制作用,使子宫肌、腹肌有节律地收缩。

(3)胎儿、胎囊对产道的压迫和刺激,反射性地使母体垂体后叶释放 OXT 增加。

(4)孕激素与雌激素的比值发生改变(孕激素降低子宫肌层收缩,而雌激素促进),使子宫肌对 OXT 的敏感性增强。

(5)在 $PGF_{2\alpha}$ 和 OXT 的共同作用下启动分娩,子宫肌和腹肌发生有节律的收缩,从而将胎儿排出。

目前,用于诱导分娩的激素有皮质激素或其合成制剂、前列

腺素 $F_{2\alpha}$ 及其类似物、雌激素、催产素等多种。

三、各种动物分娩控制的方法

分娩控制的方法很多,各种动物在用药种类和剂量等方面有所不同。

(一)猪的分娩控制

根据母猪内分泌机理,分娩控制有 4 类激素可用,促肾上腺皮质激素作用于胎儿,对胎儿和母体施用皮质激素类似物,向母体施用 PG 或类似物,临产前 12 h 内向母体注射 OXT。一般地,母猪分娩控制的方法可以概括如下:

(1)妊娠 112 d 时,用氯前列烯醇一次肌注 0.2~0.4 mg,多数母猪在 30 h 内分娩,比对照组提前 50 h,对母猪、仔猪无不良反应,可控制 80% 以上母猪白天分娩,降低仔猪分娩死亡率 2%。

(2)可在注射氯前列烯醇的次日注射 OXT50U,使母猪在数小时内集中分娩。

(3)在预计分娩前数日,先注射 3 d 孕酮,每天 100 mg,第 4 d 注射氯前列烯醇 0.2 mg,多数在 25 h 后分娩,即次日工作时间内分娩。

(4)在妊娠第 110 d 注射 ACTH60~100 U,或诱发分娩,并使产仔间隔缩短 25%,产死仔猪率降低。

(5)在妊娠第 109~111 d,连续 3 d 每日注射 75 mg 地塞米松,或在妊娠第 112 d 注射 200 mg 地塞米松,可实现分娩控制。

(二)牛的分娩控制

前列腺素类药物和糖皮质激素(地塞米松等)可用来诱发牛的分娩,也可配合使用雌激素、催产素等。常用的前列腺素为 $PGF_{2\alpha}$ 或类似物氯前列烯醇。

糖皮质类激素有长效和短效两种。长效可在预计分娩前 1 个月左右注射,用药后 2~3 周激发分娩。短效者能诱发母牛在

2～4 d产犊。在母牛妊娠 265～270 d,可使用短效糖皮质激素。如一次肌内注射 2 mg 地塞米松,即可达到诱发引产的目的。也可把长效和短效相结合应用。

使用糖皮质类激素分娩控制的副作用较大,如新生犊牛死亡和胎衣停滞等问题。而单独使用前列腺素出现难产情况较多。使用催产素诱发母牛分娩,效果也很不理想,只有当母牛体内催产素的受体发育起来后,用催产素才有效,而且只有子宫颈变松软之后,才安全。但分娩控制若缩短正常妊娠期一周以上,则犊牛成活率降低。因此,防止犊牛死亡与胎衣停滞,仍是解决分娩控制技术应用的关键技术。

(三)羊的分娩控制

母羊在妊娠 144 d 时,注射 12～16 mg 地塞米松,多数母羊在 40～60 h 内产羔。但存在新生羔羊死亡的问题,却无难产和胎衣不下现象,母羊泌乳正常。预计产羔前 3 d 肌内注射 15 mg 苯甲酸雌二醇,也能诱发母羊分娩,但效果不如糖皮质激素好。在妊娠 141～144 d 时,肌内注射 $PGF_{2\alpha}$ 15 mg 或其类似物,也能诱发母羊在注药后 3～5 d 分娩。

第四节　泌乳控制技术

泌乳是哺乳动物周期性生殖活动中继分娩之后所发生的生理现象。作为雌性动物繁殖的正常过程,泌乳机能对于新生动物生后一定时期的发育、生长是绝对必要和不可缺少的,是物种得以生存和繁衍的必要条件。不仅如此,乳与乳制品又是人类生活中的重要食物来源之一,并以其独特的营养价值在人类膳食结构中占有重要地位。在畜牧生产中,经过人类长期的选择和培育,牛、山羊等动物能够生产远远超过其幼仔生长所需要的乳汁,供人类消费。泌乳是一个十分复杂的生理现象,受遗传、营养、环境、内分泌、神经等多种因素控制。调控泌乳过程、增加泌乳量一直是科学工作者致力研究的重点问题。近年来对乳腺的发育、泌乳的发动、泌乳的维持与调节有了深入的认识,泌乳调控的理论与技术也取得了长足的进展。目前,泌乳调控的研究与应用主要集中在诱导泌乳(诱导不孕动物和处女动物泌乳)和提高泌乳性能等方面。

一、诱导泌乳

诱导泌乳是利用外源性激素或其他方法(如改变饲养管理条件、饲喂中草药等)处理雌性动物使之泌乳的技术。在生产实践中,诱导泌乳主要应用于牛、羊,可使不孕牛或青年牛未经妊娠及分娩而进行泌乳。通过应用诱导泌乳技术,能够调节未孕动物的繁殖机能,进而达到受胎的目的。

雌性动物乳腺的发育和泌乳能力的产生是伴随妊娠和分娩而出现的生理现象。雌激素可促进乳腺导管系统的生长,孕酮与雌激素协同可促进乳腺腺泡发育,动物在分娩后开始泌乳,催乳素可促进泌乳。因此,雌激素、孕激素和催乳素的作用原理是实现人工诱导泌乳的理论基础。因乳腺的发育、泌乳发动及维持等受到神经—激素的调节和支配,刺激乳腺的感受器发出神经冲动传到中枢神经系统,通过下丘脑—垂体系统或直接支配乳腺的传出神经,影响乳腺的发育和功能,这一机制为诱导泌乳提供了依据。在应用上述激素基础上,配合使用地塞米松,可促进乳腺发育和泌乳,进而提高产奶量。配合使用利血平,可间接提高血液中催乳素的水平,从而提高诱导泌乳的成功率及其产奶量。应用多巴胺抑制剂可阻断多巴胺对催乳素释放的抑制而增加产奶量。生长激素激动剂能促进垂体分泌生长激素和催乳素,还能促进饲料转化,进一步提高产奶量。在诱导泌乳处理后,应用氯前列烯醇可提高和稳定产奶量。

用于诱导泌乳的激素主要有雌激素、孕酮(P_4)、催乳素(PRL)、前列腺素(PG)、生长激素(GH)、促甲状腺素释放激素

(TRH)、催乳素释放因子(PRF)和糖皮质激素等。用于诱导泌乳的神经递质有去甲肾上腺素(NA)、5-羟色胺(5-HT)、多巴胺抑制剂和生长激素激动剂等。在生产实践中,常用的诱导泌乳方法有如下两种:

(1)注射法。对青年牛或不孕牛按每千克体重皮下注射0.1 mg苯甲酸雌二醇(EB)、0.25 mg孕酮(P$_4$),连续处理7 d,然后肌内注射利血平4～5 mg/d,连用4 d,或用氯前列烯醇代替利血平,连用2～4 d。诱导泌乳也可在牛诱导发情后的第4 d开始,每日早、晚按每千克体重皮下注射0.05 mg苯甲酸雌二醇、0.125 mg孕酮,共计注射11次(5.5 d),然后间隔1.5 d,注射利血平3 mg/d,连用4 d,再注射利血平4 mg/d,连用3 d。羊的诱导泌乳方法与牛相似,雌二醇与孕酮的处理时间增加至10 d,利血平为1 mg。

(2)埋植法。对牛可采用耳部皮下埋植含雌激素和孕酮(EB:P$_4$=1:2.5)的人工诱乳胶囊或片剂(可加入消炎粉)的方法,也可采用阴道内埋植阴道栓10 d,其中在第6天时肌注20 mg地塞米松,或在第6、第8、第10 d时肌注利血平2.5 mg。在激素处理的基础上,可配合应用王不留行、黄芪、通草等具有催乳功能的中药进行诱导泌乳。

应用上述方法进行诱导泌乳处理期间,需用50℃～60℃热水对乳房进行热敷,并按摩15～25 min,然后尝试挤奶。诱导泌乳时,应用大剂量的雌激素可抑制促性腺激素和促乳素的分泌,长期应用易引起子宫内膜过度增生,导致子宫出血。利血平具有降血压作用,易引起嗜睡、食欲下降等,停药后症状可自行消失。长期、大剂量应用可出现精神抑郁、震颤麻痹综合征等。因此,在诱导泌乳时,应严格控制上述药物的应用剂量和时间。

二、提高泌乳性能

在生产实际中,为了提高乳用动物的产奶量,可应用生长激素及其释放激素、胰岛素样生长因子、环核苷酸等以及多巴胺抑制剂等神经递质。

（一）生长激素

生长激素（GH）是由垂体产生的蛋白质，是一种肽类激素，受下丘脑产生的生长激素释放激素的调节，还受性别、年龄和昼夜节律的影响。生长激素除具有促进神经组织以外的所有其他组织生长发育作用外，还具有促进机体代谢、蛋白质合成、脂肪分解及拮抗胰岛素、抑制葡萄糖利用而使血糖升高等作用。应用外源生长激素能够增加心脏血输出量和乳腺血流量，可调节乳腺机能，增加乳脂、乳糖、乳蛋白的合成，促进泌乳，提高产奶量。牛生长激素（BST）可从脑垂体或从转生长激素基因的大肠杆菌的表达产物中提取，也可利用基因重组技术生产生长激素。在牛泌乳后期皮下或肌肉注射 $5 \sim 40$ mL 的 BST，可提高产奶量 $20\% \sim 40\%$，而且低产牛处理后的奶产量提高幅度比高产牛更明显。在分娩后 $3 \sim 4$ 个月开始应用 BST 可提高使用效率，获得更多的产奶量。

（二）生长激素释放激素

生长激素释放激素（GHRH）是动物体内的一种肽类物质，编码 GHRH 的基因序列保守性高，种属间限制不严格，人、猪、牛等同源性在 90% 以上。GHRH 能够特异地诱导生长激素合成与分泌，可提高奶牛的产奶量。

（三）胰岛素样生长因子

胰岛素样生长因子（IGF）是一类多功能的可调控细胞增殖的多肽因子，能够促进乳腺发育。在乳腺组织中有 IGF 及其受体，可直接作用于乳腺。IGF 可通过作用于催产素、雌激素及生长激素等间接促进泌乳。此外，在乳腺组织中还有 IGF-I 的 mRNA，IGF-I 可提高血流量，增加乳腺中乳汁的前体物质，改变分泌细胞的合成能力，对乳腺的发育成熟和乳汁生成有决定作用。对新生动物的生长和发育具有重要作用的 IGF-I 在初乳中含量较高。

（四）环核苷酸

环核苷酸是动物体内广泛存在的小分子调节物质，通过改变蛋白激酶活性或基因调控来介导激素、神经递质等对细胞多种功能的调节作用。泌乳受复杂的神经—内分泌调节，因此环核苷酸在泌乳过程中有十分重要的调节与介导作用。

环核苷酸对泌乳的调节作用最初是在实验动物的研究中发现的。据研究，cAMP 有促进乳汁分泌作用，cGMP 有促进乳汁生成作用。后来，据对奶山羊整个泌乳期间乳中环核苷酸及 6-磷酸葡萄糖脱氢酶活性的测定及其与产奶量的相关分析，证明了环核苷酸对泌乳过程的调节作用与作用机理。此后，人们通过改变环核苷酸水平来提高泌乳性能。现已证明，产奶量的上升与环核苷酸的含量增加呈显著的正相关，一般产奶量可增加 6%～15%，奶的质量不受影响。

cAMP 促进乳汁分泌与 cGMP 促进乳汁生成的作用机理是，cGMP 通过加强 RNA 的转录，提高关键酶类的含量与活性，促进乳腺合成代谢，增加乳成分的生成；cAMP 能促进乳成分由细胞器向质膜移动，加速乳汁生成。

（五）多巴胺抑制剂

多巴胺抑制剂（如甲氧氯普胺）等神经递质可阻断多巴胺与其受体结合，使环核苷酸水平提高，促进促乳素分泌，增强乳汁分泌功能。

（六）其他类物质

1.高效增乳添加剂

高效增乳添加剂的主要成分为甲氧氯普胺，是一种受体阻断剂，通过阻断神经递质多巴胺与其受体结合，使环核苷酸水平提高，进而使促乳类激素分泌增加。每天每头牛添加 300 mg，奶山羊添加 50 mg,产奶量可提高 5%～20%。

2.动植物与中草药添加剂

许多研究者尝试在饲料中添加动植物与中草药添加剂来提高泌乳性能,并对其机理进行了探讨,取得了一定的结果。赵秀然等于 1997 年用紫菜、花粉、蚯蚓粉等 10 余种天然动植物原料制成添加剂,用于提高母猪的泌乳性能,结果不仅母猪泌乳力增加,而且机体免疫力提高。董志岩等于 1998 年在饲料中添加海带粉,使母猪的泌乳能力明显得到改善,添加剂量以 5% 为宜。张法良等于 1998 年用黄芪、白芍、甘草等 7 味中草药制成黄白饮 2 号,不仅提高了产奶量和机体的抵抗力,乳房炎的发病率也大大降低。王秋芳等用黄芪、王不留行、当归、川芎等中草药配伍组成山羊的添加剂,证实该添加剂可使乳腺代谢加强,乳量上升,而且使机体细胞免疫能力增强。据报道,中草药添加剂促进泌乳能力的机制在于能够提高机体的环核苷酸水平,增强机体的免疫能力。

三、制止泌乳

有些动物在产后哺乳期内不发情,说明泌乳与哺乳对雌性动物的发情与排卵有很大影响。而缩短雌性动物的产后乏情期,从而缩短产仔间隔,在生产中具有重要的经济意义。为了提前配种,可以采取早期断奶技术以制止泌乳。如在母猪,利用早期断奶技术可以做到 1 年产 2.5 胎。在肉牛,可以采取早期断奶、暂时断奶或限制哺乳来提早恢复产后发情。奶用动物提前断奶还可以节省大量鲜奶。在早期断奶的同时再辅以发情控制技术,可收到更好的效果。

第七章　动物繁殖管理技术

　　繁殖力是指动物维持正常的生殖机能、繁育后代的能力。动物繁殖力除受动物本身的生理状况影响以外,还受生态环境、饲料营养、管理水平、繁殖方法、技术水平等因素的影响。繁殖力的高低直接影响动物数量的增加和质量的提高,进而影响到动物生产的发展和企业的经济效益。本章就针对动物繁殖管理技术展开详细讨论。

第一节　动物正常繁殖力及其评价

一、动物繁殖力的定义与内涵

　　动物繁殖力是指动物在正常生殖机能条件下生育繁衍后代的能力。这种能力除受生态环境、营养、繁殖方法及技术水平等条件的影响外,动物本身的生理状况也起着重要作用。对雄性动物来说,繁殖力反映的是性成熟早晚、性欲强弱、交配能力、精液质量和数量、利用年限等;对雌性动物则体现在性成熟、发情排卵、配种受胎、胚胎发育、泌乳或哺乳等生殖活动的功能上。科学的饲养管理,正确的发情鉴定,适时输精、发情控制、胚胎移植等繁殖新技术的应用是保证和提高动物繁殖力的重要技术措施。

二、动物繁殖力的影响因素

　　动物的繁殖力受遗传、环境、营养、生理和管理等因素的影响,做好种畜的选育、创造良好的饲养管理条件,是保证正常繁殖力的重要前提。

(一)遗传因素

繁殖力是选种的重要指标,繁殖力的可遗传性可由品种间的杂交结果证明,特别在多胎家畜,亲本繁殖力的高低能影响其后代,近交引起繁殖性能明显下降,而杂交能提高窝产仔数。多胎家畜的繁殖力与母畜有效乳头数的多少密切相关。母猪乳头数多对繁殖育种都有利,如梅山猪的有效乳头数为 17 只,大白猪为 14.12 只,大梅杂种为 16.16 只,梅山猪第 1 胎、第 2 胎的产活仔数分别比大白猪多 2.78 头、3.23 头。

另外,大量实践经验表明,公畜的一些遗传特性可以严重影响其精液质量和受精能力,进而降低其母畜的繁殖力,并可以将这些特性不断遗传给其后代。

总之,遗传因素对多胎动物的影响很大,故而世界各国都积极引进别国繁殖力强的家畜品种,进而改进本国品种的繁殖能力。

(二)环境因素

环境因素从群体水平上起制约作用,家畜的生活受各种环境因素的影响,环境因素会通过各种渠道单独或综合地影响家畜的机体,改变家畜与其环境之间的能量交换,从而影响家畜的行为、生长、繁殖和生产性能。

1. 热应激

温度对动物繁殖力有着十分显著的影响,其中以绵羊最为敏感,接下来,我们分如下两个方面展开讨论:

(1)热应激与公畜繁殖。热应激明显降低公猪、公牛睾丸合成雄激素的能力,外周血中睾酮(T)浓度降低,导致性欲减退和精液品质下降。猪的精原细胞不受温度升高的影响,但精细胞在成熟分裂前期对温度极其敏感,热应激后精液中出现多核巨型细胞,是受损精细胞融合形成的。公牛在热应激下精子发生严重受阻,高温解除 6～8 周后精液质量才能恢复正常。经过热应激的公畜与母畜交配,受胎率、胚胎成活率均明显降低。热应激还导致性成熟延迟。高温引起睾丸温度升高是降低公畜繁殖力的主因。睾丸本身具有一定的调节温度的能力,以维持其生精机能。当环境温度过高时,公畜睾丸的温度也会随之升高,超出其自身调节的范围,导致精液品质急剧下降。另外,在高温、高湿的夏季进行配种,母畜的受胎率很低,即所谓的"夏季不育症"。

（2）热应激与母畜繁殖。热应激时,下丘脑—垂体—肾上腺轴活动被激活,血液中 ACTH 显著增加,致使卵巢发生疾患,性机能减退。其原因在于 ACTH 使下丘脑 GnRH 释放阈值上升,抑制垂体分泌 LH,高温季节流产母猪血中 LH 和孕酮水平均显著下降;热应激还导致母猪排卵延迟,排卵数减少。炎热潮湿的环境可使青年母猪初情期和性成熟推迟,使母牛发情周期延长,发情持续期缩短。热应激对受胎率的影响也十分明显。热应激降低胚胎存活率。母猪配种后 0～8 d 热应激将降低胚胎存活率,囊胚在附植阶段（配后 14～20 d）对热应激特别敏感。母猪的受胎率与配种时的温度、配种时的周平均温度呈负相关（$r=-0.46,r=-0.47$）,同配种前 2 个月的平均温度的负相关性（$r=-0.72$）更强。母牛配种期间,最易受热应激影响,授精时母牛的体温与受胎率呈负相关。牛、羊胚胎在输卵管阶段最易受热应激影响,配种后 4～6 d 为临界期,胚胎在子宫附植后,整个妊娠期相当耐热。热应激可增加死胎数,导致流产。

2. 光照

光照对季节性繁殖动物的影响较大。马、驴等家畜在光照时间渐渐变长的季节发情配种,这类家畜称为"长日照动物"。绵羊、山羊、鹿等家畜则刚好与之相反,在光照时间渐渐变短的季节才发情配种,这类家畜称为"短日照动物"。

光照长度的改变,与季节性繁殖动物的开始发情有关。光照、温度是影响母马、母羊发情的主要环境因素。卵巢功能正常时,光照对母羊排卵数有显著的影响。绵羊随配种季节的临近,产双羔的比例逐渐增加,并在配种中期达到高峰。可能是因光照时间的缩短,对母羊垂体分泌 FSH、LH 的能力有逐渐增强的刺激,促使其分泌量渐增,从而促进卵巢活动,有利于卵泡的发育、排卵。随光照时间的逐渐延长,卵巢机能又逐渐变低而转入乏情期。除绵羊、山羊等在繁殖季节要求短光照,其他家畜均需要足够的光照时间。对牛、马来说,冬季是繁殖力最低的季节。

光照不仅能影响母畜性周期,也影响公畜的生殖机能和精液品质。人工增加光照时间,特别是在光照缩短的季节,可改进种公畜的精液品质。光照对小公猪有促进性成熟的作用。

以上情况在野生动物和某些放牧动物上尤为明显,家畜由于人类供给食物和畜舍,减弱或消除了很多外界环境的影响,经过长期培育已具有较长的配种季节。但大多数家畜繁殖季节性的丧失只是部分的,一部分原有的形式仍保留着。畜牧生产集约化程度愈高,更应考虑光照对性活动的影响。

3. 季节

季节对繁殖的影响,包括全年各季节气候因素的直接作用,以及随季节而变化的营养和管理因素。野生动物为了使其后代在出生后有良好的生长发育条件,其繁殖活动常呈现出季节性。长期驯养后,牛、猪等的繁殖季节性已不明显,而羊、马等仍保留着季节性繁殖。接下来,我们分如下两个方面展开讨论:

(1)季节与母畜繁殖。季节影响母畜繁殖机能。春季出生的青年母猪初情期较其他季节出生的早。高温季节卵巢机能减退,经产母猪 7~10 月卵泡发育障碍的占 32.5%~42.0%,而其他月仅占 8.1%~20.7%。6~8 月配种的母猪受胎率比 11~12 月的低 1%。母牛的繁殖力也有季节性变化,表现为高温季节的受胎率较低。母畜繁殖机能的季节性变化与内分泌的季节变化有关。断奶后牛的性活动同样受季节的影响。中南地区高温、高湿的

7～10 月，母猪断奶后 7 d 内的发情率为 70.6%，而其他月为 97.7%，表明热应激延迟断奶后发情。在夏季母猪的发情活动减少，其受胎率和维持妊娠能力也下降，产仔数降低。

（2）季节与公畜繁殖。大量实践经验表明，季节对公畜的繁殖具有十分明显的影响作用。例如，水牛在暑期仍能保持其繁殖力，这与水牛在炎夏长时间的伏水、排除高温的影响有关，但仍以凉爽的季节繁殖力较高。在印度以 10 月至翌年 1 月冷凉季节受胎率最高，5～7 月干热季节最低（在炎热的 4 月几乎不发情），产犊高峰为 8～10 月，频繁的性活动是在雨季或较凉爽季节。

（三）营养因素

1. 营养水平

营养水平对动物繁殖能力有着十分重要的影响，主要表现为如下五个方面：

（1）营养与生殖内分泌。适当的营养水平对维持内分泌系统的正常机能是必要的，营养水平影响内分泌腺体对激素的合成、释放。在较低营养水平下饲喂的母牛，其下丘脑 GnRH 的合成、贮存和分泌均下降。猪用蛋白质仅 3% 的低营养水平或仅给碳水化合物饲料时，其垂体前叶细胞出现病变，细胞核坏死，细胞质出现空泡化。蛋白质不足可降低猪 FSH、LH 分泌量；限制能量可直接影响牛的 LH 释放，并间接影响性激素的产生。

（2）营养与性腺功能。动物的性腺功能与营养关系十分密切，这里仅就如下两个方面展开分析：

①营养与卵巢功能。实践表明，用低营养水平饲料饲喂的泌乳母牛，其卵巢机能较低，营养对卵巢活动的影响，可能通过改变下丘脑—垂体轴的内分泌活动来实现。另外，母牛泌乳期间的营养状况也直接影响卵巢机能的恢复。营养水平明显影响绵羊排卵数，成年母羊营养不良，会造成安静发情，特别是在繁殖季节开始前更为显著。

②营养与睾丸功能。高营养水平能加快猪的性成熟,精液量较多,但精液品质并没有提高。营养不足,公猪的睾丸和阴茎也发育异常,恢复营养后仍延期产生精子,而且间质细胞很迟才出现。

(3)营养与母畜生殖器官发育。蛋白质不足能引起生殖器官的发育受阻和机能紊乱。青年母牛常不表现发情征状,卵巢、子宫仍处于幼稚型。高能量水平饲养的青年母猪,在性成熟、体重、排卵数和窝产仔数方面均超过低能量水平,但胚胎死亡率较高。可见,对生长期的家畜,并不要求很高的营养水平。但若营养不足,生殖器官发育受阻,子宫、阴唇异常增大;即使恢复营养后,与同体重的正常饲养的仔猪比较,阴唇仍很大,到体重恢复后才见排卵。

(4)营养过度。大量事实证明,营养过度必然引起肥胖,特别是蛋白质过多时,除引起代谢障碍外,还影响精液成分。过肥往往与运动不足相关,历来为种畜所忌。奶牛饲喂过量蛋白质(19%)会出现繁殖力降低,饲喂高蛋白的老龄母牛,繁殖力的下降水平较青年母牛大。尽管影响机制还不清楚,但与高蛋白引起子宫内环境的一些变化有关,同时大量类固醇存于脂肪,引起外周血液类固醇激素水平低降,影响性功能。公畜过肥,阴囊脂肪过厚,会破坏睾丸的温度调节机能,致使在温度较高的配种季节影响生精机能,使畸形精子增加,精液品质下降,同时性欲减退,交配困难。

(5)营养不足。饲料中营养不足,如能量和蛋白质不足,造成机体过度瘦弱,其生殖机能就会受到抑制,引起母畜不发情、卵巢静止、卵泡闭锁和排卵延迟,排卵率和受胎率降低等。即使受胎,也会引起胎儿的早期死亡、流产和围产期死亡。这在各种动物中均有发生,尤其多见于牛、羊。绵羊在配种前,增加精料量,提高营养水平,能够提高发情率、排卵率和双羔率,这对原来营养差的母羊效果尤为明显,而对原来营养水平较高者效果较差,其机理就是营养因素影响卵巢活动,可能与改变垂体对促性腺激素的分泌、释放有关系。我国山区的黄牛由于营养水平低,致使牛群发情率和受胎率低,初情期延迟。对这些营养不良的雌性动物给予足够的精料,改善膘情,再配合促性腺激素治疗效果会更好。

2. 维生素与矿物质

维生素、矿物质对动物的健康、生长、繁殖都有重要作用。如维生素 A、维生素 E 可改善精液品质,降低胚胎死亡率。维生素、矿物质缺乏或过量时可影响家畜的繁殖。如表 7-1 所示,列出了几类主要的维生素、矿物质对动物繁殖机能的影响。

表 7-1 维生素、矿物质对动物繁殖机能的影响

维生素或矿物质异常	出现症状
维生素 A 缺乏	猪、鼠胚胎发育受阻,产仔数降低,阴道上皮角质化,胎衣不下、子宫炎;精子生成受阻,精子密度下降,异常精子增多,存活力下降
维生素 E 缺乏	受胎率降低,死胎、胚胎发育受阻,产蛋量、孵化率降低;精液品质下降
维生素 D 缺乏	母畜繁殖力降低,公畜受精力降低,严重者永久性不育
核黄素缺乏	鸡孵化率降低,胚胎畸形率增加
生物素缺乏	猪繁殖性能受影响
钙缺乏	子宫复旧推迟,黄体小,卵巢囊肿,胎衣不下
碘缺乏	繁殖力降低,睾丸变性,初情期推迟,黄体小,乏情,弱胎或死胎,受胎率降低
钠缺乏	生殖道黏膜异常,卵巢囊肿,性周期异常,胎衣不下
锰缺乏	乏情,不孕,流产,卵巢变小,难产
铜缺乏	乏情,性欲下降,睾丸变性,繁殖力降低
钴缺乏	公畜性欲下降,母畜初情期推迟,卵巢静止,流产,产弱犊,胎衣不下
硒缺乏	胎衣不下,流产,产死犊或弱犊
锌缺乏	卵巢囊肿,发情异常,睾丸发育延迟或萎缩

续表

维生素或矿物质异常	出现症状
钙过量	繁殖力降低,睾丸变性
碘过量	流产,胎儿畸形
钼过量	初情期推迟,乏情
镉中毒	精子发生受影响
钙磷比例失调	卵巢萎缩,性周期紊乱、乏情或屡配不孕,胚胎发育停滞、畸形、流产、子宫炎、乳房炎

3.植物雌激素

植物中除含各种营养物质外,还有多种植物雌激素。植物雌激素对食草动物繁殖力具有十分显著的影响作用。常见的植物雌激素有黄豆素类、异黄酮类(染料木因、巴渥凯宁、福母乃丁、黄豆苷原)和木酚素类等。对于草食家畜而言,其繁殖力深受植物雌激素的影响。

(四)生理因素

影响动物繁殖力的生理因素主要包括年龄因素、泌乳与哺乳。事实证明,雄性动物精液的质量、数量和交配母畜的受胎率受年龄的影响,青年公畜随着年龄增长其精液质量逐渐提高,到了一定年龄后精液质量又逐渐下降。母畜的繁殖力也随年龄的增加而减退。母畜产后发情的出现与否和出现的早晚与泌乳期间的卵巢机能、哺乳仔畜、产乳量及挤奶次数均有直接的关系。例如,对于产后的母牛,如果将犊牛分开的,产后发情出现较早(产后 30~70 d),而每日多次挤奶又比每日挤奶 2 次者推迟,同时泌乳量也影响母牛产后发情及配种受胎率。再如,仔猪提早断奶,可提早发情配种,使产仔间隔缩短,平均年产窝数提高。

(五)管理因素

家畜繁殖主要受人类活动的控制,良好的管理工作应建立在对整个畜群或个体繁殖能力全面了解的基础上，放牧、饲养、运动、调教、使役、休息、厩舍卫生设施和交配制度等，均影响家畜繁殖力。管理不善，不但会使一些家畜的繁殖力降低，也可能造成不育。

三、动物繁殖力评定指标

评定动物繁殖力的指标很多，目前人们评定繁殖力的指标主要是针对雌性动物而制订，但在讨论繁殖力的时候绝不能忽视精液品质等来自雄性动物各方面因素的影响。

（一）评定发情与配种质量的指标

一般地，评定发情与配种质量的常用指标如下：

（1）发情率。指一定时期内发情母畜数占应发情的可繁母畜数的百分比，主要用于评定某种繁殖技术或管理措施对诱导发情的效果（人工发情率）以及畜群自然发情的机能（自然发情率）。也可间接反映不同畜群的饲养管理状况和繁殖障碍存在情况。发情率的计算公式为

$$发情率 = \frac{发情母畜数}{应发情的可繁母畜数} \times 100\%$$

（2）受配率。又称配种率，为一定时期内参与配种的母畜数与适繁母畜数的百分比，主要反映畜群发情情况和配种管理水平。受配率的计算公式为

$$受配率 = \frac{参与配种的母畜数}{适繁母畜数} \times 100\%$$

（3）受胎率。受胎率是配种后受胎的母畜数与参与配种的母畜数之百分比，主要反映母畜的繁殖机能和配种质量，为淘汰母畜及评定某项繁殖技术提供依据。受胎率的计算公式为

$$受胎率 = \frac{配种后受胎的母畜数}{参与配种的母畜数} \times 100\%$$

由于每次配种时总有一些母畜不受胎，需要经过两个以上发情周期（情期）的配种才能受胎，所以受胎率又可分为第一情期受

胎率、第二情期受胎率、第三情期受胎率和总受胎率或情期受胎率等。各情期受胎率高低，主要反映配种质量和畜群生殖机能。其计算公式分别为

$$第一情期受胎率=\frac{第一情期妊娠母畜数}{第一情期配种母畜数}\times100\%$$

$$第二情期受胎率=\frac{两个情期妊娠的母畜数}{两个情期参与配种的母畜数}\times100\%$$

$$第三情期受胎率=\frac{三个情期妊娠的母畜数}{三个情期参与配种的母畜数}\times100\%$$

$$情期受胎率=\frac{妊娠的母畜数}{各情期配种的母畜数之和}\times100\%$$

（4）不返情率。指配种后一定时期不再发情的母畜数占配种母畜数的百分比，主要反映配种质量和母畜生殖能力。不返情率是受胎率的另一种表示方式，一般以观察配种母畜在配种后一定时期（如一个发情周期、两个发情周期等）的发情表现作为判断受胎的依据。不返情率的计算公式为

$$不返情率=\frac{配种后一定时期不再发情的母畜数}{配种母畜数}\times100\%$$

（5）配种指数。又称受胎指数，指每次受胎所需的配种情期数，或参加配种母畜每次妊娠的平均配种情期数，是反映配种受胎的另一种表达方式。配种指数愈低，情期受胎率愈高。配种指数的计算公式为

$$配种指数=\frac{配种情期数}{妊娠母畜数}$$

（二）评定畜群增长情况的指标

一般地，评定畜群增长情况的常用指标如下：

（1）繁殖率。指本年度内出生仔畜数（包括出生后死亡的幼仔，但不包括未达预产期的死产）占上年度末可繁母畜数的百分比，主要反映畜群繁殖效率，与发情、配种、受胎、妊娠、分娩、哺乳等生殖活动的机能及管理水平有关。繁殖率的计算公式为

$$繁殖率 = \frac{本年度内出生仔畜数}{上年度末可繁母畜数} \times 100\%$$

（2）繁殖成活率。指本年度内成活仔畜数（不包括死产及出生后死亡的仔畜）占上年度末可繁母畜数的百分比，是繁殖率与仔畜成活率的积。该指标可反映发情、配种、受胎、妊娠、分娩、哺乳等生殖活动的机能及管理水平，是衡量繁殖效率最实际的指标。繁殖成活率的计算公式为

$$繁殖成活率 = \frac{本年度内存活仔畜数}{上年度末可繁母畜数} \times 100\%$$

（3）成活率。一般指哺乳期的成活率，即断奶时成活仔畜数占出生时活仔畜总数的百分比，主要反映母畜的泌乳力、护仔性及饲养管理水平。成活率的计算公式为

$$成活率 = \frac{断奶时成活仔畜数}{出生时活仔畜数} \times 100\%$$

（4）增殖率。指本年度内出生仔畜在年终的实有数占本年度初或上年度终存栏数的百分比，主要反映畜群的年增长情况，与繁殖管理水平有关。增殖率的计算公式为

$$增殖率 = \frac{本年度内出生仔畜在年终的实有数}{本年度初或上年度终存栏数} \times 100\%$$

（三）评定家禽繁殖力的指标

一般地，评定家禽繁殖力的常用指标如下：

（1）产蛋量。指家禽在一年内平均产蛋枚数。产蛋量的计算公式为

$$全年平均产蛋量（枚） = \frac{全年总产蛋数}{总饲养日/365}$$

（2）受精率。指种蛋孵化后，经第一次照蛋确定的受精蛋数与入孵蛋数的百分比。受精率的计算公式为

$$受精率 = \frac{受精蛋数}{入孵蛋数} \times 100\%$$

（3）孵化率。分为受精蛋的孵化率和入孵蛋的孵化率，指出雏数占受精蛋数或入孵蛋数的百分率。孵化率的计算公式为

$$受精蛋的孵化率 = \frac{出雏数}{受精蛋数} \times 100\%$$

$$入孵蛋的孵化率 = \frac{出雏数}{入孵蛋数} \times 100\%$$

(4)育雏率。育雏率具体指育雏期末成活雏禽数占入舍雏禽数的百分率。育雏率的计算公式为

$$育雏率 = \frac{育雏期末成活雏禽数}{入舍雏禽数} \times 100\%$$

(四)评定某些特定家畜繁殖力的指标

对于某些特定的家畜,评定其繁殖力的常用指标如下:

(1)窝产仔数。指猪、兔、犬、猫等多胎动物平均每胎产仔总数(包括死胎和死产),是评定多胎动物繁殖性能的重要指标,反映多胎动物的多产性。

(2)窝产仔活数。指猪、兔、犬、猫等多胎动物平均每胎所产仔活数,可真实反映畜群增长情况。

(3)产仔窝数。一般指猪、兔、犬、猫等妊娠期短的动物在一年内产仔的平均窝数或胎数。

(4)产仔间隔。指母畜两次产仔间隔的平均天数,多用于牛和羊。由于妊娠期是一定的,因此提高母畜产后发情率和配种受胎率,是缩短产仔间隔,提高畜群繁殖力的重要措施。

(5)牛繁殖效率指数。通常指断奶时活犊数占参加配种的母牛与从配种至犊牛断奶期间死亡的母牛数之和的百分比。该指标主要反映哺乳期的母牛成活情况,在母牛死亡数为零的情况下,该指标实际为产活犊率。牛繁殖效率指数的计算公式为

牛繁殖效率指数

$$= \frac{断奶时活犊牛数}{参加配种母牛数 + 从配种至犊牛断奶期间死亡的母牛数} \times 100\%$$

(6)产犊率。指所产犊牛数(包括早产的和死产的犊牛数)占配种母牛数的百分比。

(7)产活犊率。指所产活犊数(包括早产的活犊牛数)占配种

母牛数的百分比,主要反映受胎、胚胎发育和分娩情况。

(8)产羔率。国内一般指每 100 只配种母羊或母鹿的产羔数,主要反映羊及鹿的排卵数和胚胎存活率。产羔率的计算公式为

$$产羔率 = \frac{所产羔羊总数}{分娩的母羊总数} \times 100\%$$

(9)双羔率。指产双羔的母羊数占产羔母羊总数的百分比。

四、常见家畜的正常繁殖力

(一)牛的正常繁殖力指标

牛的繁殖力常用一次受精后的受胎效果来表示。一般成年母牛的情期受胎率为 40%～60%;年总受胎率 75%～95%;年繁殖率 70%～90%;第一情期受胎率 55%～70%;产犊间隔 14～15 个月。由于品种、环境气候和饲养管理水平及条件在全国各地有差异,所以牛群的繁殖力水平也有差异。很多文献资料中都给出了评定奶牛繁殖力的常用指标及其繁殖力现状,限于本书篇幅,这里不再赘述。在澳大利亚的肉牛生产中,繁殖力较高的母牛产犊间隔只有 365 d,从配种至分娩的间隔时间平均只有 300 d,总受胎率 90%～92%,产犊率可达 85%～90%,犊牛断奶成活率可达 83%～88%。我国牧区黄牛由于饲养管理条件差,往往造成母牛特别是哺乳母牛产后乏情期长,发情及受胎率低,使产犊间隔大大延长,某些地区一头母牛平均两年才产一头犊牛。

水牛生长在我国南方农区,虽然饲草丰富,但因管理粗放,易错过配种时机,所以产犊间隔较长。发情鉴定仔细、饲养管理水平较高的地区,牛群受配率和繁殖率较高,一般为 3 年 2 胎,即繁殖率为 60%～70%。

(二)猪的正常繁殖力指标

猪的正常情期受胎率一般为 75%～80%,总受胎率可达

85％～90％,平均每窝产仔数 8～14 头。但是品种间、胎次间差异很大;同品种不同类群间产仔数也有很大差异。国内饲养的猪种,地方品种有数十个,以太湖猪(二花脸等)的窝产仔数最高。不少文献资料都给出了我国主要地方品种猪的窝产仔数,有兴趣的读者可以参阅相关文献。外来品种主要有长白、大约克、杜洛克和汉普夏等。

(三)羊的正常繁殖力指标

母羊的繁殖力因品种、饲养管理和生态条件等不同而有差异。绵羊大多 1 年 1 产或 2 年 3 产。其中,湖羊、小尾寒羊有时可在一年内产 2 胎,产双羔或 3 羔的比例也很高,产 4 羔的也有,个别能产 6 羔。山羊一般每年产羔 1 胎,有时可在一年内产 2 胎,每胎可产羔 1～3 只,个别可产羔 4～5 只。如表 7-2 所示,列出了国内饲养的绵羊和山羊的繁殖力。

表 7-2　国内饲养的绵羊和山羊的繁殖力

品种	性成熟/月龄	初配月龄	年产羔次数	窝产羔率/％
蒙古羊	5～8	18	1	103.9
乌珠穆沁羊	5～7	18	1	100.4
藏羊(草地型)	6～8	18	1	103
哈萨克羊	6	18	1	101.6
阿勒泰羊	6	18	1	110.0
滩羊	7～8	17～18	1	102.1
大尾寒羊	4～6	8～12	2 年 3 产或 1 年 2 产	177.3
小尾寒羊	4～6	8～12	2 年 3 产或 1 年 2 产	270
湖羊	4～5	6～10	2	207.5
同羊	6～7		2 年 3 产	100
内蒙古山羊	7～8	18	1	103
新疆山羊	7～8	18	1	114～115
西藏山羊	4～6	18～20	1	110～135
中卫山羊	5～6	18	1	104～106

品种	性成熟/月龄	初配月龄	年产羔次数	窝产羔率/%
辽宁山羊	5～6	18	1	110～120
济宁山羊	3～4	5～8	2	293.7
陕南山羊	3～4	12～18	2	182
海门山羊	3～5	6～10	2年3产	228.6
贵州白山羊	4～6	8～10	2	184.4
云南龙陵山羊	6	8～10	1	122
青山羊	3	5	2年3产或1年2产	178
雷州山羊	3～5	6～8	2	203
南江黄山羊			2年3产	182
安哥拉山羊		17.2	2年3产	139
莎能奶山羊	4	8		180～200
吐根堡山羊				149～201
包尔特维山羊				135～180
波尔山羊			2年3产	180～210

（四）马的正常繁殖力指标

马为单胎季节性发情动物,其繁殖力较牛和羊低。马的繁殖力因遗传、环境、使役的不同而有很大的差异。国内应用鲜精进行人工授精的情期受胎率,一般为 50%～60%,高的可达 65%～70%。全年受胎率为 80%左右。由于流产率较高,实际繁殖率为50%左右。国外饲养管理水平较高的马场,母马情期受胎率可达80%～85%,而一般马场只有 60%～75%,产驹率可达 50%以上。

（五）兔的正常繁殖力指标

家兔性成熟早、妊娠期短、产仔数多。一年可繁殖 3～5 胎,繁殖年限 3～4 年,一胎产仔 6～9 只,最高可达 14～15 只。一年四季都可繁殖,但受胎率受季节影响很大,春季高达 85%,7～8月只有 30%～40%。

（六）家禽的正常繁殖力指标

家禽因品种的不同产蛋量差异很大。受精率与种禽的品质、健康、年龄、性比、饲养管理等因素有关，正常情况下鸡蛋的受精率为 90％左右。孵化率与种禽的体质、饲养管理以及种蛋的生物学品质和孵化制度密切相关。鸡蛋的孵化率如按出雏数与入孵受精蛋的比例计算一般在 80％以上，如按出雏数与入孵种蛋数的比例计算一般在 65％以上。如表 7-3 所示，列出了不同家禽品种的生产性能。

表 7-3　不同家禽品种的生产性能

种	品种	开产月龄	年产蛋量/枚
鸡	来航鸡	5	200～250
	洛岛红	7	150～180
	白洛克	6	130～150
	仙居鸡	6	180～200
	三黄鸡		140～180
	浦东鸡	7～9	100
	乌骨鸡	7	88～110
	星杂288	5	260～295
	罗曼褐	4～5	292
	海兰褐	4.5	335
	伊莎褐	5	292
	罗斯褐	4～5	292
鸭	北京鸭	6～7	100～120
	娄门鸭	4～5	100～150
	高邮鸭	4.5	160～200
	绍兴麻鸭	3～4	200～250
	康贝尔鸭		200～250
鹅	太湖鹅	7～8	50～90
	狮头鹅	7～8	25～80

第二节　动物繁殖障碍性疾病的防治

繁殖障碍是指雄性或雌性动物生殖机能紊乱和生殖器官畸形以及由此引起的生殖活动异常的现象,如公畜性无能,精液品质降低或无精;母畜乏情、不排卵、胚胎死亡、流产和难产等。轻度繁殖障碍可使动物繁殖力降低,严重的繁殖障碍可引起不育或不孕。不育和不孕都是指动物不繁殖的现象,前者可用于说明雄性和雌雄动物的不可繁殖状态,但后者一般用于描述雌性动物。引起繁殖障碍的原因包括先天性因素和后天性因素。其中,先天性因素主要包括由动物基因缺陷或发育不良所引起的生殖器官发育异常,如睾丸发育不全、阴茎畸形、精子先天性异常、卵巢发育不全、雌雄间性、子宫发育不全等;后天性因素主要包括营养因素、管理因素、年龄因素、环境因素、疾病因素等。例如,饲草和饲料中的维生素和矿物质元素等营养物质对动物生殖活动有直接作用,如维生素 A 和 E 对于提高精液品质、降低胚胎死亡率有直接作用,矿物元素锌和硒等缺乏时精子发生和胚胎发育等均受影响。再如,猪对气候环境的敏感性虽不如绵羊和马明显,但也受影响,据北京地区 900 头杂种母猪的繁殖记录调查,发现月平均气温和湿度最高的月份(8～9 月),猪的受胎率(平均 68.7%)和窝产仔数(平均 9.3)最低。

一、雄性动物繁殖障碍及防治

(一)遗传性繁殖疾病

雄性动物的遗传性繁殖疾病有很多种,如隐睾、阴茎畸形、睾丸发育不全、精子先天性异常、染色体畸变等,都属于遗传性繁殖疾病。限于本书篇幅,这里仅就睾丸发育不全与染色体畸变进行讨论。

1. 睾丸发育不全

睾丸发育不全可能发生于一侧或两侧,睾丸的重量和体积只有正常情况 1/3～1/2,附睾也小,这种雄性动物的精液呈水样,精子数量少甚至无精子,精子活力差,畸形率高,没有受精力。

该症发生于所有动物,发病率较隐睾高,尤其多见于某些品种的公牛和公猪。引起睾丸发育不全的因素包括遗传、生殖内分泌失调和饲养管理不当等,其中隐睾和染色体畸变(核型为XXY)是引起该症的遗传因素。患畜应予以及早淘汰。

2. 染色体畸变

染色体畸变包括罗伯逊易位,染色体嵌合、镶嵌,常染色体继发性收缩等,均可引起公畜不育。对于此类由遗传因素引起的繁殖障碍,公畜应及早淘汰,还应淘汰其同胞甚至其父母。

(二)免疫性繁殖障碍

根据免疫机理,某些公畜通过注射自身或异源的含精子物质会导致睾丸的变质性病变。但在正常情况下,由于睾丸排出管道完整的上皮,将精液抗原与免疫活性细胞相隔离。然而出现病理现象时,精液便可漏入组织引起抗精液成分的抗体形成。精液抗原还可能造成与母畜无生育力有关的抗体的形成,其表现是抑制了受精作用或胚胎死亡。引起公畜繁殖障碍的免疫性因素使精子易发生凝集反应。现已发现,哺乳动物的精子至少含有3种或4种与精子特异性有关的抗原。在病理情况下,如睾丸或附睾损伤、炎症、精子通路障碍等,精子抗原进入血液与免疫系统接触,便可引起自身免疫反应,即产生可与精子发生免疫凝集反应的物质,引起精子相互凝集而阻碍受精,使受精率降低。

精子凝集试验证实,牛精子至少含有4种特异性抗原,一种分布于头部,另一种分布于尾部,其余两种在头和尾均有分布。

一些用于人工授精的精液稀释液也含有抗原,如卵黄、乳汁、蛋白等,而且从被反复输精母牛的子宫黏液和组织中,发现了抗卵黄抗体的存在。有的试验结果说明用以卵黄稀释的精液给牛输精时,含有抗卵黄抗体的母牛比不含此抗体的母牛生育力为低。

(三)机能性繁殖障碍

雄性动物机能性繁殖障碍主要包括性欲缺乏、交配困难和精液品质不良,限于本书篇幅,这里仅就性欲缺乏与交配困难展开讨论。

1. 性欲缺乏

性欲缺乏又称阳痿,是指公畜在交配时性欲不强,以致阴茎不能勃起或不愿意与母畜接触的现象。公马和公猪较多见,其他家畜也常发生。

生殖内分泌机能失调引起的性欲缺乏,主要表现在雄激素分泌不足或畜体内雌激素含量过多,可肌内注射雄激素、HCG 或 GnRH 类似物进行治疗。雄激素(丙酸睾丸素或苯乙酸睾丸素)的用量为:马和牛 100～300 mg,羊和猪 10～25 mg,隔日一次,连续使用 2～3 次。HCG 的用量:牛和马 3000～5000 IU。促排 2 号的用量为 100～300 μg。值得注意的是,激素用量不宜过大,使用时间不宜过长,以免引起激素发生负反馈调节而抑制自身激素的分泌。

实践证明,环境的突然改变、饲养场所和饲养员的更换、饲料中严重缺乏蛋白质和维生素、采精技术不佳、对公畜粗暴或鞭打、过于肥胖等,都会引起性欲不强。

2. 交配困难

交配困难主要表现在公畜爬跨、阴茎的插入和射精等交配行为发生异常。蹄部腐烂、四肢外伤、后躯或脊椎发生关节炎等,可造成爬跨无力。阴茎和包皮的缺陷,如阴茎发育不良、短小,阴茎从包皮鞘伸出不足或阴茎下垂,先天性、外伤性和传染性引起的"包茎",从而在交配时限制或妨碍阴茎插入阴道,造成不能正常交配或采精。爬跨无力是老龄公牛和公猪常发生的交配障碍。

(四)生殖器官炎症

1.睾丸炎及附睾炎(阴囊积水)

睾丸炎和附睾炎通常由物理性损伤或病原微生物感染所引起,其发病原因一般为损伤引起感染、血行感染、炎症蔓延等,一般地表现为急性睾丸炎和慢性睾丸炎两种症状。据测定,在轻度、重度和最重度三组睾丸炎中,只有最重度睾丸炎患牛睾酮水平下降。

一般地,急性睾丸炎病畜应停止采精,安静休息。发病早期可进行冷敷,后期可温敷,加强血液循环,使炎症渗出物消散。在局部涂擦鱼石脂软膏、复方醋酸铅散。阴囊可用绷带吊起,全身注射抗菌药物。在精索区注射盐酸普鲁卡因青霉素溶液(2%的盐酸普鲁卡因 20 mL,青霉素 80 万 U),隔日 1 次。

2.外生殖道炎症

外生殖道炎症包括阴囊炎、阴囊积水、前列腺炎、精囊腺炎、尿道球腺炎和包皮炎等。限于本书篇幅,这里仅将阴囊炎、前列腺炎和包皮炎讨论如下:

(1)阴囊炎。多见于外伤、炎性肿胀、皮炎、湿疹及肿瘤等。阴囊是睾丸的温度调节器官,对精子的生成起着重要作用。睾丸温度升高,会破坏生殖上皮,产生畸形精子或死精子。

(2)前列腺炎。前列腺炎在农畜中发病率较低,但在犬中常见,易引起排尿困难,会阴疝痛等症状。

(3)包皮炎。包皮炎可发生于各种动物。马常常由于包皮垢引起,猪则由于包皮憩室的分泌物所引起,牛和羊多由于包皮腔中的分泌物腐败分解造成。其临床表现为包皮及阴茎的游离端水肿、疼痛、溃疡甚至坏死。包皮炎虽然对精液品质无影响,但严重影响交配行为及采精。

二、雌性动物繁殖障碍及防治

雌性动物繁殖障碍可以发生在繁殖过程的任何阶段,包括发情、排卵、受精、妊娠、分娩和哺乳等生殖活动的异常,以及在这些生殖活动过程中由于管理失误所造成的繁殖机能丧失,是使雌性动物繁殖率下降的主要原因。引起母畜繁殖障碍的因素主要有以下几类。

(一)遗传性繁殖障碍

1.生殖器官发育不全和畸形

母畜生殖器官发育不全主要表现为卵巢和生殖道体积较小,机能较弱或无生殖机能。幼稚型动物的生殖器官常常发育不全,即使到达配种年龄也无发情表现,偶有发情,但屡配不孕。各种家畜均有可能发生不同程度的生殖器官畸形,妨碍精子或卵子向受精部位移动,可分为先天性和后天性畸形。通常生殖道畸形的家畜仍然有正常的发情周期和发情表现,但配种后不易受孕。这种情况往往不能从外表上诊断出来,这种情况在猪比较常见,大约可以占猪不育例数的一半。通常所见到的生殖器官异常有:伞与输卵管,或输卵管与子宫角连接处不通,缺乏子宫角,单子宫角,无管腔实体子宫角,子宫颈的形状、位置不正常,如子宫颈闭锁,双子宫颈,以及阴瓣过度发育等。

2.两性畸形

两性畸形又称雌雄间性,即从解剖上来看,该个体同时具有雌雄两性的生殖器官,但都不完全。根据性腺不同又分为真两性畸形和假两性畸形。真两性畸形是生殖腺可能一侧为卵巢,另一侧为睾丸,或者两个生殖腺都是卵巢,但偶尔也有两个卵巢和两个睾丸的。两个睾丸分别位于两卵巢的前端4~6 cm处。这种两性畸形多见于猪和山羊,但也可见于牛和马。假两性畸形是指具有一种性别的性腺,但外生殖器官属于另一个性别。属于雄性的比雌性的多。雄性假两性畸形有睾丸,无阴茎却有阴门。雌性假两性畸形,卵巢、输卵管正常,无阴门却有肥大的阴茎。因此,两性畸形的动物不能繁殖,仅可以作为肉用和役用。

3.异性孪生不育

异性孪生不育主要发生于牛异性双胎的母犊,大约有95%不能生育,实际上也是雌雄间性的一种。母犊不表现发情,阴门狭小,阴蒂较长,阴道短小,子宫角犹如细绳,卵巢极小。乳房极不发达,乳头与公牛者近似,常无管腔。异性孪生不育亦有时见于山羊及猪。由于卵巢在不同程度上发生雄性性腺的变化,因此不能生育。

4.种间杂交

种间杂交的后代往往无繁殖能力,这种母畜虽然有时性机能和排卵正常。但是,可能由于生物学上的某种缺陷,或遗传因素,以致卵子不易受精或者合子不能发育。如马与驴杂交所生的后代骡子,因卵巢中卵原细胞极少,睾丸中精细管堵塞,不能产生精子,所以均无生殖能力。母骡虽然也有生育者,但极为少见。细胞遗传学研究发现,骡的染色体数目成单数(63条),而且染色体在第一次成熟分裂时不能产生联会,可能是引起杂种不育的遗传基础。另外,马(64条)和驴(62条)的染色体组型在形态上差异很大,可能是导致染色体成熟分裂时不能联会的原因。

有些动物种间杂交所生的后代具有繁殖能力,如黄牛和牦牛杂交所生的后代犏牛,雌性有生殖能力。其自然交配的情期受胎率可达74%,但雄性无生殖能力或生殖能力降低。双峰骆驼和单峰骆驼的雌性杂种(具有一个长而低的驼峰)则能生殖。

(二)免疫性繁殖障碍

1.胎儿和新生儿溶血

红细胞和其他有核细胞一样,具有特征性表面抗原,即血型抗原。一个动物的红细胞进入另一个动物体内时,如果供体红细胞所带血型抗原与受体血型抗原相同时,就不会产生免疫应答反应。相反,如果供体红细胞带有受体没有的抗原,则由于天然同族抗体的存在,将迅速产生免疫,引起红细胞凝集或溶血而危及生命。

在家畜中,这种免疫性溶血主要发生于骡驹,有时也发生于马驹,在仔猪和牛犊偶尔也发生。从血型抗原来说,母马妊娠后受到骡胎儿的一种具有父系遗传特性的抗原物质刺激,因而产生一种能够抗骡驹红细胞的抗体。这种抗体出现在妊娠末期的母体血液中,由于抗体不能通过母马胎盘,所以在妊娠期抗红细胞抗体对胎儿不具毒性作用。但在出生后,血中抗红细胞抗体进入初乳,骡驹吮食后经胃肠壁进入血液,引起红细胞凝集和溶解。目前已知马的红细胞表面抗原,即 Aa、Qa、R、S、Dc 及 Ua 等血型因子,可能与马驹溶血病的发生有直接关系。

根据同一原理,发生白细胞同种异型免疫时(主要是中性粒细胞),虽然不一定会引起胚胎死亡或畸形,但出生后可发生白细胞减少症。发生血小板同种异型免疫时,可引起胎儿血小板减少,血凝作用减弱,娩出后可见胎儿全身出现流血及紫癜性血斑。同种异型血浆蛋白也可发生免疫反应。

因免疫引起的胎儿和幼畜死亡,目前尚无经济有效的治疗方法,唯一的解决办法是更换与配公畜或同时使用多头公畜的精液进行配种。

2.胚胎早期死亡

胚胎早期死亡绝大多数发生在附植前后。牛和猪在受精后

16～25 d,羊在受精后 14～21 d,马在受精后 90～60 d。牛、绵羊和猪的胚胎有 25%～40% 在精子入卵到附植结束的一段时间内发生死亡。死亡的胚胎被吸收,以后母畜再发情。

引起胚胎早期死亡的原因很多,其中最主要的有如下几种:

(1)内分泌因素。如孕激素和雌激素分泌不平衡,将造成子宫内环境和受精卵运行速度异常,引起胚胎死亡。胚胎死亡的关键时期是囊胚期的晚期。试验证明,母牛配种后,在 1 周内注射 100 mg 孕酮,则能提高受胎率。

(2)泌乳因素。牛、绵羊和马产后哺乳期配种,则会发生胚胎死亡,其表现为配种后未孕,但发情周期延长。牛、羊属子叶型胎盘,由于哺乳而使有关激素失调和子宫内环境紊乱,导致胚胎死亡。青山羊一般在产后 1 个月左右发情配种,但是,产后无羔哺乳的母羊在产后 11～15 d 就可配种怀胎,说明羔羊哺乳使发情暂时受到了抑制。对产后 7～8 d 的母马进行子宫洗涤,会提高"血配"准胎率。

(3)营养与年龄因素。对于多胎的猪和羊来讲,蛋白质及能量不足会影响排卵率、受精率及生前胎儿死亡率;采食热能的饲料过多及长期饲喂含类雌激素的饲草(如三叶草等)会造成母羊的不孕和胚胎死亡。母羊 6 岁以上及老年母马胚胎死亡率高,这可能与子宫弛缓有关。

(4)遗传因素。胚胎死亡率,有一部分决定于公母畜的遗传。近亲繁殖可以增加胚胎死亡率。

(5)子宫内拥挤过度。对于处在高产期的猪和青山羊往往出现排卵数越多,则胚胎或胎儿死亡率越高现象。因为胚胎靠胎盘生存,胚胎发育的程度主要是受子宫内空间大小和血液供应的影响,所以附植数的增加就会减少每个部分的血液供应和限制胎盘的发育。

(6)高温应激因素。外界环境持续高温会导致胚胎死亡。牛在配种后处于 32℃ 的环境下达 72 h,就不能妊娠。猪的胚胎在妊娠最初 2 周对热应激最敏感。特别是附植期,配种后 8～15 d 处于高温环境中的青年母猪的胚胎死亡率,比配种后 0～8 d 处于高温环境的高。母马较长期处于干热气候,大批母马可发生胚胎死亡。另外,母畜因某些传染病、体温升高常导致胚胎死亡。

(三)卵巢机能障碍

1.卵巢发育不全

正常情况下,在乏情期的母畜卵巢内,通常都有不同直径甚至达到排卵前大小的卵泡,但卵巢发育不全的则没有这种情况,这种母畜的生殖道属于幼稚型,卵巢的形态与季节性不发情的卵巢不同。一般母猪卵巢的重量为 5 g 左右,而卵巢发育不全时,在 3 g 以下,即或有卵泡,其直径也不超过 2～3 mm。其原因多为饲养管理条件不佳,丘脑下部—垂体机能障碍,卵巢对促性腺激素的敏感性降低,或者由于遗传因素引起。

2.卵巢萎缩及硬化

卵巢萎缩除衰老时出现外,母畜瘦弱、使役过重也能引起。卵巢硬化多为卵巢炎的后遗症。卵巢肿瘤也可使卵巢变硬,卵巢萎缩及硬化后不能形成卵泡,外观上看不到母畜有发情表现。母马卵巢小如鸽蛋或枣核,母牛卵巢缩小如豌豆大或小指肚。随着卵巢组织的萎缩,有时子宫也变小。母猪发生卵巢萎缩或硬化后,体形、性情往往变坏,有时类似公猪样。当然,正常情况下卵巢也可能非常小,但不影响其生殖力。治疗此病最常用的药物是FSH、HCG、PMSG 和雌激素等。用量可根据体重和病情按照制剂使用说明而定。

3.持久黄体

动物在发情或分娩后,卵巢上长期不消退的黄体,称为持久黄体。由于持久黄体分泌孕酮,抑制了垂体促性腺激素的分泌,所以卵巢不会有新的卵泡生长发育,致使母畜长期不发情,因而

引起不孕。此病多见于母牛,而且多数是继发于某些子宫疾病。原发性的持久黄体比较少见。一般地,引起持久黄体原因有如下几种:

(1)舍饲运动不足,饲料单纯、缺乏矿物质和维生素。这些因素可能使 OXT 分泌不足而干扰 $PGF_{2\alpha}$ 的产生,使周期性黄体不能溶解。

(2)产乳量高,特别是冬季寒冷且饲料不足,高产奶牛常常发生持久黄体。

(3)子宫疾病,如子宫炎、子宫积液、胎儿死亡未被排出、产后子宫复旧不全、部分胎衣滞留及子宫肿瘤等,都会使黄体不能按时消退,而成为持久黄体。

持久黄体的主要特征是发情周期停止,母畜不发情。有持久黄体的病畜子宫松软下垂,稍粗大,触诊时无收缩反应,而且往往两子宫角不对称,子宫内常有炎性变化。

治疗持久黄体应改善饲养管理,同时治疗子宫疾病,才能收到良好效果。常用药物有:$PGF_{2\alpha}$,肌内注射,牛 5～10 mg,马 2.5～5 mg,绝大多数动物于 3～5 d 发情,可以配种;氯前列烯醇,肌内注射,牛 0.2 mg,羊 0.1 mg。一般注射 1 次即可有满意效果,如有必要可隔10～12 d 再注射 1 次。

4. 卵巢囊肿

卵巢囊肿分为卵泡囊肿和黄体囊肿两种。卵泡囊肿是由于发育中的卵泡上皮变性,卵泡壁结缔组织增生,卵细胞死亡,卵泡液被吸收或者增多而形成。黄体囊肿是由于未排卵的卵泡壁上皮发生黄体化,或者排卵后由于某些原因而黄体化不足,在黄体内形成空腔而形成。

卵泡囊肿较黄体囊肿多发。卵泡囊肿多发生于奶牛,尤其是高产奶牛泌乳量最高的时期,并多发于第 2～5 胎,其次是猪、马、驴也可发生。卵泡囊肿最显著的临床表现是出现"慕雄狂"。母牛卵泡囊肿时,卵泡直径可达 3～5 cm,有时发现卵巢上有许多小的囊肿。发情周期变短,而发情期延长,哞叫、不安、高度兴奋、经常爬跨其他母牛。猪和马发生卵泡囊肿时,卵泡显著增大。马卵泡的直径可达 6～10 cm 或更大,发情周期被破坏,发情征状明显、旺盛,甚至持续发情。

黄体囊肿与卵泡囊肿相反,母畜表现为长期的乏情。直肠检查时,牛的囊肿黄体与囊肿卵泡大小相近,但壁较厚而软,马、驴的囊肿黄体显著增大,直径可达 7～15 cm,感觉有明显的波动,触压有轻微的疼痛感。对于猪,卵巢上也可能发生许多小的黄体囊肿。长期观察发现,患卵巢囊肿的母牛所生的后代母牛,卵巢囊肿的发病率比正常牛的后代高,说明卵巢囊肿具有遗传性。

在生产实践中,某些因素可能影响正常排卵而导致卵巢囊肿的发生,如饲料中缺乏维生素 A 或含有多量的雌激素;饲喂精料过多而又缺乏运动(如舍饲的高产奶牛较放牧牛多发);使役过重、长时间发情而不配种;在卵泡发育过程中,气温突然变化(马、驴经常因此发生囊肿);不正确地使用激素制剂,使体内激素水平失调也可引起囊肿发生。

卵巢囊肿的治疗多采用激素疗法。治疗卵泡囊肿可用促排 2 号,牛和马肌肉注射 300～500 μg;猪 100～300 μg,或使用 HCG 静脉注射,牛、马分别为 1000～3000 IU。治疗黄体囊肿,牛、马 FSH 用量为 6～7.5 mg(国产),肌肉注射;或使用氯前列烯醇 0.3～0.6 mg,肌肉注射;宫内注射为 0.15～0.3 mg。

(四)生殖道疾病

1.子宫内膜炎

子宫内膜炎是动物产后子宫黏膜发生的炎症,多发生于马和牛,特别是奶牛,其次是猪和羊。子宫内膜炎在生殖器官的疾病中占的比例最大,它可直接危害精子的生存,影响受精以及胚胎的生长发育和着床,甚至引起胎儿死亡而发生流产。一般地,引起子宫内膜炎的主要原因如下:

（1）人工授精时不遵守操作规程、器械和稀释液消毒不严、精液污染、输精操作粗暴、用力过猛而造成子宫污染或机械性损伤。

（2）在母畜实行分娩助产和难产手术时，子宫遭到损伤和感染。

（3）胎衣不下，阴道脱，子宫脱，子宫颈炎，子宫弛缓和胎衣碎片滞留的继发症。

（4）本交时，公畜生殖器官的炎症和污染，也能使母畜引起子宫内膜炎。

（5）某些传染性疾病，如牛布杆菌、结核病等都可并发子宫内膜炎。

实践表明，子宫内膜炎一般表现为如下症状：

（1）隐性子宫内膜炎。直检时无器质性变化，只是发情时分泌物较多，有时分泌物不清亮透明，略微混浊。母牛发情周期正常，但屡配不孕。这种病症主要是根据回流液的性状进行诊断。如果回流液见有蛋白样或絮状浮游物即可确诊。

（2）黏液性脓性子宫内膜炎。其特征是感染仅限于浅表的黏膜。子宫黏膜肿胀、充血、有脓性浸润，上皮组织变性、坏死、脱落，甚至形成肉芽组织瘢痕。子宫肌也可形成囊肿。病牛发情周期不正常，往往从阴门排出灰白色或黄褐色稀薄脓液，在尾根、阴门、大腿和飞节以上常附有脓性分泌物或形成干痂。

（3）脓性子宫内膜炎。多由胎衣不下感染，腐败化脓引起。主要症状是子宫黏膜肿胀，充血或淤血，上皮组织变性、坏死、脱落及脓性浸润。从阴道内流出灰白色、黄褐色浓稠的脓性分泌物，有时含有腐败分解的组织碎片，气味恶臭，在尾根或阴门形成干痂。阴道检查时，发现子宫颈阴道部充血，子宫颈外口略开张，往往附有脓性分泌物。直检子宫肥大而软，甚至无收缩反应。回流液混浊，像面糊，带有脓液。雌性动物在发生脓性子宫内膜炎时，由于子宫颈黏膜肿胀，黏液不能排出，积于子宫内而形成子宫积脓。对患子宫积脓的母畜进行直肠检查时，两子宫角显著增大且对称，有波动感，内液体呈流动性，子宫壁较厚且紧张，触摸不到子叶。

通常情况下，子宫内膜炎采取的治疗方法是：确诊炎症的性质、先冲洗后给药、结合给予子宫兴奋剂。在冲洗时，一定要保证洗涤液和洗涤的器械彻底消毒。治疗时，应以恢复子宫的张力、增加子宫的血液供给、促进子宫内积聚的渗出物排出、杀灭和抑制子宫内致病菌、消除子宫的再感染机会为原则，做到彻底治疗。

治疗子宫内膜炎一般有局部疗法和子宫内直接用药两种方法，常用药物有以下几种：

(1)青霉素40万单位、链霉素100万单位、新霉素B(或红霉素)2 g、植物油20 mL，配成混悬油剂一次子宫内注入。

(2)当归、益母草、红花浸出液5 mL，青霉素40万单位，链霉素200万单位，植物油20 mL，子宫内一次注入。

(3)盐酸四环素400万国际单位，5％氯化钠注射液120 mL，5％葡萄糖生理盐水2000 mL，地塞米松磷酸钠注射液30 mg。盐酸四环素、地塞米松磷酸钠、氯化钠分别配糖盐水静脉注射。

(4)患慢性子宫内膜炎时，使用$PGF_{2\alpha}$及其类似物，可促进炎症产物的排出和子宫功能的恢复。

2. 子宫积水

发生慢性卡他性子宫内膜炎后，如子宫颈黏膜肿胀或其他原因使子宫颈阻塞，子宫腔内的卡他性分泌物则不能排出，逐渐积聚，最终可形成子宫积水。此病在各种家畜都可见到，以牛较多见。

患有子宫积水的母畜往往长期不发情，除了子宫颈完全不通，不排出分泌物外，往往不定期从阴道中排出分泌物。直肠检查触诊子宫时感到壁薄，有明显的波动感，两子宫角大小相等或者一角膨大，有时子宫角下垂，无收缩反应，也摸不到胎儿和子叶，卵巢上有时有黄体。阴道检查时有时可见到子宫颈部轻度发炎。

子宫积水与同等大小的妊娠子宫的鉴别，往往不易区分。诊断时,除注意子宫壁是否很薄,更重要的是触诊时子宫有无收缩反应,液体波动是否很明显。当患有子宫积水的家畜做定期检查时,子宫不随时间增长而相应增大,液体波动感强,且无收缩反应。

3.子宫积脓

子宫积脓是指子宫内积有大量脓性分泌物,子宫颈管黏膜肿胀,或黏膜粘连形成隔膜,使脓液不能排出,积蓄在子宫内。此病常见于牛,马属动物较少见,主要由慢性脓性子宫内膜炎引起。

患子宫蓄脓的家畜,黄体持续存在,所以发情周期终止,本病的全身症状与脓性子宫内膜炎基本上一样。如果患畜发情或者子宫颈管黏膜肿胀减轻时,则可排出脓性分泌物,可在尾根或阴门见到脓痂。阴道检查往往发现阴道和子宫颈膣部黏膜充血、肿胀,子宫颈外口可能附有少量黏稠脓液。直肠检查时,发现子宫显著增大,往往与妊娠2~3个月的子宫相似,在个别患畜还可能更大。

子宫积脓与正常妊娠子宫区别时,必须结合母畜的全身变化及阴道检查的各项指标来判断。妊娠后的牛子宫,子宫壁上有子叶存在;同时隔一定时间(如半个月)再检查时,则发现妊娠的子宫继续发育和增大,并能摸到胎儿。

另外,子宫积脓和积水应区别于胎儿干尸化、胎儿浸溶。胎儿干尸化是指胎儿死后组织中的水分及胎水被母体吸收,胎儿变棕黑色,好像干尸一样(故又称为木乃伊化)保留在子宫内不被排出体外的现象。直肠检查时可感觉到子宫增大,形状不规则,坚硬,但各部分软硬不均匀,无波动感,似有干硬物质被包裹,卵巢上有黄体,无发情周期。重复检查子宫无变化。患畜不伴有全身症状。胎儿浸溶是指胎儿死亡后的软组织被分解、变为液体样,而骨骼留在子宫内的病理现象。患畜伴有轻度体温升高,消化系统紊乱症状;直肠检查时可触及子宫增大,形状不规则,表面高低不平,无波动感,内容物较硬,且各部分软硬不一致,挤压感觉有骨头摩擦声。子宫颈口开张,有时可见到有小骨片随污秽液体由阴道排出。其发情周期完全停止。

对于子宫内膜炎的防治,首先应从改善饲养管理着手,以提高母畜机体的抵抗力。治疗时的原则是恢复子宫张力,增加子宫血液供给量,促进子宫内积液的排出,抑制和消除子宫感染。

治疗子宫内膜炎常采用冲洗子宫及注入药液的方法,冲洗的次数、间隔时间和所用冲洗容量,应根据家畜种类、品种及炎症程度决定。一般每日或隔日一次,3～5 d 为一疗程。临床治疗一般采用先冲洗子宫,然后灌注抗生素。亦可采用中草药和电针疗法。对顽固性子宫内膜炎亦可试用刮宫疗法。全身有变化时,应采取全身疗法。常用冲洗液有高渗盐水(1%～10%氯化钠溶液)、0.02%～0.05%高锰酸钾液、0.05%呋喃西林、复方碘溶液(每100 mL 溶液中含复方碘溶液 2～10 mL)、0.01%～0.05%新洁尔灭溶液、0.5%来苏儿、0.1%雷夫努尔等。冲洗子宫可每天或隔日进行,用 35℃～45℃的冲洗液效果较好。常用的抗生素有青霉素(40 万～80 万 IU)、链霉素(0.5～1.0 g)、氯霉素(1.0～2.0 g)或四环素(1.0～2.0 g)等。由于大部分冲洗液对子宫内膜有刺激性或腐蚀性作用,残留后不利于子宫的恢复,每次冲洗时应通过直肠辅助方法尽量将冲洗液排出体外。

(五)产科疾病

1.流产

流产是妊娠中断而提早产出。流产的表现形式有两种,即早产和死胎。早产是产出不到妊娠期满的胎儿,距分娩时间尚早,胎儿无生活力,一般不能成活。死胎是母畜产出死亡的胎儿,多发生在妊娠中、后期,也是流产中常见的形式。

流产可发生在妊娠的各个阶段,但以妊娠早期多见。在各种动物中以马属动物多见。流产不仅使胎儿夭折或发育受到影响,而且还危害母体的健康,并引起生殖器官疾病而致不育。

引起流产的原因很多,其中最主要的原因如下:

(1)激素原因。孕激素缺乏,大剂量的雌激素、糖皮质类固醇和前列腺素等极易引起母畜流产。

(2)营养性原因。长期饥饿,营养不良,饲喂霉败、冰冻的饲料,饲料中缺乏维生素及矿物质,特别是妊娠后期,胎儿发育迅速,营养不足时常引起流产。

(3)管理原因。母畜使役过重、剧烈运动、长途运输、惊吓、拥挤及机械性刺激等。

(4)疾病。妊娠母畜中毒、腹痛或患有肠炎、肺炎以及生殖器官疾病等。

在具体实践中,如果流产时动物出现类似分娩的征兆,即临床上出现腹痛、起卧不安、呼吸脉搏加快等现象,称为先兆性流产。发生先兆性流产时,如果阴道检查未见子宫颈开张,子宫颈黏液栓塞尚未流出,直肠检查发现胎儿还活着,则可应用抑制子宫收缩(孕激素类)或镇静(溴剂、氯丙嗪等)的药物进行治疗。孕激素(孕酮)的用量:马和牛为 50~100 mg,羊和猪为 10~30 mg,每日或隔日一次,连用数次。也可注射 1% 硫酸阿托品 1~3 mL(马和牛)。对习惯性流产的孕牛,可在配种后即注射 LH 试剂 200~400 IU,隔日一次,连注 2~3 次。或用 CIDR 或海绵栓孕激素制品埋置于子宫颈口周围,每 10 d 更换一次,连用 2~3 次。先兆性流产如果经上述方法处理后病情仍未好转,阴道排泄物继续增多,起卧不安加剧,阴道检查发现子宫颈口已经开张,胎囊已经进入阴道或已破水,流产已成定局时,应尽快促使子宫内容物排出,以免胎儿死亡腐败后引起子宫内膜炎,影响以后的受孕。

母畜发生流产后,如果胎儿及胎衣已全部排出,无并发症时,不需要进行特殊的处理,按正常家畜护理即可。如怀疑为传染性时,应将胎儿、胎衣深埋或烧毁,对母畜后躯及污染的地面要彻底消毒。

对死胎停滞,如胎儿干尸化、浸软分解、腐败分解时,应尽速排空子宫。可促其自动排出,或用手取出,并要控制感染扩散。

促其自动排出时,可首先使用雌激素,如己烯雌酚,使子宫颈扩张后,再给予促使子宫收缩的制剂,如垂体后叶素、麦角新碱注射液。亦可皮下或肌注前列腺素 $PGF_{2\alpha}$。若产道干燥时,应灌注滑润剂。胎儿排出后可用消毒溶液冲洗子宫,然后可注入抗菌素。如上述方法有困难时,可根据具体情况,行截胎术或剖腹取胎术。为了减少母猪的死产,可采取诱导分娩或控制分娩持续期的办法,如应用前列腺素或促肾上腺皮质激素等。

对母畜必须根据其妊娠后的生理特点,尤其是在妊娠初期及末期加强饲养管理,保持适当运动,增强妊娠母畜的抵抗力,以减少流产的发生。对于已经流产的母畜,必须确定流产的原因,对每一流产病例必须仔细地进行调查和分析。要检查胎儿、胎膜及胎盘,确定有无畸形或病理变化。为了确定是否为传染性流产,可采取流产母畜血液、子宫的分泌物、胎儿或胎儿的部分组织(如全胃、肝、脾、肾、肺、气管等)进行病理学及微生物检查。

2. 难产

难产是指母畜分娩超出正常持续时间的现象。根据引起难产的原因,可将难产分为产力性、产道性和胎儿性三种,前两种由于母体原因引起,后一种由于胎儿原因引起。难产的发病率与家畜种类、品种、年龄、饲养管理水平等因素有关,一般以胎儿性难产发生率较高,约占难产总数的80%。因母体原因引起的难产较少发生,约占20%。如夏洛来牛由于胎儿体形较大易发生产道性难产,难产率较高(10%~30%),一般牛群在2%~10%。初产母畜的难产率高于经产母畜。

难产的治疗关键在于助产,必要时可辅助药物进行催产,但必须根据病因对症处理。对于产力性难产,猪可用手术或产科套、产科钩钳进行助产,大家畜进行引产。对于猪和羊,如果手和器械触及不到胎儿,可使用刺激子宫收缩的药物。通常使用的催产药物是催产素(商品名为缩宫素),肌肉和皮下注射均可,剂量为猪和羊10~20 IU。为了提高子宫对催产素的敏感性,必要时可注射雌激素。

3.胎盘滞留

母畜分娩后胎盘(胎衣)在正常时间内不排出体外,称为胎盘滞留或胎衣不下。各种家畜在分娩后,如果胎衣在以下时间内不排出体外(马 1.5 h、猪 1 h、羊 4 h、牛 12 h),则可认为发生胎衣不下。各种家畜都可发生胎衣不下,相比之下以牛最多,尤其在饲养水平较低或生双胎的情况下,发生率最高。奶牛胎衣不下的发病率,一般在 10% 左右,个别牧场可高达 40%。猪和马的胎盘为上皮绒毛膜型胎盘,胎儿胎盘与母体胎盘联系不如牛、羊的子叶型胎盘牢固,所以胎衣不下发生率较低。

胎衣不下有部分不下和全部不下之分。发生胎衣全部不下时,胎儿胎盘的大部分仍与子宫黏膜连接,仅见一部分胎膜悬挂于阴门之外。胎衣部分不下时,胎衣的大部分已经排出体外,只有一部分胎衣残留在子宫内,从外部不易发现。对于牛,诊断的主要根据是恶露的排出时间延长,有臭味,并含有腐败胎盘碎片。马在胎衣排出后,可在体外检查胎衣是否完整。猪的胎衣不下多为部分滞留。病猪常表现不安,体温升高,食欲减退,泌乳减少,喜喝水;阴门内流出红褐色液体,内含胎盘碎片。检查排出的胎盘上脐带断端的数目是否与胎儿数目相符,可判断猪的胎盘是否完全排出。

除饲养水平低可引起胎衣不下外,流产、早产、难产、子宫逆转都能在产出或取出胎儿后由于子宫收缩乏力而引起胎衣不下;此外,胎盘发生炎症、结缔组织增生,使胎儿胎盘与母体胎盘发生粘连,易引起产后胎衣不下。治疗胎衣不下的方法有注射催产素、注射高渗盐水、胎衣剥离手术三种方法。

三、危害生殖的传染病

一些感染因子很容易引起损害家畜繁殖力的疾病。这里叙述引起流行性流产或大批流产的感染因子。如表 7-4 所示,给出了其他与散发性流产有关的病因因子。

表 7-4　家畜散发性流产的病因

牛	绵羊	马	猪
副流感病毒-3 蓝舌病病毒 恶性卡他热 口蹄疫 牛瘟 蜱媒热 牛出血热 无浆虫体病 焦虫病 锥虫病 弓形虫病 Globidiosis	蜱媒热 Wesselsbron 病毒 裂谷热 Nairobi 绵羊病 牛瘟 Q 热 牛病毒性腹泻	马病毒性动脉炎 马传染性贫血 马性病 焦虫病	口蹄疫 微核糖核酸病毒 流行性感冒 日本 B 型病毒 血球凝集病毒 非洲猪瘟 牛病毒性腹泻 牛传染性鼻气管炎

（一）病毒病

1.颗粒状性病（颗粒性阴道炎）

颗粒状性病（颗粒性阴道炎）是一种常见于牛且分布广泛的疾病，颗粒状性病系命名错误。事实上，它是正常情况下外阴黏膜皮下组织和阴茎表皮淋巴滤泡的增殖，是病毒性疾病的后果。传染性脓疱性外阴阴道炎（IPV），可能是由其他原因刺激淋巴组织的增殖。受感染动物可出现数目不等、高于周围黏膜、直径 1～2 mm 的结节。虽然检查发现较为严重的病例，其生育力减低约 10％，亦可能与生育力无关。各种年龄的牛均可感染本病，但最常见于青年母牛，且发病亦最为严重。本病不妨碍配种，动物不必因患本病而不予配种。患严重颗粒状性病的公牛，可能拒绝配种。

此病常可自愈，大多数病例无须治疗，如需治疗，可用轻防腐性油膏、水剂，或粉剂局部涂擦或冲洗。一种例外情况是公牛患此病可能妨碍交配，必须用中性消毒药和抗生素治疗。在严重或顽固性病例，个别病灶可用硝酸银烧灼。如用此法处置，必须特别注意在愈合期用抗生素或防腐性油膏，并经常牵引阴茎，以防产生黏连。

2.牛病毒性腹泻（BVD）

牛病毒性腹泻（BVD）广泛分布于世界各地。牛患本病可分四种临床类型，最常见的是亚临床型。在很多牛群或部分牛群中，本病的感染率由血清抗体测出达50%以上，并均无本病的临床症状和病史。急性感染的特征是高热、鼻腔有分泌物、口腔消化道黏膜糜烂，并有腹泻。急性型曾见到某一牛群的暴发，其中几乎所有的牛都受到感染，有时仅个别动物受到感染。这种情况更为常见。原因多半是牛群中大多数动物已经由于以往的接触而获得免疫。

慢性病毒性腹泻的特征是食欲不振、消瘦和生长缓慢。发病时可能不伴有任何急性症状，但可能隐匿地出现，仅在受染动物健康状况不佳时才能发现，也可能有腹泻。本病的病程为2～6个月，如未死亡，那些活着的动物将有一种延续的经济损失。

黏膜病是本病的另一种类型。除非病灶严重地进行性地加剧，致使动物在发病后约14 d死亡外，所有病例都具有急性病毒性腹泻的全部症状。黏膜病常感染8～18月龄的动物。不同于其他类型的BVD病毒感染，因为这些动物不能对其产生免疫力。

牛病毒性腹泻和黏膜病的病原因子是BVD病毒。此病毒是通过动物在同一厩舍和共同放牧而接触传染。由于血清中抗体的存在，说明感染此病后可产生持久的免疫力。

牛病毒性腹泻影响牛的繁殖功能是通过流产、胎儿干尸化和生产缺陷而引起。与以前的意见相反，由这种病毒引起的流产较少，BVD流产的诊断困难，临床诊断尚无满意的方法。在那些描述这种病毒引起的流产病例中，像这种发热疾病和流产后的血清抗体同时出现的详细证据认为是BVD病毒引起流产的迹象。

应用上述标准来诊断妊娠各个时期因 BVD 病毒引起的流产,然而大多数 BVD 病毒引起的流产是在妊娠前 3～4 个月发生。妊娠期间实验性接种,证明易感牛仅于前 3 个月流产,此时流产的孕体很小,常常不能辨认,因而诊断为不育而非流产。

妊娠中期的病毒感染和胎儿缺损,是因为体器官处于发育时期,导致牛的脑、眼和毛发的发育缺陷。脑和眼的缺陷最常发生。脑缺陷引起不能站立、行走和哺乳。眼损害造成瞎眼和角膜混浊。然而,妊娠末期感染 BVD 病毒的牛胎儿,可能没有明显的损害。所有子宫内感染存活的胎儿,在分娩时都有主动免疫力。

BVD 病毒是新生羔羊抖毛病的明显病因。此病的发生是感染母羊将 BVD 病毒通过胎盘传给胎儿。这些羔羊均较正常为小,有严重的震颤、站立和吸乳均困难。羊毛色泽不正常,且有不同的长毛纤维。这些羊羔出生时都对 BVD 病毒有免疫力,这表明已在子宫内感染,而且患此病羔羊的母羊也对 BVD 病毒有免疫力。这些羔羊髓鞘形成不全的基本损害是不可逆的,因此很难或很少存活。用 BVD 病毒使母羊实验性感染本病,产生胎盘炎和流产。

BVD 病毒很少感染猪。本病造成健康情况不佳、流产、产仔少和仔猪发育不良。控制预防本病,感染牛仅能用一种改良的活毒疫苗作免疫接种,以防止流产和生产缺陷。接种这种疫苗最好的时间是在动物约 1 岁替换时。此种疫苗可产生终身免疫,然而每年常常要进行一次追加接种。妊娠畜不能作免疫接种。

3. 牛传染性鼻气管炎和传染性脓疱性外阴阴道炎

牛传染性鼻气管炎和传染性脓疱性外阴阴道炎由一种牛疱疹病毒所引起,只感染牛而很少感染其他牲畜。本病分布于世界各地。除呼吸道和生殖道疾患外,牛传染性鼻气管炎(IBR)病毒常引起结膜炎、脑炎、新生犊牛的急性胃肠炎和流产。一些学者认为有不同品系的病毒,然而并未得到阐明。本病的传播方式、毒力、免疫力和免疫作用的特点均相似。人类没有感染这种牛疱疹性病毒的危险。这种病毒很易通过接触传播,给易感动物的任何黏膜涂抹这种病毒,可引起该处局部病灶,从而获得全身感染和全身免疫。感染后不管本病的类型,对再感染都有抵抗力,其特征是血清中有特异性的病毒抗体。即使在低水平时,这种免疫力也可获得终生保护。康复的动物很少散布这种病毒,例外情况是:一些母牛在分娩时可能再度感染,以及公牛急性感染后,其鞘内可能窝藏病毒达数月之久。接下来,我们将这种病毒的临床症状、诊断方法以及控制措施详细讨论如下:

(1)临床症状。传染性脓疱性外阴阴道炎的特征是外阴部有脓疱形成,有疼痛感,患畜站立时拱背、翘尾、刺激外阴部立即精神紧张、尿频、踩足、烦躁不安和摇尾。并有少到中等量的黄色黏性分泌物。外阴部肿胀,在白皮肤的病例中呈淡红色。外阴黏膜约有 2 毫米直径的白色小脓疱,脓疱可能融合,受感染区形成一层纤维素性坏死渗出物。在某些病例中,病变可延伸至阴道内,并在该处出现更多的扩散性坏死,检查时发现多层组织自阴道壁脱落。本病无并发症时,通常在 7~10 d 内复原,复原后 2~3 周外阴部出现颗粒状性病的典型结节。外阴部和阴道的感染通常不延伸到子宫,授精吸管或精液被病毒污染将引起子宫感染和子宫内膜炎。本病急性期应停止配种。不过,以后可以重新开始,因为复原后正常生育是有希望的。子宫内膜炎是不育的原因,而子宫复原可导致正常生育力的恢复。公牛传染性脓疱性阴茎包皮炎的发生有同样的病灶,但由于阴茎的活动,渗出物常被擦去,病灶常表现为出血性溃疡。阴茎和包皮水肿可能足以引起包茎炎和副包茎炎。严重病例可发生阴茎和包皮黏连。这种病灶如同母牛一样也可自愈。然而,为了避免黏连和继发感染,鞘内应放置含油的抗菌素溶液。IBR 病毒是牛流产的常见病因,流产常发生在自然感染后,但也常由不适当地应用改良活毒疫苗预防本病所引起。这是一种高效能疫苗,应用得当时可产生持久的免疫力,对本病有良好的预防作用。可是,在动物妊娠后半期接种,可引起约 50% 妊娠母畜流产。感染和流产之间的间隔时间是 21~

90 d,流产的胎儿常自溶。有些母牛有胎盘滞留,可是子宫肌炎一般很轻微或无。除那些子宫有继发感染的病例外,均可复原。在以后的配种季节中,生育力常常正常。

（2）诊断方法。在成年动物中,本病常以临床症状来诊断,并可从病损处作棉拭子分离病毒来证实。血清学检查可能给感染提供充分的证据,然而,血清学检查作为诊断工具常有不足,因为血清中的抗体可能在此前几个月甚至几年前感染时已产生。当动物有其他类型的病史,妊娠后半期暴发的流产,或妊娠时应用改良活疫苗时,都应怀疑是 IBR 病毒引起的流产。胎儿尸检显示非特异性自溶现象。在显微镜下见有局灶性坏死即可确诊。肝脏常有这种坏死,但也可在其他器官出现。虽然,在某些病例自溶现象妨碍病毒的分离,而常常可从胎儿分离到病毒。

（3）控制措施。本病最好的控制方法是给所有可能作为替换动物,从 6 月龄到 1 岁时给以常规免疫,此时犊牛正失去母体授予的免疫力,且尚在配种年龄以前。一次免疫接种已足够,但当动物未孕时可追加接种。

4.牛的流行性流产（EBA）

牛流行性流产是指临床上有明确定义的疾病,主要发生于加利福尼亚州中央山谷周围山区和山麓。本病最常发生于肉用牛,因为这些动物常在地方性流行病地区放牧,青年母牛发病率最高,但较大的动物第一次进入地方性流行病区以后可能流产。通常一头母牛仅流产一次,以后可以完全复原。在以后的妊娠中生育正常。当大批动物第一次接触时,流产率可超过80％。牛的流行性流产的病因怀疑是一种病毒。在妊娠中期,给易感牛喂饲蜱,可实验性地产生本病。用于这种传播研究的蜱收集于发生流产的地区。从接种到流产的时间约为 3 个月。接下来,我们将这种病毒的临床症状、诊断方法以及控制措施详细讨论如下:

（1）临床症状。大多数流产发生于妊娠后期 3 个月,因为流产的多数是肉用牛,正值配种季节,所以有季节性。这种流产最显著的特征之一是胎儿组织很新鲜,表明胎儿死亡发生在刚从子宫排出之时。这与其他的流产疾病有明显的不同,而其他流产的胎儿是在排出前已有严重的自溶。

(2)诊断方法。目前唯一满意的诊断标准是胎儿的病理损害,包括结膜和口腔黏膜有出血点和淤血瘢;这种胎儿的口鼻常呈鲜红色,并出现皮炎;皮下水肿,胸腔和腹腔经常出现淡黄色的渗出液,肝脏呈结节性肿大,引人注目,但呈不规则地发生;全身有出血点,淋巴结肿大湿润。最特异性的损害是显微镜观察有全身网状内皮的增生,并以肝、淋巴结和脾中最为突出。脑和心脏中也有这种损害。一个有意义的发现是淋巴细胞耗竭,而胸腺的网状内皮细胞增生。在肝和脾中可能有局灶性坏死和炎性变化。上述病损并非单个病原因子所特有,而是表示一种引起胎儿慢性疾病的感染因子。在此情况下,流产的机制很可能是"应激",从而引起胎儿肾上腺皮质增生,再释放皮质激素,致使分娩。

(3)控制措施。现无有效的疫苗,因为病原体尚未鉴定。避开山丘和山区放牧可防止本病,调节产犊季节,使母牛中期妊娠不在蜱出现季节以降低流产发生率。在山丘,蜱的出现季节为5~10月,可通过配种使母牛在8月产犊,这样母牛即可躲过易感的妊娠中期,因为此时蜱最为活跃。已经患过此病的动物不致再次流产,因而这些牛仍可在群中保留。没有证据说明本病是通过牛与牛之间传播的。

5.蓝舌病

蓝舌病是绵羊、山羊、牛和野生反刍动物以节肢动物为媒介的一种病毒性疾病。绵羊蓝舌病的特征是:体温升高,严重的缺氧现象。本病名来源于口腔和舌黏膜出现蓝色。唇、面颊、舌、口腔和鼻腔发生糜烂,最终有一层黏液化脓性的分泌物,并在唇和口鼻处形成一层外壳。由于蹄叶炎和冠状带炎而发生跛行。急性病的病程为6~14 d,死亡率为10%~40%。

研究发现,蓝舌病主要通过侵袭胎儿而影响繁殖性能。自然发病的病毒和改良活毒疫苗用于保护绵羊免于患病的病毒,也可通过胎盘使胎儿致病。其特点为胎儿脑发育异常。尽管羔羊均为足月产,而一些为死产,另一些则呈痉挛状,卧地挣扎直至死亡。另一些叫作"傻羔",不能站立或动作失调,吸吮困难。绵羊患病或疫苗接种的最危险期是妊娠第4~8周,在较晚时感染则可产生轻度的有重要生产缺陷的羊羔。

蓝舌病主要通过一种拟蚊蠓属昆虫蚊传播。目前,国际公认的蓝舌病病毒有17种品系,美国已鉴定出4种,仅一种研制成疫苗在应用。通常用的蓝舌病鸡胚化疫苗因毒力过强已弃用,一种组织培养的疫苗是有效的,但不能在配种3周内或妊娠时应用。

6.溃疡性皮肤病

溃疡性皮肤病(唇、腿溃疡和性病)是绵羊的一种病毒性传染病,其特征是唇、腿、蹄和外生殖器的皮肤发生界限明显的溃疡。在自然条件下,病毒通过皮肤破伤传染本病。性病的传染致使阴茎、包皮和外阴部产生病灶。本病的特征是上述病变部位呈局限性溃疡,并为痂皮所覆盖,有时有继发性感染,生殖道的损伤可妨碍配种。本病应与一种非传染性龟头包皮炎,即通称"龟头炎"病相区别。本病可能是由于日粮引起尿的变化所致。本病尚无有效的疫苗,感染后有低度免疫力,而且动物于5个月内可再行感染。

7.马病毒性流产(鼻肺炎、疱疹病毒-Ⅰ感染)

马疱疹病毒-Ⅰ感染主要是一种上呼吸道疾病,马第一次接触此种病毒是幼驹于秋季快断奶时。养马场熟知每年有大部分刚断奶的幼驹发生轻度上呼吸道感染。其临床症状包括:发热,浆液性鼻分泌物和鼻黏膜充血,几天后鼻分泌物变为脓性,并有轻到中度咳嗽,仅较严重病例才影响食欲。病程为2~4周,而且常可自愈。患病的马驹常与妊娠中期的母马广泛地接触。在美国,即使有的话也是极少数马在1岁时能逃脱本病。血清中有抗体说明感染后产生免疫力。然而,它不像多数病毒的免疫力,感染后不久很快下降,而且当血清中抗体的滴度低于 1∶100 时,病毒对马的上呼吸道感染又有易感性,这样,个别马可能在其一生中重复感染,一群母马的流产率取决于其易感性,但有的报道流产率高达 80%。接下来,我们将这种病毒的临床症状与控制措施详细讨论如下:

(1)临床症状。流产多在妊娠 8 个月以后发生,而且由于季节性配种,大多数流产是在 1 和 4 月发生,没有先兆症状显示流产即将发生,亦无胎盘滞留,母马可迅速复原而无后遗症,随后几年的繁殖率也不受影响。胎儿未腐败表示约在刚出子宫不久而死。母马流行性流产,最常见的病因是马疱疹病毒-I。其他原因排除后,应考虑有本病的可疑。阳性诊断是根据流产胎儿肉眼的和显微镜观察的损害以及病毒的分离和鉴定。肉眼检查可见体腔有淡黄色液体;80%～90%的流产胎儿有肺水肿;约 50%的流产胎儿肝脏有小的坏死病灶,大小不一,从极微小到直径 5 mm 不等,而其他部位可发生水肿和出血。胎儿组织中有核内包涵体和分离的病毒则可证实诊断。

(2)控制措施。马疱疹病毒-I 传染性很强,而且几乎所有的易感动物,在秋季断奶幼驹暴发上呼吸道感染时都受到感染。将未感染的母马群与流产母马隔离,以预防流产几乎是不可能的。然而,如有可能仍应采取这种隔离。这种感染所引起的流产很少连年发生,而且在无其他控制办法时,这种感染在单一母马群中可几年不发生。免疫注射有两种最有效的预防方法,一种是应用仓鼠化病毒,纳入"控制感染"措施以预防本病。这一措施已经成功地用于确诊为本病的农场。这种疫苗应在暴发流产后,当免疫力处在高水平时立即应用。农场中的每一匹马应在每年 7 月和 10 月进行疫苗接种。最近未接触过这种病毒的母马,疫苗接种可能引起流产。因此,这种免疫方法只能在确诊为本病以后应用。另一种是改良的活毒疫苗,目前已在市场出售。所有 3 月龄以上的动物,都应给予两次免疫接种,每次间隔 4～8 周,有人建议每半年接种一次。

8. 猪瘟

猪瘟作为一种子宫内感染引起繁殖障碍和阻碍消灭猪瘟计划有着极大的重要性。业已证明,注射弱毒猪瘟疫苗或猪瘟的自然感染,可以产生胎儿死亡、吸收或干尸化,或妨碍胎儿生长,引起新生胎儿异常或死亡。妊娠前 10 d 感染病毒可导致胎儿吸收,而在妊娠 15～30 d 感染可使胎儿畸形,妊娠 30 d 后感染也可产生畸形胎儿,而且是死产和生产体弱仔猪的原因。子宫内感染猪瘟而存活的猪可能是带菌者,而且出生后数周散布病毒。

美国不准应用猪瘟疫苗,在扑灭猪瘟方案中,所有感染猪群都要消灭。因此,必须着重指出,流户、死产、产体弱仔猪、生后不久即死仔猪、摇晃或极度紧张不安的仔猪、瞎眼、无毛或出生到断奶死亡率高的均可能为猪瘟所致。

9. 伪狂犬病

伪狂犬病是牛、绵羊、狗和猫的一种急性高度致死性的病毒性疾病,其特征是病毒入侵处出现难忍的瘙痒,抽搐和死亡。伪狂犬病是猪的一种高度接触性传染病,猪的鼻分泌物是猪和其他动物病毒的主要来源。

这种病的新生仔猪死亡率近 100%,而肥猪则为 3%,母猪很少死亡。大多数猪的感染很轻,而且不易察觉,但多成为带菌动物。临床上病猪由动作失调进展到完全麻痹和抽搐,母猪临床症状为发热和食欲不振。母猪妊娠早期受到感染时,部分或全部胎儿可能死亡而流产。20 世纪 70 年代,美国伪狂犬病急剧增加,对猪瘟的消灭方案有重大的关系,因为这两种病有很多共同之处。

猪不应与其他畜种同圈饲养,因为明显正常的猪所传播的病毒,可引起这些畜种一致的致死性疾病。正确的血清试验对检查受感染猪群是有效的。控制猪伪狂犬病的活病毒疫苗已在一些欧洲国家应用,但美国尚未获准使用。

10. SMEDI 病毒

肠病毒和细小病毒广泛分布于世界猪群。这些病毒很少引起成年猪、育成猪或乳猪的临床疾病，但它们具有高度传染性，且在易感猪群中迅速传播。当母猪妊娠时，第一次接触到这些病毒，可通过胎盘感染而引起胎儿患病。SMEDI 这一名称来自妊娠母猪感染肠病毒，发病情况首先见于一窝仔猪：死产、干尸化、胚胎死亡和不育。SMEDI 病毒感染与猪瘟和伪狂犬病病毒感染的反应不同，因为母猪并不发病，而新生仔猪很少受到影响。

野外观察指出，SMEDI 病毒是在引入带毒的公猪或母猪后，通过配种猪群传播。受感染母猪在配种前常常已免疫而产仔正常。死产、干尸化和不育是在妊娠的前 30 d 发生。有不正常产仔的母猪，以后一般能够正常地产仔，除非猪群中又引入一种新品系的病毒。由于无有效的疫苗，一般建议保持封闭式育种猪群。配种猪群的所有猪在配种前至少要保持密切接触一个月，使猪群的 SMEDI 病毒可以相互交叉传递。

（二）原虫性疾病

1. 牛滴虫病

滴虫病是牛的一种接触传染的性病。以不育、子宫积脓和流产为特征。系由原虫寄生的胎儿毛滴虫所引起。流产和子宫积脓常常是牛群首先见到的滴虫病症状，但也可在较少的动物中发生。不孕的特征以重复配种和长短不规则的发情周期最常见。新近感染牛群的发病百分率很高。通常认为青年母牛易感性最强，然而免疫力并不随年龄而增强，但可通过接触而产生。本病感染局限于生殖道，仅在交配时传播，很少例外。接下来，我们将这种病毒的临床症状、诊断方法以及控制措施详细讨论如下：

（1）临床症状。清净的牛群滴虫感染后可长时间不被注意。母畜感染后可引起轻度阴道炎，常常不被发觉，直到发生子宫积脓、流产或生育力下降后才第一次察觉本病的存在。本病首先感染阴道,而后 20 d 内进入子宫,引致子宫内膜炎,致使合子发生感染,死亡或吸收。子宫炎症可使发情周期缩短,当胚胎存活超过 14 日龄时,出现长发情周期或发情周期中断。当胚胎死亡、排出或吸收时,发情周期重新开始。由本病感染引起的子宫积脓,含有浸软胎儿的组织。子宫积脓可持续很长时间,除非发现并给予治疗。牛滴虫病引起的流产常常是在妊娠 5 个月以前发生,并且胎膜常与胎儿一起排出。

(2)诊断方法。当牛群引进新畜后,出现上述症状,应怀疑是滴虫病或弧菌病。本病的诊断至少要在牛群中有一头牛找到滴虫。没有其他试验(如血清试验)能满意地查出滴虫病。滴虫可在流产胎儿的组织、胃内容物和胎盘液中大量找到。流产后滴虫可在子宫内存留数天,并在子宫脓液中大量找到。特别是子宫颈处于封闭而细菌尚未污染子宫时,有时细菌污染取代滴虫的感染。在阴道吸取液中可找到滴虫,特别在发情前 2～3 d。由于公牛是感染源,而且保持长时间的感染,因此公牛常作为牛群滴虫感染的诊断。用吸管或海绵纱布取阴茎包皮垢,经培养或用显微镜检查滴虫。

(3)治疗和控制。除有子宫积脓或流产合并继发感染外,大多数牛能自愈,无须个别治疗。一般建议停止交配 90 d,以使免疫力消除感染。牛群采用人工授精,就无动物间的传播危险,而且配种不致中断,母畜复原效果好。公牛应予以治疗,而那些低于治疗价值二倍的公牛必须淘汰。治疗价值不仅包括治疗的本身,也包括治疗成功所用的时间和努力。治疗公牛的一种有效方法是联合应用碘化钠、吖啶黄和 Bovoflavin 软膏。Dimetridazol(1,2-二甲基-5-硝基咪唑)是治疗公牛的特效药物,口服每次 50 mg/kg,连服 5 d。控制滴虫病最好的办法是人工授精,必须检查牛群,发现有子宫积脓和其他可见的生殖道疾患应给以治疗或屠宰。当牛群采用人工授精两年后绝大多数病例能够根除感染。当替换牛入群时应选自高生育率的牛群。

2.弓形虫病

在新西兰,啮齿动物弓形虫能引起绵羊流产。那里的母羊无临床症状,流产是在妊娠最后一个月发生,可见到足月而体弱的羔羊。胎儿无特殊的肉眼病灶,但胎盘子叶呈局限性坏死,其直径可达 2 mm。在某些病例中,这种损害只能在显微镜下检查发现。组织学检查发现脑有局灶性坏死和神经胶质增生。在子叶中可见白色坏死区,用显微镜观察可见有弓形虫,即可确诊。子叶压片亦可找到弓形虫。将胎盘和胎儿组织注入小鼠腹腔中,经 1~2 周后腹腔渗出液即可分离出这种病原体。

(三)细菌性疾病

1.弧菌病

牛弧菌病是一种由胎儿弧菌引起的接触性传染的性病。其特征为流产和不育。分布遍及全世界。本病乳牛少见,因为人工授精的精液基本无此病菌。另一方面,由于肉牛自然交配仍占优势,因而本病在很多牛群中流行。本病的临床作用局限于生殖系统,而且仅通过配种传染。接下来,我们将这种病毒的临床症状、诊断方法以及控制措施详细讨论如下:

(1)临床症状。几乎所有受感染动物都发生不孕和受胎延迟,造成的经济损失最大。感染后的发情周期仍然正常,常有一个或更多的发情周期异常得长,因为受胎后发育的胚胎推迟了发情直到胚胎死亡或被吸收。子宫炎症可引起异常短的发情周期。在母畜中,本病的体征很轻微,以子宫内膜炎和短时少量的阴道积年脓为特征。本病有自限性,约 75% 的病例可于 2 个月内复原,其余 25% 几乎是在 3 或 4 个月内复原。尽管偶尔可检出带菌动物,但其感染已持续全妊娠期,并超过 1 年的时间。细菌以共生关系隐藏在公牛的阴茎和包皮内,不引起任何生理改变,亦不影响精液的质量和性欲。任何年龄的公牛都可能是本病机械带菌者,但通常只有 3 岁或更大的公牛能成为带菌者。应着重指出,牛弧菌病伴发流产只在少数病例中发生。绵羊弧菌病的特征是妊娠晚期流产。本病可使 80％以上的羊群感染。

(2)诊断方法。在牛群中,每次受胎配种次数的增加,肉用牛配种和产犊季节的延长,都可怀疑为本病。本病的确诊应采用一种或多种实验室方法来证实。感染后 80 d 内阴道黏液凝集试验可能呈阳性,并于 7 个月内可回复到阴性。性周期中最好采集标本的时间是间情期,发情期过后立即出现假阳性,发情期的当时可出现假阴性的结果。由于上面不同的论述,试验的标准步骤是选择不孕母牛于配种 60 d 以后采集样品,呈阳性滴度的牛群已经感染。胎儿弧菌可由阴道或宫颈黏液培养出来。以无菌手术收集样品于吸管中,冷藏,送实验室培养,用荧光抗体鉴定公牛包皮鞘洗液中的病菌。所有诊断步骤的正确性有很大的差异,因而主要用于鉴定牛群的感染。随后,以这些感染牛群为一组进行治疗。绵羊的流产可用显微镜直接观察,或从胎盘或流产的胎儿培养胎儿弧菌进行诊断。

(3)治疗和预防。外阴正常的母牛,大多数病例可自愈,公牛可全身注射或局部涂擦链霉素进行治疗,或联合应用。将外阴异常的牛从牛群中移除,并用未感染病菌的精液进行人工授精二年,以从牛群中消灭本病。一种牛弧菌疫苗是有效的,应在母畜配种季节开始前二个月使用。一种羊弧菌疫苗,在配种前或早期妊娠时使用对预防流产是有效的。

2.李斯特菌病

李斯特菌病主要侵袭神经系统,但可能引起绵羊和牛暴发流产。流产发生于妊娠晚期,且伴有胎盘滞留、子宫内膜炎和母畜死亡。局部和全身应用抗生素治疗可防止死亡,本病与饲喂青贮饲料和应激有关。尚无有效的疫苗。

3.布鲁氏菌病

布鲁氏菌病是由布鲁氏菌属(流产布鲁氏菌、马耳他布鲁氏菌、猪布鲁氏菌、羊布鲁氏菌、狗布鲁氏菌)的一种引起动物和人的传染性疾病。在动物中,以生殖道和乳腺感染,而人则以波浪热为特征。牛布鲁氏菌病也叫 Bangs 病和传染性流产。布鲁氏菌病对公共卫生和经济的重要性是世界性的广泛问题。对畜牧生产者造成的损失为流产、早产、不孕和牛奶产量下降。人可能因为食用生牛奶制品而引起感染。由于接触阴道分泌物、胎儿、胎盘、尿、粪便和尸体中的细菌所致病,人的布鲁氏菌病占有很大的比例。动物的布鲁氏菌病是由于采食了被子宫分泌物和牛奶污染的饲料而传染,受感染的公畜可能在配种时传播布鲁氏菌。性未成熟的青年动物的感染无致病作用,且于数周内被消除。在成年未妊娠的母畜中,病原体局限于乳腺,以后妊娠时病菌散布入子宫。在妊娠动物,布鲁氏菌侵入子宫、胎盘和胎儿,最终引起胎儿死亡,和胎儿未成熟即排出。接下来,我们将这种病毒的临床症状、诊断方法以及控制措施详细讨论如下:

(1)临床症状。牛感染流产布鲁氏菌最突出的临床症状是妊娠 5 个月后发生流产。在以后的妊娠中,产犊可能正常,然而,同一头牛也可能发生第二或第三次流产。流产后最常见的后果是胎衣滞留和子宫感染。严重的子宫感染可引起不孕。在公牛,睾丸可能发生感染,如果包括双侧睾丸感染则将导致不育。猪布鲁氏菌感染猪,最常见的症状是流产或产体弱仔猪。已流产过一次的母猪,以后能正常产仔。流产后子宫可能有持续而少量的分泌物,母猪感染可导致暂时性或永久性的不孕,这取决于子宫感染的持续时间。公猪睾丸感染可引起不育。用羊布鲁氏菌感染绵羊,其特征是公羊产生附睾炎引起不育,母羊偶尔发生流产或产体弱的羔羊。狗感染狗布鲁氏菌的特征是流产、产仔困难,附睾炎和不育。

(2)诊断方法。布鲁氏菌病的诊断,实验室方法包括病原菌的分离和测试血清和牛奶中有无特异性抗体。布鲁氏菌可从流产的胎儿、胎盘、子宫分泌物、牛奶和精液中分离出来。检查布鲁氏菌抗体的牛奶环状试验是检出患病奶牛群和监视无病牛群最实用的方法,可用于大批牛奶样品的检查。在扑灭措施中,显示阳性环状试验的牛群,以后再用血清试验检查,以鉴定出感染的个体。血清凝集试验是对个体牛布鲁氏菌病最常用的检查方法。

（3）控制措施。牛布鲁氏菌病的控制主要依靠卫生措施,布鲁氏菌 19 号菌苗预防接种、检出和处置感染动物。19 号弱毒菌苗用于控制牛布鲁氏菌病有良好的保护作用。使用得当时不会引起动物间的传播。青年母牛在 4~6 月龄时,免疫接种可产生 7 年或更长的抗感染力,而且对扑灭措施中的血清学试验不起反应。用 19 号弱毒菌苗进行有效接种可以减少感染率,作为主要检验和消除阳性动物的方法是经济可行的。猪布鲁氏菌病的控制主要依靠检出和消灭感染群。到目前为止,尚无用于猪布鲁氏菌病的有效疫苗。在公羊中,羊布鲁氏菌病的控制可用消灭感染公羊和给未成熟公羊以疫苗接种作为替换。

4.绵羊流行性流产（EAE）

绵羊流行性流产（EAE）发生于世界很多地区,并在美国西部得以确诊。在新近感染的羊群中,流产率可高达30%。再感染的羊群流产率小于5%。母羊在妊娠最后一月发生流产。流产一直延续到正常产羔时。一些胎儿可能为足月活产,但为病羔。胎儿一般很新鲜,并无特殊病灶。有重要诊断意义的病灶发生在胎盘。子叶坏死、表面干燥、呈暗黄色或灰色。绒毛尿囊膜呈棕色且增厚,常描述为"皮革样"。EAE 的病原体为衣原体属中的一种。本病应与弧菌病相区别。EAE 的诊断是根据子叶或胎盘渗出液的涂片发现病原体。

绵羊流行性流产能产生免疫力。一次感染即可产生终身免疫。另外,预防接种可防止本病。

5.钩端螺旋体病

牛、马和猪的钩端螺旋体病是由不同血清型的钩端螺旋体引起的疾病。广泛分布于美国和世界其他各地。家畜和野生动物均为人钩端螺旋体病的感染源,仅有很少部分的感染动物有明显的病态,但有很高比率的动物可能发生持续的肾感染,并传播病原体。病牛康复后可保持肾带菌者 3 个月左右,但猪、野生啮齿动物和臭鼬可能成为永久性的传染源。本病的传播最常发生于感染动物的尿液污染草原、饮水和饲料,也可通过流产胎儿和污染的精液而传染。接下来,我们将这种病毒的临床症状、诊断方法以及控制措施详细讨论如下:

(1)临床症状。波摩纳螺旋体是牛感染的最常见的病因。这种血清型和流感伤寒钩端螺旋体可引起急性溶血性贫血,特别是青年牛的尿液含有血红蛋白,妊娠晚期流产和奶产量典型下降是最常见的临床症状。犬钩端螺旋体和出血黄疸性钩端螺旋体引起牛的临床病症尚不太清楚,但二者均可引起流产。在牛群中暴发哈勒焦钩端螺旋体感染可能有少数发生流产,但最常见的特征是受孕困难,可成为持久性的问题而延续数月。钩端螺旋体感染可引起猪、绵羊、山羊和马的流产。马尚可继发一种眼病,叫做周期性眼炎。

(2)诊断方法。钩端螺旋体从有临床症状的动物不易分离,特别是从牛流产胎儿中更难分离。从尿液中分离出钩端螺旋体表示慢性感染,因而实际上对诊断帮助不大。最可靠和最常用的诊断方法是试管和平板凝集试验。在发病时,可从可疑钩端螺旋体病动物采取血清样品,与几种血清型中的每一种进行试验,而且在动物恢复期重复试验。控制急性感染的动物可用链霉素和四环素治疗,同时还能消除肾带菌者。

(3)控制措施。牛、马利用猪钩端螺旋体疫苗接种,对控制本病临床症状已有成效。由于免疫力很快减弱,动物至少要每年接种一次。目前,各种含有波摩纳钩端螺旋体的疫苗和另一种含有常见的五种钩端螺旋体血清型的疫苗已应市。

第三节 提高繁殖力的措施

提高动物的繁殖力,从根本上说就是要使繁殖公、母畜保持旺盛的生育能力,保持良好的繁殖体况;从管理上说要注意尽可能提高母畜受配率,防治母畜不孕和流产,防止难产;从技术上说要提高受胎率等。因此,提高畜群繁殖力的措施必须综合考虑上述因素,充分利用现代化繁殖新技术,挖掘优良公、母畜的繁殖潜力。

一、严格选种、充分利用高繁殖力种畜的遗传潜力

动物的繁殖性状是一种受众多遗传和环境因素影响的复杂性状,其遗传力虽然很低,但却与生产性能和经济效益紧密相关。同一品种内各个体之间的繁殖力有较大的差异,因此必须选择繁殖力高的公、母畜作种畜。

选择公畜时,要参考其祖先的生产能力,并对被选个体的生殖系统发育情况(如睾丸的外形、硬度、周径、弹性等)、性欲、交配能力、射精量、精子形态、精子密度和精子活力等进行检查,合格者可用于试配,然后根据试配结果再做选择。研究表明,动物精子形态性状与其后代的生产性能有一定的关系。在种公牛,已发现精子头长与受胎率呈正相关,头宽则与受胎率呈负相关。精子形态差异能真实反映雄性动物个体间的繁殖力遗传差异。因此,在育种中应注意对雄性精子形态性状的选择。

选择母畜时,应注意性成熟的早迟、发情排卵的情况,应注意对一次情期受胎率、初产年龄、产仔间隔期、排卵数、窝产仔数、初生窝重和断奶窝重等繁殖性状的选择。但有些繁殖力指标不应过分追求,如窝产仔数特别多的母猪产出的仔猪个体体重较小,抗病力差,生长缓慢,不利于提高经济效益。

二、提供全面、均衡的营养

除遗传因素以外，营养因素对动物繁殖力也有较大的影响。营养水平过低，导致家畜出现生长发育不良、母畜瘦弱、生殖机能抑制、胚胎死亡率增高、护仔性减弱、仔畜成活率降低等不良现象。故而，对种畜应根据品种、年龄、生理阶段、生理状态和生产性能而给予合适的营养水平。不仅要确保营养的充足供应，还要均衡饲料中的蛋白质、矿物质、维生素、微量元素等各种营养元素的搭配。因为维生素和微量元素对动物生殖活动有直接作用，如果供应不足，必将严重影响动物的繁殖力，甚至会造成不孕不育。另外，饲料中的一些有毒有害物质，如植物激素、棉酚、硫代葡萄糖苷素、残留农药、化学除草剂、黄曲霉菌毒素类等，也是必须注意的，这些物质有的是饲料中本身含有的，有的则是饲料生产、加工、保存过程中形成的，它们对动物繁殖力有着十分严重的危害，必须予以严格控制。

三、建立良好的饲养环境

环境条件可改变动物的繁殖活动。在自然环境条件中，以气候的影响程度最大。有研究表明，在我国南方，夏季炎热的气候引起动物热应激，繁殖力下降，空怀期延长；而在北方寒冷的冬季，营养条件差的动物，由于能量不足，能量代谢出现负平衡，易造成产后母畜繁殖机能恢复时间延迟，表现出长时间乏情。此外，活动空间对动物繁殖力也有较大影响，畜舍拥挤、缺少运动场所使动物处于应激状态，均可降低繁殖力。因此，应给动物建立良好的环境条件，应注意畜舍通风，并保证有足够的活动场所。高温季节要采取降温防暑措施，严冬季节要注意保暖防冻。

四、强化科学管理

科学的管理措施是提高动物繁殖力的重要手段之一。在现代化的畜牧场,对整个畜群要应用计算机建立档案,检测畜群生长发育、生产、繁殖等情况。对种畜,特别是种公畜要建立运动制度。

实行标准化的生产,生殖激素的合理推广应用是进行繁殖管理的重要手段。为了提高生殖激素的应用效果,标准化的激素制品十分重要。精液和胚胎生产、动物繁殖技术推广应用也需标准化。人工授精、胚胎移植、诱导发情、诱导泌乳、不孕症治疗等技术的实施,必须有标准化的操作程序并正确地使用药物,才能保证繁殖技术的推广应用效果和畜产品质量。

动物繁殖活动受到人的控制,科学的管理措施有利于提高动物繁殖力。要注意各种影响动物繁殖力的疾病,及时淘汰那些繁殖力低又无治疗意义的病畜。在现代化的畜牧场,对整个畜群要应用计算机建立档案,监测畜群生长发育、生产、繁殖等情况。对种畜,特别是种公畜要有合适运动量或使役。

五、准确地发情鉴定和适时配种或输精

正常情况下,刚刚排出的卵子生活力较强,受精能力也最高。一般在母畜发情后或排卵前 10～20 h 配种或输精最适宜。这时已完成获能的精子与受精能力强的卵子相遇,受精的几率最大。一般说来,输精或自然交配距排卵的时间越近受胎率越高,这就要求对母畜的发情鉴定要准确,才能做到不失时机。

对马、牛等大家畜的发情鉴定,通常采用直肠检查法为主。主要根据卵泡的有无、大小、质地等的变化,掌握卵泡的发育程度和排卵时间,以决定最适宜的配种或输精时间。近年来在推行直肠把握输精方法的同时结合触摸卵泡发育程度进行输精,情期受胎率达 60% 左右。

对羊的发情鉴定,多采用输精管结扎或带布兜的公羊试情,当公羊爬跨时母羊站立不动即为发情,应考虑配种或输精。

母猪发情可用公猪直接诱情并结合压背试验,凡有静立反射的母猪可进行配种或输精,经诱情的母猪其排卵数、受胎率和产

仔数比不加诱情者相应增加。

六、及时早期妊娠诊断，防止失配空怀

母畜配种之后，要及时掌握母畜是否妊娠、妊娠的时间、胎儿的发育情况及母畜的生殖器官的变化情况。确定母畜是否妊娠，以便按妊娠母畜对待，加强饲养管理。母畜未孕要及时找出其未孕的原因，并密切注意其下一次的发情，抓好再配种工作，防止失配空怀，减少经济损失。

七、降低早期胚胎死亡率与流产

早期胚胎死亡和流产是影响产仔数等繁殖力指标的重要因素之一。即使是具备正常生育能力的动物也常发生早期胚胎死亡。据有关报道，牛、绵羊和猪的早期胚胎死亡率约为 25%，马为 10%～20%。胚胎死亡的原因比较复杂，有可能是精子异常、卵子异常、激素失调、子宫疾患及饲养管理不当等引起。因此，必须注意适时输入高质量的精液，对妊娠期的母畜要加强饲养管理，要防止挤斗及滑倒，役畜要减少使役时间，防止胚胎死亡和流产。

八、避免不育（不孕）症的发生

不育是由阻碍繁殖的一种永久性或暂时性的因素引起的，可泛指雌、雄动物，不孕是对雌性动物而言，是指该动物在应该受孕的时间内而未能受孕。

对于种畜而言，繁殖力就是生产力，不育（不孕）就意味着繁殖力受到破坏，生产力受到损失，严重地影响畜群的增殖与改良。

不育（不孕）是由于两性生殖系统生理机能的失常引起，也可以由其他器官严重的疾病间接造成，以致损害配子的发生、交配能力减弱、胚胎发育障碍等。不育（不孕）的种类很多，原因也很复杂，大致可分为如下四类：

（1）先天性不育（不孕）。包括幼稚病、异性孪生、雌雄同体、隐睾。

（2）获得性不育（不孕）。包括症状性、营养性、使用性、气候性。

（3）人为的不育（不孕）。如配种和人工授精技术上的错误以及条件的性反射（恶习），或青年家畜的两性隔离、延长泌乳期或绝育手术等。

（4）衰老性不育（不孕）。年龄过大的家畜常常会出现不育（不孕）现象，这是不可避免的。

为了防止不育（不孕）对生产带来的损失，我们必须作好以下几个方面工作：

（1）定期全面检查繁殖母畜。防治不育（不孕）时，首先应该有目的地向饲养员、配种员或挤奶员调查了解家畜的饲养、管理、使役、配种情况，有条件时可查阅繁殖配种记录和病例记录。调查饲料的种类和品质，了解饲料的加工和保管办法。不仅要详细检查生殖器官，而且要检查全身情况，有条件的地方，要定期对母畜进行繁殖健康检查。

（2）建立完整的繁殖记录。每头动物应该有完整准确的繁殖记录，标记应该清楚明了。一般来说，作为繁殖记录，应该包括分娩或流产的时间，发情及发情周期的情况、配种及妊娠情况、生殖器官的检查状况、父母亲代的有关资料、后代的数量及性别、预防接种及药物使用以及其他有关的健康情况。在大型饲养场，应该有日常报表。

（3）完善管理措施。改善管理措施是有效防治不育（不孕）的一个重要方面，因为在家畜的不育（不孕）中，由于管理不善引起的要占较大比例。例如母畜屡配不孕、流产、死胎等均与管理有很大关系。例如，在进行发情鉴定时，除了仔细观察、详细记录、适时输精外，尚别无他法。这就要求我们的技术人员和工作人员要认真负责，提高管理水平。

（4）注意卫生。在家畜的饲养过程中，尤其是在生殖检查、人工授精、人工助产时，一定要注意防止生殖器官的感染，杜绝严重影响生育力的传染性或寄生虫病的感染，对新购的家畜要隔离观察、严格检疫和预防接种。

第八章　动物繁殖新技术

随着生命科学技术的发展,人们对动物繁殖的各个环节有了更加清楚的认识,并发展出了很多动物繁殖的新型技术,如胚胎移植技术、体外受精技术、动物克隆技术、转基因技术、性别控制技术、动物胚胎干细胞技术、哺乳动物胚胎嵌合体技术等,这些技术在动物繁殖理论研究和畜牧业生产经营方面均具有十分重大的意义。

第一节　胚胎移植

一、胚胎移植技术的界定及其意义

胚胎移植是将一头优良母畜配种后的早期胚胎取出,移植到另一头同种的生理状态相同的母畜体内,使其继续发育成为新个体,也称借腹怀胎。提供胚胎的个体称为供体,接受胚胎的个体称为受体。供体决定其遗传特性,受体只影响其体质发育。

对于提高优良母畜繁殖力而言,胚胎移植是一条十分有效的新型技术途径,其实际意义在于:充分发挥优良母畜的繁殖潜力;缩短世代间隔,便于后裔测定;提高畜牧业生产效率;代替种畜的引进,有效降低畜牧成本;有效保存优良种畜资源,确保畜牧业可持续发展;为家畜疾病防治提供了便利,有效提高了畜牧业的经济效益。

二、胚胎移植技术的生理学基础

胚胎移植技术是在现代生物学的基础上发展而来的,其生物学基础如下:

(1)母畜发情后生殖器官的孕向发育。排卵的母畜在发情后不论是否配种,配种后是否受精,生殖器官都会发生一系列变化。卵巢上黄体的形成造成孕酮的分泌并维持在较高水平,子宫内膜组织增生和分泌机能的增强。这些变化都会为可能存在的胚胎创造适宜的发育条件,为妊娠做好准备。母畜在发情后的最初数日,生殖系统的变化是相同的。只是到了一定的期限(相当于周期黄体的时间阶段)后受精的与未受精的母畜在生理变化上向不同方向发展,产生很大的差别。进行胚胎移植时不配种的受体母畜由于周期黄体的存在,为胚胎发育提供所需的环境。这种发情后母畜生殖器官相同的变化使供体胚胎向受体移植并被接受成为可能。

(2)早期胚胎的游离状态。发育的早期胚胎没有和子宫建立实质性的联系,能独立存在,靠自身贮存的养分维持其发育进程。由于胚胎在发育的早期呈游离状态,可以脱离母体活体而被取出。这一游离状态一直维持到胚胎附植到母体子宫为止。因此,早期的胚胎在短时间内离开活体还可以继续存活,当回到与供体相同的生理环境中时,还可继续发育。

(3)胚胎和受体的联系。移植的胚胎,如果得以存活,在受体子宫内附植并与内分泌系统建立起生理学和组织学上的联系,从而保证以后的正常发育。

(4)胚胎移植与免疫耐受性。受体母畜的生殖道对于本身胚胎和外源同种胚胎都有免疫耐受性,一般不会产生免疫排斥现象。因此胚胎由一个体转至另一个体,可以存活下来。然而,胚胎移植的受胎率,尤其是异种间的胚胎移植受胎率并不理想,是否存在免疫学上的原因,仍有待研究。

(5)胚胎的遗传特性。受体对胚胎并不产生遗传上的影响,不会改变新生个体的遗传特性，或减弱其固有的优良性状。

三、胚胎移植技术的程序

各种动物的胚胎移植技术的操作过程基本相同。主要由供体、受体的选择，供体动物的超排处理，受体动物的同期发情处理，配种或人工授精，胚胎的采集、鉴定，胚胎的体外保存和体外遗传操作及移植等环节所构成。如图 8-1 所示，是动物胚胎移植程序示意图。

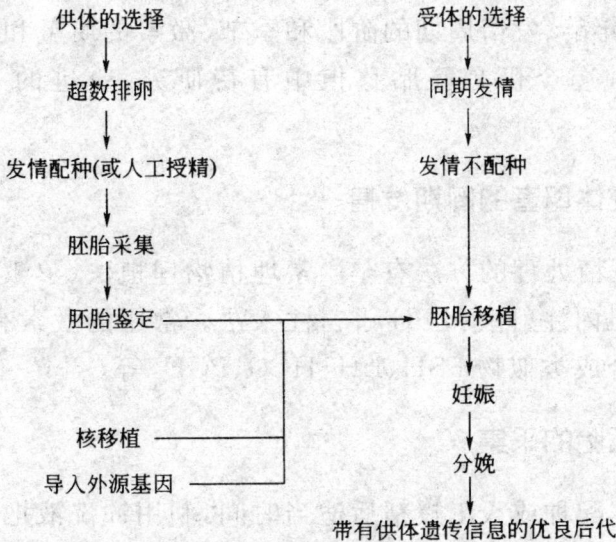

```
        供体的选择                    受体的选择
            ↓                            ↓
        超数排卵                      同期发情
            ↓                            ↓
    发情配种(或人工授精)              发情不配种
            ↓                            ↓
        胚胎采集                          │
            ↓                            │
        胚胎鉴定 ───────────────→  胚胎移植
                        ↑                 ↓
        核移植 ─────────┤               妊娠
                        │                 ↓
    导入外源基因 ───────┘               分娩
                                          ↓
                        带有供体遗传信息的优良后代
```

图 8-1　动物胚胎移植程序

（一）供体母畜与受体母畜的选择

选择的供体不但应有畜种价值，而且生殖机能正常，经超数排卵处理后，可收集得到较多的胚胎。对于牛、猪等家畜，须在产后两个月以上才宜作为供体。

每头供体需准备数头受体。受体母畜可选用非优良品种的个体或本地家畜，但亦应具有良好的繁殖性能和健康状态，体型中等偏上。当选用本地家畜作为受体时，供受体的体型不宜相差太大，否则会因发生难产而前功尽弃。当然，为利用本地家畜繁殖优良的外来家畜,采用剖腹产、牺牲受体母畜来保全优良后代,也是可以考虑的一种策略。在拥有大数量母畜的情况下,可以选择自然发情与供体发情时间相同的母畜,二者发情时间最好相同或相近,前后不宜超过 1 d。由于在一般情况下往往不易找到足够量的合适的母畜作为受体,所以,一般需对供体和受体进行同期发情处理。

(二)供体母畜的超数排卵处理

超数排卵效果的优劣受许多因素的影响,如遗传特性、体况、营养水平、年龄、发情周期的阶段和季节、激素的质量和用量及用药时间等。迄今仍是胚胎移植中有待研究、改进的一个重要问题。

(三)受体母畜的同期发情

同期发情处理的方法有孕激素埋植物埋植法、孕激素阴道栓塞法、PG 肌内注射法和 PG 子宫注入法。常用的激素有 PMSG、GnRH 及合成类似物 FSH、LH、HCG、$PGF_{2\alpha}$ 等。

(四)胚胎的采集

在供体配种或人工授精后适当时间,利用冲洗液把胚胎从供体生殖道冲出,收集在一定的器皿中,以便移植给受体的过程即为胚胎的采集,简称采胚。胚胎的采集一般在配种 3～8 d 后,发育至 4～8 细胞以上为宜。当所回收的胚胎用于胚胎冷冻或胚胎切割时,回收时间可适当延长,但不应超过配种后的 7 d。采胚的数量与采集时间、方法和采胚技术有关。

采胚所用的冲洗液很多,一般多为组织培养液,如 PBS、TCM-199,加入牛血清白蛋白或小牛血清,使用时温度应在 35℃左右,并加入抗生素,以防生殖道感染。

目前,胚胎的采集方法主要有如下三种:

（1）离体生殖道回收法。离体生殖道回收法主要用于小鼠。一般将小鼠用颈脱臼法处死，立即剖腹，无菌采取生殖器官，去除子宫和输卵管上附着的韧带和脂肪，用生理盐水将血液洗净。小鼠的输卵管很细，若要回收进入子宫前的早期受精卵，可将输卵管直接放入含少量冲卵液的平皿内，用检卵针将输卵管膨大部剖开，来回拨动组织块，检出游离的卵子。回收进入子宫的胚胎时，先冲洗生殖器官，然后从子宫体部将两侧子宫角分开，在宫管结合部剪去输卵管，将子宫角放入平皿，用冲卵液分别反复冲洗两侧子宫腔，收集冲卵液，放在实体显微镜下检卵。

（2）手术采胚法。手术采胚法多用于羊、猪、兔等动物，此法具有胚胎回收率高的特点，若需采集牛进入子宫前的胚胎时，也可使用这种方法。动物种类不同，手术部位稍有差异，但回收方法基本相同。手术法采胚时，应先将动物进行麻醉、保定，然后按常规手术法消毒、盖上术巾，随后逐层切开腹壁皮肤、腱膜、肌层和腹膜，暴露子宫、输卵管及卵巢，检查卵巢的反应情况并做记录。术者要求带乳胶手套操作，操作过程中不可直接抓住卵巢向外拉，以防造成术后粘连，如果发生此种情况，应及时用生理盐水冲洗或术后向腹腔内注入高渗葡萄糖液。如图 8-2 所示，是手术法收集胚胎的示意图。一般地，胚胎的冲洗方式有如下三种：

①由宫管接合部冲向输卵管伞，此法冲胚率高，很少损害生殖道。

②由输卵管伞冲向宫管接合部，本法适用于猪，是由一个插入该处的钝注射针头或光滑的细玻璃管收集胚胎。上述这两种采胚方式为输卵管采胚法，具有冲卵液用量少、胚胎回收效率高且省时等优点，缺点是容易造成输卵管粘连。

③由子宫角尖端冲向子宫角基部，即子宫采胚法，此法用于发情 5 d 以后收集子宫的胚胎，其胚胎回收率比输卵管采胚法少，冲卵液用量多，但对输卵管的损伤小。

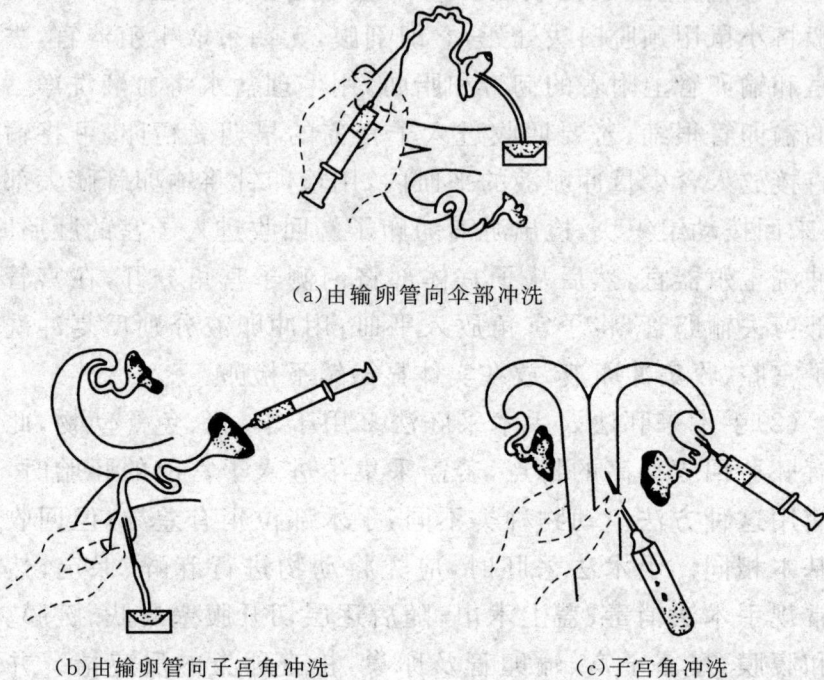

(a)由输卵管向伞部冲洗

(b)由输卵管向子宫角冲洗　　　　　　　(c)子宫角冲洗

图 8-2　手术法收集胚胎

　　(3)非手术采胚法。牛、马可采用非手术采胚法,由于它比手术法简便易行而且伤害生殖道的危害性小,故有较大的优越性。非手术采胚法前先尾椎麻醉,然后将三通管插入子宫角内注入空气或水将三通管的气球充满,以堵塞子宫角基部。注意气球充盈度,避免对子宫内膜的过度压迫。用 30～60 mL 冲洗液灌入,充满一个子宫角,再令其回流至集卵皿,同时隔着直肠轻轻按摩子宫,最好用手在直肠内将子宫角提起。这样多次重复冲洗,直至用完 300～800 mL 冲洗液。然后用同样方法冲洗另一个子宫角。收集马的卵母细胞或胚胎,气球应放在子宫颈内充气,同时冲洗两个子宫角。牛、马的胚胎用非手术法收集时,通常在配种后 6～8 d 胚胎进入子宫角时进行,此法不能收集位于输卵管内的胚胎。如图 8-3 所示,是牛非手术冲卵的示意图。

　　一般地,实验动物多采用离体生殖道回收法,绵羊、山羊、猪和其他中小动物多采用手术采胚法,但近来在羊胚胎的采集中也有关于使用非手术法采胚的报道。大家畜的胚胎多采用非手术法。胚胎的回收率与采胚方法有关,通常非手术法的采胚率要比手术法的采胚率低,但因其具有简单、节省费用且便于操作等特点,因而被广泛地应用于实践中。

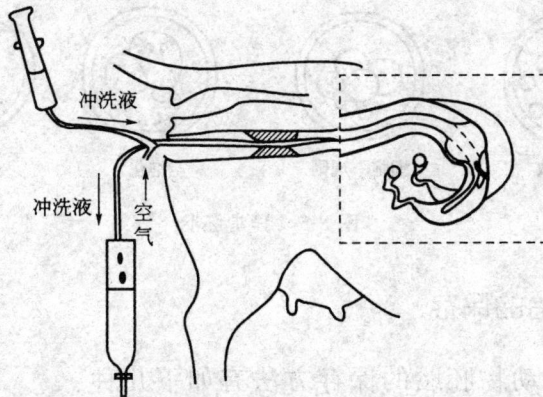

图 8-3　牛非手术冲卵

(五)胚胎的检查与鉴定

冲出的胚胎在净化结束后,将盛有胚胎及冲洗液的器皿置于倒置显微镜下,观察所收集胚胎的数目、形态和发育状况(如图8-4和图8-5所示)。一般地,人们将胚胎分为三个等级,即 A、B、C 三级,它是根据胚胎的发育能力及其中的变性细胞所占的比例为标准进行划分的。

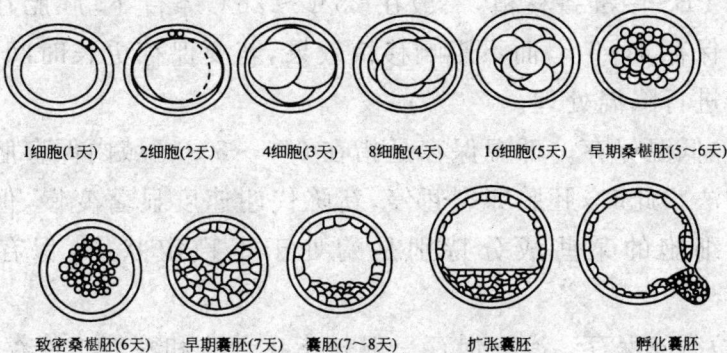

1细胞(1天)　2细胞(2天)　4细胞(3天)　8细胞(4天)　16细胞(5天)　早期桑椹胚(5~6天)

致密桑椹胚(6天)　早期囊胚(7天)　囊胚(7~8天)　扩张囊胚　孵化囊胚

图 8-4　不同发育阶段正常胚胎

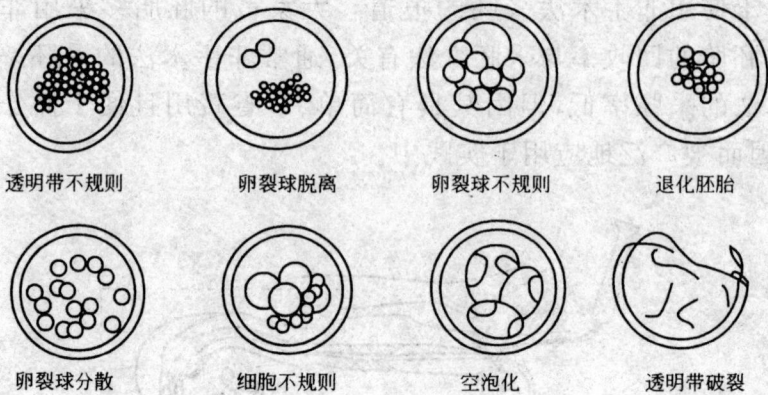

图 8-5　异常胚胎

透明带不规则　卵裂球脱离　卵裂球不规则　退化胚胎

卵裂球分散　细胞不规则　空泡化　透明带破裂

（六）胚胎的保存

一般地，动物胚胎的保存方法有如下几种：

（1）异种活体保存。一般将暂不使用的胚胎放在活体同种或异种动物的输卵管内保存。早在 1961 年，英国农业研究委员会生殖生理和生物化学研究室将母羊胚胎移植到母兔体内，以母兔作为一个活体卵孵育箱，空运到非洲，将胚胎从兔体内取出，移植到当地羊体内成功产羔。即使这样，异种胚胎在兔输卵管内保存的时间有限。此外，为避免胚胎在异种动物输卵管内的丢失或吸收，可用琼脂柱先将胚胎封存。

（2）常温保存。经检胚鉴定认为可用的胚胎，可短期保存在新鲜的 PBS 中准备移植，一般在 25℃～26℃条件下，胚胎在 PBS 液中可保存 4～5 h，而不影响移植效果，若要保存更长时间，则需对胚胎进行降温处理。

（3）低温保存。低温保存是指在 0℃～5℃区域内保存胚胎的一种方法。此时，胚胎卵裂暂停，新陈代谢速度显著变慢，但尚未停止。细胞的某些成分特别是酶处于不稳定状态，保存时间较短。

（4）冷冻保存。冷冻保存一般是指在干冰和液氮中保存胚胎。其最大的优点是胚胎可以长期保存，而对其活力无影响。胚胎冷冻的方法很多,常用的有三种,分别是缓慢降温法、快速冷冻法、玻璃化冷冻法。限于本书篇幅,这里不再赘述这些方法的具体原理及操作流程。需要特别注意的是,用快速冷冻法保存的胚胎,解冻后要用不含抗冻剂的20%血清PBS冲洗3~4次,彻底脱除抗冻剂。或将解冻后的胚胎放入0.5 mol或1.0 mol的蔗糖溶液中平衡约10 min,再将胚胎在不含抗冻剂20%血清PBS中清洗3~4次。

(七)胚胎移植

胚胎移植的方法同采胚方法类似,一般采用如下两种手段:

(1)手术法移植。在进行采集胚胎或检查胚胎的同时或之后,麻醉固定受体,清洗和消毒受体右肷窝部,并做一切口。找到排卵侧卵巢,把吸有胚胎的注射器或移卵管刺入子宫角前端,将胚胎注入同侧的子宫角或输卵管内。然后将子宫或输卵管复位,缝合切口。

(2)非手术法移植。此法适用于牛、马等大动物。移植时间一般在发情后第6~8 d,移植前将可移植的胚胎吸入0.25 mL塑料细管内,隔着细管在实体显微镜下检查,确定胚胎已吸入细管内,然后将吸管装入移植枪内,通过子宫颈插入宫角深部,注入胚胎。如果向一头受体移植两个或两个以上胚胎时,应按照胚胎数均等地分别注入到两个子宫角内。非手术移植要严格遵守无菌操作规程,以防生殖道感染。

这里需要特别指出的是,在胚胎输入输卵管或子宫角时,为防止胚胎粘到吸管内而丢失,因此用吸管吸取胚胎的程序应为:先吸入一段保存液,后吸一段空气,然后吸一段含有胚胎的保存液,再吸一段空气,最后吸少量保存液,吸管的尖端再留一段空隙。胚胎移植的部位应与回收胚胎的部位相同。此外,双胚移植高于单胚移植,同侧移植高于双侧移植。对于兔来讲,移植胚胎的数量不宜过多,应以5~10枚为宜。

(八)供体、受体的术后观察

胚胎移植后,应密切观察供体、受体术后的健康情况,并进行妊娠诊断。供体在下次发情时即可照常配种或重复作供体,收集胚胎。对确认为妊娠的母畜,注意营养必须全面,同时加强饲养管理,以确保其顺利妊娠、产仔。

第二节　体外受精

体外受精技术又称卵母细胞体外受精技术(IVF),是一种用经过特殊处理的精子在体外使卵母细胞受精的技术,体外受精胚胎移植后所生婴儿又称为"试管婴儿"。与人工授精相比,体外受精所需精子数减少,精液利用率提高。

一、体外受精技术的基本操作程序

如图 8-6 所示,给出了哺乳动物体外受精的基本操作程序,主要环节包括以下几个方面。

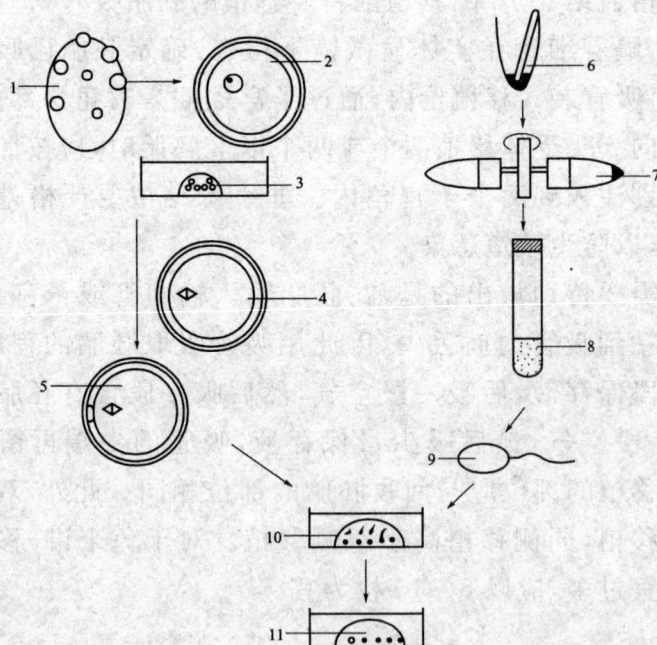

图 8-6　体外受精流程

1—卵巢;2—GV 期卵母细胞;3—卵母细胞成熟培养;4—MⅠ期卵母细胞;5—MⅡ

期卵母细胞;6—精液解冻;7—精子离心洗涤;8—精子获能处理;9—获能精子;10—体外受精;11—胚胎培养

(一)卵母细胞的采集和成熟培养

一般地,卵母细胞的采集方法有三种:第一种是超数排卵,雌性动物用 FSH 和 LH 处理后,从输卵管中冲取成熟卵子,直接与获能精子受精;第二种是从活体卵巢中采集卵母细胞,这种方法是借助超声波探测仪、内镜或腹腔镜直接从活体动物的卵巢中吸取卵母细胞;第三种是从屠宰后雌性动物卵巢上采集卵母细胞,这种方法是从刚屠宰雌性动物体内摘出卵巢,经洗涤、保温运输后,在无菌条件下用注射器抽吸卵巢表面一定直径卵泡中的卵母细胞。

(二)卵母细胞的选择

采集的卵母细胞绝大部分与卵丘细胞形成卵丘卵母细胞复合体。在家畜体外受精研究中,常把未成熟卵母细胞分成 A、B、C 和 D 四个等级。A 级卵母细胞要求有三层以上卵丘细胞紧密包围卵母细胞,细胞质均匀;B 级卵母细胞要求卵母细胞质均匀,卵丘细胞层低于三层或部分包围卵母细胞;C 级卵母细胞为没有卵丘细胞包围的裸露卵母细胞;D 级卵母细胞是死亡或退化的卵母细胞。在体外受精实践中,一般只培养 A 级卵母细胞和 B 级卵母细胞。

(三)卵母细胞的成熟培养

由超数排卵采集的卵母细胞已在体内发育成熟,无须培养可直接与精子受精,对而未成熟卵母细胞需要在体外培养成熟。培养时,先将采集的卵母细胞在实体显微镜下经过挑选和洗涤,然后放入成熟培养液中培养。例如,猪卵母细胞的培养条件是:相对湿度 100%、含 $5\%CO_2$ 的 38℃空气。牛、羊卵子的培养时间为 24 h。

(四)体外受精

体外受精即获能精子与成熟卵子的共培养,除钙离子载体诱导获能外,精子和卵子一般在获能液中完成受精过程。受精培养时间与获能方法有关。在 B2 液中一般为 6～8 h,而用 TALP×10⁶ 或 SOF 液做受精液时可培养 18～24 h。精子和卵子常在小滴中共培养,受精时精子密度为 1～9×10⁶ 个/mL,每 10 μL 精液中放入 1～2 枚卵子,小滴体积一般为 50～200 gL。卵子受精环境中精子数(或者浓度)非常关键,精子数过少则受精率降低,精子数过多则会造成多精子浸入卵子的比例增加。多精子受精的情况下,受精卵很难发育到囊胚期,少数受精卵能够发育到囊胚期的,在胚胎移植后也在母畜体内凋亡。检查成熟卵受精的方法为将受精卵染色在荧光显微镜下观察,只有一个精子进入卵子的情况为正常受精,成熟卵子内进入 2 个或 2 个以上的精子的情况为多精受精。体外受精最容易出现的异常情况是多精受精和卵母细胞的孤雌发育,详述如下:

(1)多精受精。许多动物的受精,一般是一个卵内只进入一个精子,而保持单精状态,但有时则有两个以上的精子进入一个卵内,此现象称为多精受精。

(2)卵母细胞的孤雌发育。在自然条件下,卵子激活是由精子穿入刺激引起的。在 IVF 过程中,有时部分卵母细胞可被一些人工因素刺激,完成减数分裂,排出第二极体并继续发育。由于没有父方 DNA 的参与,在哺乳动物中孤雌激活胚胎目前没有发育分娩的报道。酸性 Tyrode's 液、乙醇、蛋白质合成抑制剂和钙离子载体(IA)均可诱导卵母细胞激活。

(五)胚胎培养

精子和卵子受精后,受精卵需移入发育培养液中继续培养以检查受精状况和受精卵的发育潜力,质量较好的胚胎可移入受体母畜的生殖道内继续发育成熟或进行冷冻保存。提高受精卵发育率的关键因素是选择理想的培养体系,胚胎培养液最常用的是TCM-199。

受精卵的培养广泛采用微滴法,胚胎与培养液的比例为 1 枚胚胎用 3～10 μL 培养液;一般 5～10 枚胚胎放在一个小滴中培养,以利用胚胎在生长过程中分泌的活性因子相互促进发育。胚胎培养条件与卵母细胞成熟培养条件相同。

二、辅助受精技术

辅助受精技术是体外受精技术(IVF)的延伸,它是通过人为方法使精子和卵子完成受精过程,克服精子不能穿过透明带和卵黄膜的缺陷。这项技术起源于 20 世纪 60 年代,在 80 年代得到迅速发展,在医学上已成为治疗某些男性不育症的主要措施之一;在基础生物学中,它对研究哺乳动物受精和发育机理有很重要的价值;它还对挽救濒危动物和充分利用优良种公畜等有重要意义。目前哺乳动物的辅助受精技术有透明带修饰和精子注入两种方法。由于两种方法都需要借助显微操作仪来完成,所以又称辅助受精技术为显微授精。

(一)透明带修饰法

它是运用物理或化学方法对卵母细胞的透明带进行打孔、部分切除或撕开缺口,为精子进入卵黄周隙打开通道,然后把卵子与一定浓度的精子共培养以完成受精过程。这种方法适用于具有一定运动能力,但顶体反应不全,无法穿过透明带的精子。它的优点是对卵子的损伤小,但对于靠透明带反应阻止多精入卵的动物易造成多精子受精,影响胚胎继续发育。目前这种方法仅在小鼠中取得成功。

(二)精子注入法

它是利用显微操作仪直接把精子注入卵黄周隙或卵母细胞的胞质中,前者称透明带下授精(SUZI),后者称胞质内精子注射

(ICSI)，如图 8-7 所示。透明带下授精对注入的精子数有严格要求：具有活力且已发生顶体反应的精子要单个注入；没有发生顶体反应的精子，注入的数目可加大。SUZI 的优点是对卵母细胞的损伤小，已在临床医学上得到运用，但多精入卵是制约这一技术发展的主要原因。胞质内精子注射对精子活力、形态和顶体反应没有特殊要求，只需注入单个精子即可。为提高受精率，有些动物注射后卵子需要人为激活。胞质内注射精子作为治疗男性受精障碍症的方法已在许多国家得以应用，由此获得的试管婴儿数已超过 3000 例。

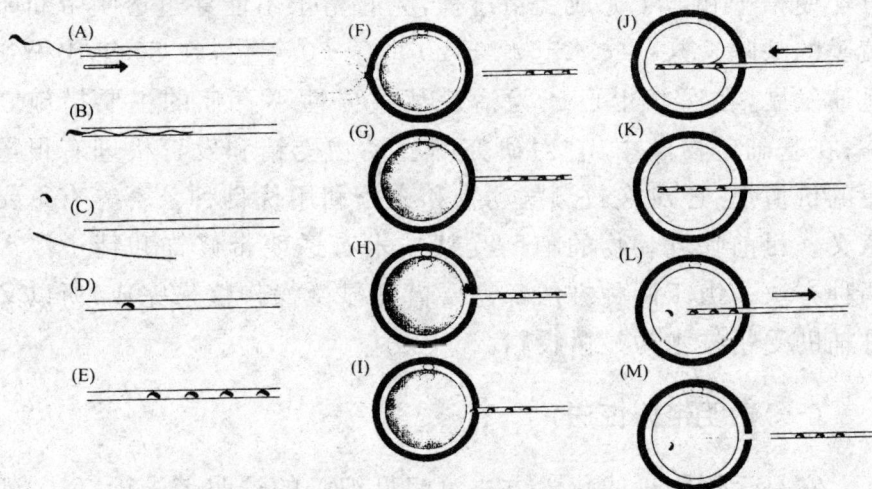

图 8-7 胞质内精子注射基本流程

（A）、（B）用注射针吸入精子，先吸精子尾；（C）用电压脉冲将精子头尾分离；
（D）、（E）将一连串的精子头吸入注射针中；（F）将注射针和持卵针定位到卵子处；
（G）、（H）用注射针将卵子透明带钻一个孔，透明带的柱状碎片被排入到卵周隙中；
（I）、（J）将注射针注入卵子中；（K）借助于电压脉冲装置利用注射针在卵质膜上钻一个孔；
（L）和（M）将一个精子头注入卵泡质中并马上将注射针移出

第三节 动物克隆

克隆是英文 clone 的音译，这一词来源于希腊文，原意是树木的枝条(插枝)。在繁殖学中,它是指不通过精子和卵子的受精过程而产生遗传物质完全相同新个体的一门胚胎生物技术。哺乳动物的克隆技术包括胚胎分割和胚胎克隆(胚胎细胞核移植)两种,一般情况下,仅指细胞核移植技术,其中又包括胚胎细胞核移植和体细胞核移植。哺乳动物的克隆技术可用于批量生产转基因动物,在转基因动物新品种的培育和建立生物药厂等方面有着巨大的应用前景。

一、胚胎分割

胚胎分割是指利用机械或化学方法人为地将一个植入前的胚胎分割成两个或多个部分,然后在适宜的条件下进行体外培养,移植回受体子宫或输卵管(或不经过培养直接移植),从而人工制造同卵双生或同卵多生的技术,是扩大胚胎来源的一条有效途径。其理论依据是早期胚胎的每一个卵裂球都具有独立发育成个体的全能性。

在 20 世纪 30 年代,Pinrus 等首次证明 2 细胞胚的单个卵裂球在体内可以发育成体积较小的胚泡。此后,Tarkowski 等人的实验胚胎学研究成果进一步证明了哺乳动物 2 细胞胚的每一个卵裂球都具有发育成正常胎儿的全能性。20 世纪 70 年代以来,随着胚胎培养和移植技术的发展和完善,哺乳动物胚胎的分割取得了突破性进展。Mullen 等(1970)通过分离小鼠 2 细胞胚胎卵裂球,获得同卵双生后代。后来,Moustafa(1978)又将小鼠桑椹胚一分为二,也获得同卵孪生后代。Willadsen(1979)通过分离早期胚胎的卵裂球,成功地获得了绵羊的同卵双生后代。张涌等通过分割小鼠、山羊早期胚胎,均获得了同卵双生后代。进一步研究表明,四分胚、八分胚也可以发育成新个体。窦忠英等将 7 日龄的牛胚胎一分为四,实现了同卵三生。目前,1/2 胚胎后代的动物有小鼠、家兔、绵羊、山羊、牛、马和人;1/4 胚胎的后代有家兔、绵羊、猪、牛和马;1/8 胚胎的后代有家兔、绵羊和猪。值得说明的是,随着胚胎分割次数的增多,分割胚胎的发育能力明显降低,这可能与胞质的不断减少有关。

胚胎分割方法主要有显微操作仪分割和徒手分割两种,详述如下:

(1)显微操作仪分割。在操作仪操纵下,左侧用固定吸管固定胚胎,右侧将切割刀(针)的切割部位放在胚胎的正上方,并垂直施加压力,当触到平皿底时,稍加来回抽动,即可将胚胎的内细胞团从中央等分切开,也可以只在透明带上作一切口,切割并吸出半个胚胎。此法成功率高,但需要昂贵的仪器设备。

(2)徒手分割。先用 0.1%～0.2% 链霉蛋白酶软化透明带,在实体显微镜下,用自制切割针直接等分切割胚胎,为防止切割时胚胎滚动,可将胚胎置于微滴中进行分割,分开后及时加入液体。本法简单易行,但需要有灵巧而熟练的操作技能。

无论采用哪种方法,分割好的半胚应完全分离,可分别装入空透明带内,也可不装入透明带移植。分割桑椹胚无方向性,而囊胚则必须沿着等分内细胞团的方向分割胚胎。

此外,分割成的半胚在冷冻解冻后经移植仍可以发育成新个体,并可用来生产异龄同卵双生后代,在育种方面发挥作用。毫无疑问,胚胎分割与胚胎冷冻技术可为实施胚胎移植提供大量的胚胎,从而促进了胚胎移植技术的推广应用。

在哺乳动物尤其是大型农场动物进行良种繁殖时,可用胚胎分割技术增加胚胎数目,人造同卵双胎和多胎,移植后便可获得更多的良种。目前,在家畜特别是经济价值较高的牛中,胚胎分割已作为常规技术在商业胚胎移植中应用。胚胎分割也可按需要从一个胚胎切出一部分用于性别鉴定、生产性能测定、冷冻保存或遗传病诊断,视检测结果决定胚胎取舍。

二、胚胎细胞核移植

胚胎细胞核移植又称胚胎克隆,它是通过显微操作将早期胚胎细胞核移植到去核卵母细胞中构建新合子的生物技术。通常把提供细胞核的胚胎称为核供体,接受细胞核的卵子称为核受体。由于哺乳动物的遗传性状主要由细胞核的遗传物质决定,因此由同一枚胚胎作核供体通过核移植获得的后代,基因型几乎一致,称之为克隆动物。通过核移植得到的胚胎可作供体,再进行细胞核移植,称再克隆。

以哺乳动物为材料进行细胞核移植研究开展得比较晚。1981 年,Illmensee 和 Hoppe 采用把小鼠内细胞团(ICM)细胞直接注入小鼠合子中,然后再去除原核的方法,得到了克隆小鼠,可惜的是这项研究未能被重复出来。1987 年,Tsunoda 等把小鼠 8 细胞胚胎的细胞核移植到去核 2 细胞期的细胞质中,获得了克隆小鼠。另外,陆长富和卢光绣也得到了克隆小鼠。1988 年,Stice 和 Robl 把兔 8 细胞胚胎卵裂球的细胞核移植到去核卵母细胞中后,得到了克隆兔。1987 年,Prather 等把牛 8～16 细胞胚胎卵裂球的细胞核移植到牛的去核卵母细胞中,得到了克隆牛。1989 年,Prather 等将猪 4 细胞胚胎卵裂球的细胞核移植入去核卵母细胞中也获得了胚胎细胞克隆猪。张涌等以及邹贤刚等报道,用山羊 32 细胞期胚胎卵裂球的细胞核作供体成功克隆山羊。通过连续核移植的方法,在 1989 年,Willadsen 获得了胚胎细胞连续核移植第二代克隆牛。1990 年,Bondioli 等获得了牛胚胎细胞连续核移植第六代克隆胚胎和第三代克隆牛。1997 年,Meng 等获得了胚胎细胞核移植的克隆猴。

除基本显微操作技术外,细胞核移植基本技术主要包括以下环节:

(1)卵母细胞的去核。完全去除受体卵母细胞细胞核,是进行细胞核移植克隆哺乳动物胚胎的前提。克隆胚胎的发育能力受是否完全除去卵母细胞中期染色体的影响,如果去除不完全,可导致克隆胚胎染色体的非整倍性,造成卵裂异常、发育受阻和胚胎早期死亡。常用去核方法有盲吸法、半卵法、功能性去核法等,限于本书篇幅,这里不再赘述这些方法的基本原理及操作过程,有兴趣的读者可以参阅相关文献资料。

(2)供体的准备和移植。供体核来自早期胚胎,供体核的准备实质上是把供体胚胎分散成单个卵裂球,每个卵裂球就是一个供体核。用移植微管吸取一个卵裂球,借助显微操作仪把此卵裂球放入一个去除核的卵子的卵黄周隙中,即完成移植过程。

(3)卵裂球与卵子的融合。融合是运用一定的方法将卵裂球与去核卵子融为一体,形成单细胞结构。

(4)卵子的激活。在正常受精过程中,精子穿过透明带触及卵黄膜时,引起卵子内钙离子浓度升高,卵子细胞周期恢复,启动胚胎发育,这一现象称为激活。在胚胎克隆过程中,通常用一定强度的电脉冲作用卵母细胞,使细胞质内的钙离子进入受体核区,恢复细胞周期,启动胚胎发育。

(5)克隆胚胎的培养。克隆胚胎可在体外作短暂培养后,移植到受体内,也可在中间受体或体外培养到高级阶段后进行冷冻保存或胚胎移植。

三、体细胞核移植

体细胞核移植(SCNT)技术又称体细胞克隆,是利用一定的设备和技术手段,将动物的休细胞与已经去除细胞核遗传物质的卵母细胞体外重组胚胎,然后再于特定的发育时期将重组胚移植到代孕母体的子宫内,完成发育,生产与体细胞供核体遗传上同质后代的过程。与胚胎技术相比,体细胞核移植有两大优点,一方面,同一遗传性状供体核的数量可无限获得;另一方面,可通过对供体细胞的改造,加速家畜品种改良或生产转基因动物。

科研人员经过长期的研究发现,影响核移植成功的因素一共有三个,分别是受体胞质生物学状态(类型、来源、卵龄、卵泡直径、GV 期卵母细胞分级、体外成熟培养液等)、供体细胞发育状况(类型、周期、传代次数)和核质关系。

在"多莉"诞生之前,人们认为已分化的体细胞是不能分化发育成胚胎的。但是,Wilmut 等用高度分化的乳腺上皮细胞克隆出"多莉"绵羊。在这里,最重要的是要使已分化的细胞脱分化成为未分化的细胞。在他们的实验中,关键的一步是使已分化的乳腺细胞(来自面部呈白色的"Finn Dorset"绵羊)在细胞培养中逸出细胞周期,使它们处于 G_0 期(静息期)。方法是使培养液中的血清浓度从 1％降低到 0.5％,连续培养 5 d。然后以其作供体细胞获得核,以面部呈黑色的"Scottish Blaceface"母绵羊去核卵细胞作受体细胞,通过电脉冲使上述核、质融合成融合细胞。将融合细胞先植入母羊的输卵管中 6 d,使其发育成胚胎,然后将胚胎植入代理母羊的子宫内,其中有一只怀孕成功,产下"多莉"后代。

四、动物克隆存在的问题

目前,动物克隆依然存在如下主要问题:

(1)克隆动物生产费用高。克隆技术涉及的领域较广、难度较大,需要足够的受体动物和昂贵的实验设备,如显微操作仪、拉针仪、磨针仪、煅针仪、电融合仪、培养箱等。

(2)克隆动物成活率低。克隆的成功率与供核细胞的类型及去分化程度有关,一般分化程度越高,成功率越低。在培育"多莉"的实验中,277 个融合胚仅获得了 1 只成活羔羊,成功率只有 0.36％,同时进行的胎儿成纤维细胞和胚胎细胞的克隆实验的成功率也分别只有 1.7％和 1.1％。使用"檀香山"技术,以分化程度较低的卵丘细胞为核供体,其成功率也只有 2％。

(3)克隆动物的个体生理或免疫缺陷。许多克隆牛在降生后两个月内死去,突出表现为:胎儿巨大症,一般比正常体重大 15％～20％,难产率高(20％);器官异常,许多很快死于心脏异常、尿毒症或伴随不能进食的呼吸困难;肥胖症,成年后易患肥胖症。

(4)克隆动物的早衰现象。克隆是否存在早衰现象还有争议。一般认为早衰现象与端粒长度有关。端粒是由染色体末端的重复序列所组成,是由端粒酶的核酸蛋白酶合成。端粒的长度与寿命有关,分裂过程中逐步丢失变短,需要端粒酶来修复。但在成体细胞,端粒酶不会表达,细胞每经一次分裂,其端粒都会缩短。因此,染色体端粒的缩短被认为是老化的标志。

(5)伦理问题。由于担心日益成熟的克隆技术被用于人的克隆,因此,自克隆羊"多莉"诞生之日起,克隆技术就一直深陷伦理道德争论的旋涡之中,引起了各国政府和全社会的广泛关注。

第四节　转基因

动物转基因技术是指运用科学手段,从某种生物体基因组中提取所需要的目的基因或者人工合成指定序列的基因片段将其转入另一种生物中,并与另一生物的基因组进行重组,再从重组体中进行数代的人工选育,从而获得具有特定遗传性状个体的技术。通俗地讲:转基因技术就是指利用分子生物学技术,将某些生物的基因转移到其他物种中,改造生物的遗传物质,使遗传物质得到改造的生物在性状、营养和消费品质等方面向人类需要的目标转变。如图 8-8 所示,给出了转基因动物研究中的里程碑事件。近年来,转基因动物被用来生产非活性蛋白或用外分泌器官生产活性蛋白。绵羊的 β 球蛋白、α_1-抗胰蛋白酶、抗凝血因子IX、组织型纤溶酶原激活剂、凝血因子VIII、白细胞介素-2 等相继在转基因动物的乳腺中表达。目前有 30 多种外源蛋白质基因在转基因动物乳腺中表达。

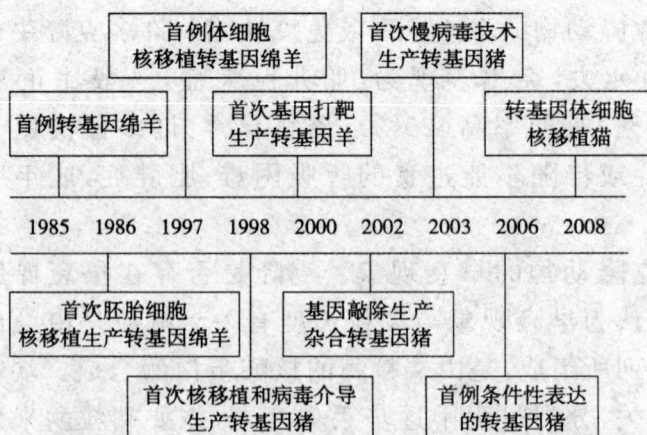

图 8-8　转基因动物研究中的里程碑事件

哺乳动物转基因技术是一系统工程,它包括一系列技术环节。如图8-9所示,是转基因动物生产方法示意图。

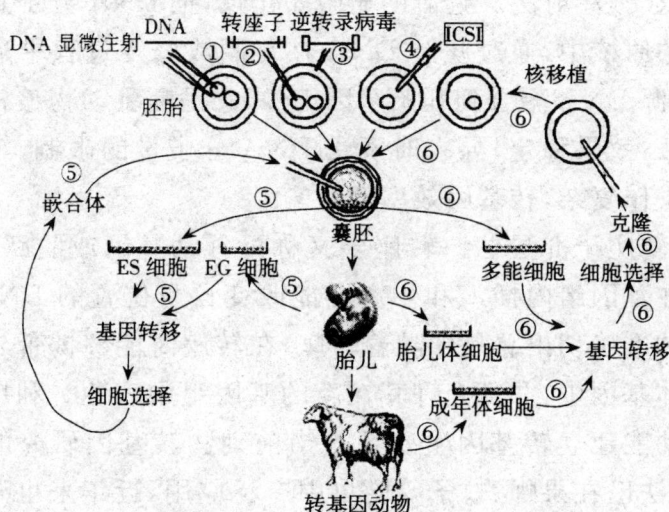

图 8-9 转基因动物生产方法

①显微注射法;②转座子介导法;③逆转录病毒感染法;
④精子载体法;⑤胚胎干细胞介导法;⑥体细胞克隆法

一、基因改造与表达载体构建

为了改进产品的功能和特异性高效表达,需对外源基因进行有目的的改造,并构建成载体,通常包含调控元件的旁侧序列、结构基因序列和转录终止信号,同时还可以引入报告基因与天然启动子,将强启动子序列与目的基因拼接成融合基因。通常选择组织特异性启动子,如乳腺反应器的表达载体常用的启动子有乳清酸蛋白、酪蛋白、乳球蛋白基因的启动子等。为了提高外源基因的表达水平,表达载体中除上游的调控序列外,还在下游插入增强子,目标基因中留内含子。

二、外源基因的导入

将已构建好的、携带外源基因的基因载体系统通过转基因技

术导入细胞内,最后通过胚胎移植获得后代。基因导入有下列几种方法:

(1)显微注射法。它借助显微操作仪,把 DNA 分子直接注入受精卵的原核中,通过胚胎 DNA 在复制或修复过程中造成的缺口,把外源 DNA 融合到胚胎基因组中,它是哺乳动物最常见的转基因方法,效果稳定,导入时不受 DNA 分子量的限制。但是,这种方法操作复杂,转基因效率低。

(2)转座子介导法。转座子又称可移动基因或跳跃基因,是一种可在基因组内插入和切离并能改变自身位置的 DNA 序列。转座子的准确切出总是伴随着转座,在转座时能够携带外源基因进入受体基因中,并且允许其在新的基因组中表达。利用转座子的转座功能建立转基因生殖系是当前动物转基因研究的重要方法,此方法已在果蝇、蚊子等昆虫中广泛应用,近年来也开始研究转座子在其他动物转基因中的作用。

(3)反转录病毒感染法。反转录病毒是双链 RNA 病毒,它侵染细胞后可通过自身的反转录酶以 RNA 为模板在寄主细胞染色体中反转录成 DNA。在利用病毒载体转基因时,首先要对病毒基因组进行改造,将外源基因插入到病毒基因组致病区,然后用此病毒感染胚胎细胞,即可对胚胎细胞进行遗传转化。如果在第一次卵裂之前外源 DNA 整合到胚胎基因组中,可获得转基因动物,在第一次卵裂之后整合,会产生嵌合体,其第二代可能出现转基因动物。此法的最大优点是方法简单,效率高,外源 DNA 在整合时不发生重排,单拷贝单位点整合,并且不受胚胎发育阶段的限制。缺点是携带外源基因的长度不能超过 15kb,载体病毒基因有潜在致病性,威胁受体动物的健康安全。

(4)胚胎干细胞法。这种方法首先是用外源基因转化胚胎干细胞,通过筛选,把阳性细胞注入受体动物的囊胚腔中,生产嵌合体动物,当胚胎干细胞分化为生殖干细胞时外源基因可通过生殖细胞遗传给后代,在第二代获得转基因动物。这种方法可对阳性细胞进行选择,实现外源 DNA 的定点整合。缺点是第一代是嵌合体,获得转基因动物的周期较长。

(5)精子载体法。它是利用哺乳动物的获能精子能结合外源 DNA 的特性,通过受精过程把外源 DNA 导入受精卵,获得转基因动物。它的优点是方法简单,转基因效率高。缺点是效果不稳定,外源 DNA 分子可能会受到受精液中内切酶的作用而影响整合后的功能。

(6)细胞核移植法。首先用外源 DNA 对培养的体细胞或胚胎干细胞进行转染,然后选择阳性细胞作核供体,通过细胞核移植,获得基因动物。这种方法的转基因效率可达 100%,大大降低转基因动物的生产成本。这种方法的广泛应用还依赖于体细胞克隆技术的发展,目前还难以实现。

三、外源 DNA 整合、转录及表达的分子检测

外源 DNA 整合、转录及表达的分子检测在动物转基因技术占有不可或缺的地位,详述如下:

(1)外源基因的整合检测。它是检测动物基因组中是否携带外源 DNA。常用的方法是:用目标基因的一段序列作引物,用聚合酶链式反应仪(PCR 仪)扩增目标 DNA,再通过电泳初步检测是否含有目标基因。然后,用 Southern 杂交检测 PCR 阳性个体是否含有目标基因,如果出现阳性,就可断定为转基因阳性动物。

(2)外源基因的转录检测。它是用 Northern 杂交法对转基因动物某一组织的 mRNA 进行分析检测,出现阳性表明外源基因具有转录活性。

(3)外源基因的表达检测。它是检测转基因动物组织中是否含有目标基因编码的外源蛋白质,常用的方法有酶联免疫法、免疫荧光法和 Western 杂交法。

四、转基因动物品系或品种的建立

第一代转基因动物是半合子转基因动物,因为外源基因仅在一条染色体上稳定整合。只有通过选种选配,将两个半合子转基

因动物成功交配,才能得到纯合子转基因动物,建立转基因动物家系,外源 DNA 才能在后代中稳定遗传。

第五节 性别控制

动物的性别控制技术是通过对动物的正常生殖过程进行人为干预,使成年雌性动物产出人们期望性别后代的一门生物技术。性别控制技术既可以充分发挥动物受性别限制的生产性状,又可以消灭不理想的隐性性别,还可以有效防止性连锁疾病,对人类和畜牧生产均有重要意义。在具体实践中,性别控制的常用方法有两种,分别是免疫分离精子法和流式细胞分类仪分离精子法。

一、免疫分离精子法

实验证实,只有 Y 精子才能表达 H—Y 抗原,因而,利用H—Y抗体检测精子质膜上存在的 H—Y 抗原,再通过一定的分离程序,就能将 H—Y$^+$(Y 精子)和 H—Y$^-$(X 精子)精子分离。将所需性别的精子进行人工授精,即可获得预期性别的后代。这种分离精子的方法依赖于 H—Y 抗血清的制备,尤其是抗血清的质量。

(一)免疫亲和柱层析法

用兔抗鼠 IgG(第二抗体,简称"二抗")与琼脂糖-6MB 颗粒偶联填装分离柱,将待分离精子与大鼠抗 H—Y 血清(第一抗体,简称"一抗")进行预培养,然后洗涤预培养的精子以除去过量的抗体,将洗涤后的精子用免疫亲和柱层析,其中 H—Y$^+$ 精子能与柱内抗体包被的琼脂糖小珠结合,而 H—Y$^-$ 精子则可被大量的缓冲液冲洗下来。当洗脱至显微镜下看不到精子时,收集 H—Y$^-$精子进行人工授精或精子 DNA 分析。然后用过量的非免疫血清洗脱结合到层析柱上的 H—Y$^+$ 精子,直到显微镜下看不到精子为止,收集 H—Y$^+$ 精子用于进一步分析或受精。用这种方法分离小鼠精子进行人工授精,发现 H—Y$^-$ 组获得 4.2% 的雄鼠(对照组为 46.6%),H—Y$^+$ 组获得 92% 的雄鼠,可见分离效果是较好的。

1989 年,Bradley 等也用同样的方法分离绵羊的 H—Y$^+$ 和 H—Y$^-$ 精子,用以 FITC 标记的抗鼠二抗结合,并进行荧光显微镜检查。发现不被层析柱吸附的精子有 70%～80% 为 H—Y$^-$,结合到层析柱上而后被洗脱下来的有 75%～78% 为 H—Y$^+$。而对照组则有 43%～44% 为 H—Y$^+$,56%～57% 为 H—Y$^-$,附睾精子和射出的精子具有同样的趋势。

本方法尚未大规模应用,主要是因为柱层析后幸存的精子相对较少而且活力较低,还达不到生产应用的需要。

(二)H—Y 抗血清直接输入法

1983 年,Zavos 等给家兔阴道输入 H—Y 抗血清,15 min 后进行人工授精,获得了 74% 的雌性仔兔;事先未输入 H—Y 抗血清的对照组,雌兔率为 44.4%。

用小鼠 H—Y 抗原免疫大鼠,将制备的 H—Y 抗体与牛精液孵育后进行人工授精,两年分别获得 81.8%(9/11)和 80%(4/5)的雌性犊牛。用兔 H—Y 抗血清做实验,将效价为 1∶32 的兔 H—Y 抗血清输入发情母兔阴道内,10～15 min 后自然交配,其中两只妊娠母兔最终产下 3 只仔兔,均为雌性。

(三)免疫磁珠技术

免疫磁珠技术的基本原理是:首先用 H—Y 单克隆抗体结合 Y 精子上的 H—Y 抗原,再加上二抗包裹的超磁化多聚体小珠,振荡培养后,Y 精子—单抗复合体即结合到二抗磁珠上,当用磁体对样品处理时,磁化了的磁珠(含 Y 精子)则附在试管上,上清液中的精子便是所需要的 X 精子。

处理精液(以牛为例)时,细管冷冻液在 35℃ 水浴中解冻 1 min,以 900 r/min 离心 4 min,弃上清,精子团在 35℃、pH 7.1 的磷酸盐缓冲液(PBS)中重新悬浮,以 900 r/min 离心 4 min,重复3次,清洗结束后将精子小团在 PBS 中重新悬浮,用血细胞计数器测定样品中精子浓度。

分离时,一抗为对 IgG 的 H—Y 单克隆抗体(McAb12/49),二抗为山羊抗小鼠抗体。如为检测本法的分离纯度,可将二抗用 FITC 标记,再用流式细胞分类仪检验。

将 10 μL 1∶32 倍稀释的 McAb12/49 添加到悬浮在 250 μL PBS 中的 10^6 个精子中,室温下培养 20 min,在加一抗并培养到 10 min 时,轻轻混悬样品。培养结束后,向每个样品添加 1 mL PBS,并以 900 g 离心 4 min。去上清,精子小团在 1 mLPBS 中再悬浮,再次以 900 r/min 离心 4 min,每一小团在 250 μL 中悬浮,然后加入 10 μL 1∶8 倍稀释的二抗,同量向每份样品中添加洗过的超磁化多聚体小珠按每个精子 40 粒珠子添加,即总量为 40×10^6,随后将样品置振荡培养箱中培养 20 min。培养后用光学显微镜检查,每份样品计数 100 个精子,以确定精子与小珠结合的百分比,样品随后用磁体作用 2 min,磁体使磁化了的颗粒黏附在试管壁上,使上清液易于用吸管吸出,上层清液中 98% 以上就是所需要的精子。

二、流式细胞分类仪分离精子法

流式细胞仪在分离两类精子上显示出较大的优势,它的分离原理是 X 精子 DNA 含量略高于 Y 精子。操作方法是用无毒性作用的活体染料将精子染色,染色的活精子逐个通过流式细胞仪的微柱,激光激发荧光染料,使通过微柱的精子发光,X 精子发光量略高于 Y 精子。这种发光亮的微小差别由光学测定仪记录并把信号送给电脑。精液通过激光束后,便被分成微滴,电脑把电子信息反馈到产生微滴的部位,使每个微滴带电。X 精子带正电,Y 精子带负电,当带电精子进入电场后,两类精子便分别向不同的方向移动,进入不同的容器。分离后的部分精子未受损伤,可用于受精。据 Johnson 报道,用分离得到的兔 X 精子输精,获得的仔兔 94％为雌兔。流式细胞仪目前还不能进入实用阶段,主要原因是相对于人工授精的输精量而言,其分离速度太慢,每小时只能分离 35 万个精子。同时,这种方法的技术成本也太高。如果将流式细胞仪分离技术与显微受精技术结合,则可以成功地生产需要性别的胚胎或后代。

第六节　动物胚胎干细胞技术

胚胎干细胞(ES 细胞)是一种从囊胚内细胞团细胞或胎儿原始生殖细胞经分离、体外抑制分化培养得到的具有发育全能性的细胞。ES 细胞的分离培养建系是胚胎生物技术领域的重大成就,同时也是现代生物技术研究的热点和焦点,具有非常重要的研究价值和潜在的应用价值。

一、动物胚胎干细胞技术的原理及意义

科学家通过小鼠 ES 细胞实验发现,ES 细胞可以分化为心肌细胞、造血细胞、卵黄囊细胞、骨髓细胞、平滑肌细胞、脂肪细胞、软骨细胞、成骨细胞、内皮细胞、黑色素细胞、神经细胞、神经胶质细胞、少突胶质细胞、淋巴细胞、胰岛细胞、滋养层细胞等各种功能各异的细胞。如图 8-10 所示,给出的是人的胚胎干细胞分化示意图。由此可见,ES 细胞不仅可以作为体外研究细胞分化和发育调控机制的模型,而且还可以作为一种载体,将通过同源重组产生的基因组的定点突变导入个体,这将是移植医学的一场革命。

胚胎干细胞计算在畜牧业、基础生物学和医学上具有十分重要的意义,主要表现如下:

(1)胚胎干细胞可用于转基因动物的生产。

（2）胚胎干细胞可用于研究哺乳动物个体的发生与发育规律。

（3）胚胎干细胞可在体外研究细胞的分化规律。

（4）胚胎干细胞可用于研究基因的功能。

（5）胚胎干细胞可用于治疗人类的某些疫病。

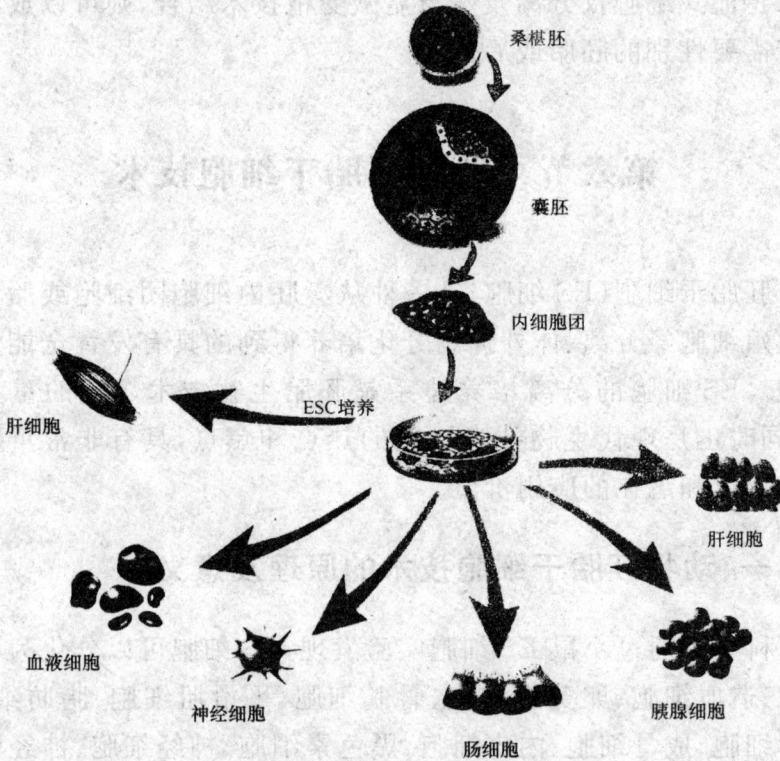

图 8-10　胚胎干细胞分化

二、胚胎干细胞技术的主要环节

胚胎干细胞分离培养技术的主要环节如下：

（1）选择抑制细胞分化的培养体系。培养体系要求不仅能促进胚胎细胞生长，还能抑制细胞分化。目前主要采用滋养层培养体系和条件培养体系以及培养液中添加分化抑制因子三种体系。

（2）早期胚胎的选择。一般选择早期囊胚或囊胚阶段的胚胎,也可选择原始生殖细胞。

(3)早期胚胎的分离、培养和传代。分离 ES 细胞的第一步是获得内细胞团(ICM),然后把 ICM 分散成单个细胞,再放入分化抑制剂培养体系中继续培养,当出现形态均一的未分化克隆细胞时,再把它分散成单个细胞或小细胞团,移入新的培养液中传代培养。

(4)ES 细胞的鉴定及保持。通过分离培养获得的 ICM 或 PGCs 细胞传至 8~12 代时,通过形态分化和细胞生物学等指标的鉴定,才能确认为 ES 细胞系,分离得到 ES 细胞以后,为克服长期培养对遗传物质的有害影响,采用常规保存或冷冻保存两种方法,以维持 ES 细胞的未分化状态。

三、动物胚胎干细胞技术存在的问题

自从 1981 年建立小鼠的 ES 细胞系以来,ES 细胞研究取得了举世瞩目的成就,但是总体上 ES 细胞的研究还处于初级阶段,许多问题还不明朗有待解决。在这里,我们将动物胚胎干细胞技术存在的问题简要概括如下:

(1)分离培养系统问题。目前,ES 细胞的分离培养体系仍沿袭传统的方法,分离成功率很低,真正建系的 ES 细胞只有小鼠、恒河猴和人,因此,需要建立新的或者完善已有的 ES 细胞分离和培养系统,特别是建立无饲养层无血清的培养系统,以避免人 ES 细胞的研究中一切动物源性成分可能带来的安全问题,从而最终提高 ES 细胞培养系统的稳定性、重复性和标准化。

(2)分化与临床应用的问题。通过对 ES 细胞进行诱导分化,不仅可以研究细胞分化的分子机理,而且是 ES 细胞用于组织损伤修复的重要途径。然而,目前还无法对 ES 细胞实施专一性的诱导分化,更无法在体外分化发育成一完整的器官,而且可用于诱导分化的化学物质种类有限。即使将诱导分化的 ES 细胞用于异体移植,不仅存在免疫排斥现象,而且还可能导致畸胎瘤。因此,ES 细胞分化的分子调控机制,以及如何对移植的细胞进行监控和评估等一系列问题还有待于进一步研究。

（3）新来源的 ES 细胞问题。近几年来，发展迅速的治疗性克隆、iPS 细胞等技术，在利用病人正常细胞进行组织自我修复方面具有巨大的应用前景，不仅可以降低或消除传统 ES 细胞治疗所面临的免疫排斥问题，而且可以避免过多的伦理道德问题。然而，这些方法都涉及尚不十分清楚的体细胞核重编程的问题，效率仍然较低，因此，这些新型的干细胞真正应用于临床还有很多问题尚待解决，尤其是需要深化对 ES 细胞产生机理的研究。

（4）伦理道德问题。ES 细胞的研究和应用一直牵涉许多法律、宗教和伦理学问题，除了寻找可以产生多能性细胞的其他途径以外，还需要加强 ES 细胞研究的相关规范和监控。因此，如何保证 ES 细胞的研究始终在有效的监控之下依然任重道远，需要全世界科学家和各国政府共同努力，最终使 ES 细胞的研究造福人类。

四、动物胚胎干细胞技术的应用前景

ES 细胞特有的生物学特性，决定了其在生物学领域有着不可估量的应用价值。在基础生物学方面，对于细胞分化和个体发育的分子机理具有重要的研究价值；在医学方面，ES 细胞是再生医学的种子细胞重要来源之一，同时在药理和毒理研究方面也具有重要作用；对于动物生产而言，在进行 ES 细胞建系和定向分化的同时，在核移植、嵌合体、转基因动物研究方面也进行了广泛的尝试，已经充分体现出 ES 细胞在加快良种家畜繁育、生产转基因动物、哺乳动物发育模型、基因和细胞治疗等方面有着广阔的应用前景。接下来，我们将动物胚胎干细胞技术的应用前景简要概述如下：

（1）组织和器官的修复。ES 细胞最具有诱惑力的潜在应用是修复甚至替换功能丧失的组织和器官。由于 ES 细胞具有发育分化成机体所有类型组织细胞的潜力，因此，各种因素造成的细胞损伤或疾病在不久的将来都有可能通过移植由 ES 细胞定向分化而来的特异组织细胞或器官来进行治疗。特别是随着治疗性克隆和 iPS 细胞等技术的发展和完善,为病人利用自身的正常细胞产生干细胞,然后对损伤组织器官进行"自我"修复奠定了基础。

(2)新药的研制与开发。从理论上讲,ES 细胞可以分化成机体任何组织的正常细胞,为开发新药提供大量标本,因而可用于筛选药物、鉴定新药作用的靶基因位点、筛选潜在的毒素等,从而大大改变研发药品及其安全性检验,如应用人 ES 细胞培养成大量心肌细胞,将有助于心脏病药物的开发等。

第七节 哺乳动物胚胎嵌合体技术

嵌合体动物是指由两种或两种以上具有不同遗传性的细胞系组成的聚合胚发育成的个体。早期嵌合体动物主要作为发育生物学中的一种十分有用的工具,用于研究胚胎发育过程中组织器官的发生等,1986 年建立胚胎干细胞介导的转基因的途径,可制作带有定点突变基因的动物品系。用基因打靶策略可以精确构建疾病的动物模型,在各个水平研究基因功能;用基因诱捕策略可以鉴定新基因和分析它们在生物现象中的重要性,这是其他转基因方法所不能比拟的。嵌合体动物的获得是实现"ES 细胞途径"的决定性步骤,并可用于筛选有种系传递能力的 ES 细胞,因此嵌合体动物技术得到了更广泛的应用。

一、嵌合体研究概况

自通过胚胎融合首次培育出嵌合体小鼠以来,嵌合体动物的研究得到了极大关注。Gardner 创建了囊胚注射法,即注入囊胚里的细胞与宿主内细胞团(ICM)结合形成嵌合体。多种供体细胞支持小鼠嵌合体形成,包括 ICM、畸胎癌细胞、ESC、胚胎生殖细胞、体细胞核移植(SCNT)产生的多能细胞以及诱导性多能干细胞(iPSC)。嵌合体动物在其他哺乳动物中也相继开展,截至2013年的近30年里,科研人员已经嵌合成功的嵌合体动物有小鼠、大鼠、兔、绵羊、山羊、猪、牛、猴等;种间嵌合体动物有大鼠—小鼠嵌合体、绵羊—山羊嵌合体、马—斑马嵌合体、黄牛—水牛嵌合体等。

二、嵌合体的制作方法

动物早期胚胎嵌合的方法按融合方式的不同,可分为聚合法与细胞注入法两种。

(一)聚合法

将去除透明带的两枚8细胞至桑椹期胚胎,或来自两个不同胚胎的卵裂球,或卵裂球与胚胎聚合在一起的方法,即为聚合法。首先,用0.2%～0.5%链霉蛋白酶或酸性PBS(pH4～5)处理去除透明带,然后在培养液中洗涤裸胚两次。接下来,我们将聚合法简要讨论如下:

(1)裸胚聚合。首先,取两枚来自不同种属的裸胚,移入液体石蜡覆盖的胚连接液滴(植物凝集素A,PHA)中,用显微玻璃针轻轻拨在一起,若将两个胚胎垂直重叠则更易融合。然后,在CO_2 5%、37.5℃、饱和湿度条件下培养10～20 min,使其充分融合。最后,将融合胚轻轻移入20%PBS中洗涤两次,继续培养5～10 h后,移植入同期发情的受体输卵管或子宫角中。

(2)卵裂球聚合。通过反复吹吸法将除去透明带的卵裂球团分离成单个卵裂球,从中取相同数量的两个不同种属的卵裂球装入空的透明带内。加入PHA使其聚合,用琼脂包埋后,体外直接培养或移入兔输卵管中使其发育至囊胚,最后再移入受体子宫角内。

(3)卵裂球与胚胎聚合。将解离好的卵裂球慢慢释放于另一个裸胚的正上方,使二者直接接触,借助于PHA的作用使之聚合。

(4)共培养聚合。将目的聚合细胞与胚胎细胞在一起共同培养制备嵌合体的方法,主要用于大量细胞(如 ES 细胞等)与胚胎细胞的聚合。先制备一定浓度的聚合细胞悬浮培养液,再制作成微滴,放入 10～15 枚去除透明带的胚胎共同培养 2～4 h,使之聚合。

(二)细胞注入法

细胞注入法是指利用显微操作技术将一些细胞(通常为 5～15 个细胞)注入早期胚胎的卵周间隙或囊胚腔内,来制备嵌合体的方法。可用于注射的细胞有卵裂球、内细胞团、胚胎干细胞、畸胎瘤细胞以及发育后期已分化的细胞等。注入的细胞先要用胰蛋白酶或链霉蛋白酶预处理,以分离成单个细胞。若注入的细胞并入内细胞团并参与形成胚组织或器官,就形成了嵌合体。细胞注入法制备嵌合体的常用方法如下:

(1)8 细胞至桑椹胚期卵周隙注入法。利用显微操作技术将一些处理好的单个细胞注入 8 细胞至桑椹期胚胎的卵周隙,使之聚合而形成嵌合体的方法。

(2)囊胚腔内注入法。利用显微操作技术将一些处理好的单个细胞注入囊胚的内细胞团上,使之聚合而形成嵌合体的方法。

(3)囊胚内细胞团(ICM)置换法。利用显微操作技术在受体囊胚透明带上作一切口,取出并切除内细胞团,然后注入供体的内细胞团,也称为囊胚重组,或称 ICM 置换,以研究供体内细胞团的发育分化潜力及其影响因素。

嵌合胚胎经移植之后出生的动物并非一定是嵌合体,需进行嵌合状态的检测分析才能确定。嵌合体的检测是指在嵌合体的各个发育阶段检测供体细胞的分布、发育和分化方向。检测方法包括毛色分析法、葡萄糖磷酸异构酶(GPI)同功酶电泳法、PCR法、微卫星标记法、报告基因法等。

2010 年,日本东京大学 Nakauchi 的研究小组在 Cell 上发表一篇极其具有创新性的文章,他们报道用大鼠的干细胞注入胰腺发育缺陷的小鼠胚胎，这个嵌合胚胎最终在小鼠体内发育成具有大鼠胰腺的大—小鼠嵌合体。该小组 2013 年 2 月又在《美国科学院学报》(PNAS)上发文报道他们已成功地用一个猪种的干细胞注入胰脉发育缺陷的另一猪种的胚胎，这个嵌合胚胎最终也成功地发育成带有干细胞源胰腺的嵌合猪。这给用嵌合动物获取组织和器官提供一个全新的思路及可能实现的方法。

参考文献

[1]李凤玲.动物繁殖技术[M].北京:北京师范大学出版社,2018.

[2]周虚.动物繁殖学[M].北京:科学出版社,2017.

[3]李井春,曹新燕.动物生殖学理论与实践[M].北京:化学工业出版社,2016.

[4]李来平,贾万臣.动物繁殖技术[M].北京:中国农业大学出版社,2015.

[5]解志峰.动物繁殖技术[M].北京:中国农业大学出版社,2013.

[6]耿明杰,常明雪.动物繁殖技术[M].北京:中国农业大学出版社,2013.

[7]朱兴贵,罗尤海.动物繁殖技术[M].郑州:河南科学技术出版社,2012.

[8]王锋.动物繁殖学[M].北京:中国农业大学出版社,2012.

[9]杨久仙.动物繁殖员[M].北京:科学普及出版社,2012.

[10]丁伯良.猪繁殖障碍病防治技术100问[M].天津:天津科技翻译出版公司,2012.

[11]钟孟淮.动物繁殖与改良[M].北京:中国农业出版社,2012.

[12]傅春泉,徐苏凌.动物繁殖[M].北京:科学出版社,2011.

[13]徐相亭,秦豪荣,张长兴.动物繁殖技术[M].2版.北京:中国农业大学出版社,2011.

[14]桑润滋,等.动物高效繁殖理论与实践[M].北京:中国农业大学出版社,2011.

[15]欧广志.动物繁殖员实用技术[M].北京:中国农业科学技术出版社,2011.

[16]张嘉保,田见晖.动物繁殖理论与生物技术[M].北京:中国农业出版社,2011.

[17]杨利国.动物繁殖学[M].2版.北京:中国农业出版社,2010.

[18]李青旺.动物繁殖技术[M].北京:中国农业出版社,2010.

[19]桑润滋.动物繁殖生物技术[M].2版.北京:中国农业出版社,2010.

[20]韩凤奎.畜禽繁殖生产流程[M].北京:中国农业大学出版社,2017.

[21]韩凤奎.畜禽繁殖与改良技术操作流程[M].北京:中国农业大学出版社,2016.

[22]钟孟淮.畜禽繁殖员[M].北京:中国农业出版社,2015.

[23]王怀禹.畜禽繁殖与改良技术[M].成都:西南交通大学出版社,2015.

[24]王玉琴.畜禽繁殖员[M].郑州:中原农民出版社,2013.

[25]仝军.畜禽繁殖技术[M].北京:北京理工大学出版社,2013.

[26]桑润滋.实用畜禽繁殖技术[M].北京:金盾出版社,2008.

[27]付树滨.PMSG剂量对中国荷斯坦奶牛繁殖性能的影响以及抗PMSG抗体制备和应用研究[D].武汉:华中农业大学,2013.

[28]林代俊,杨世忠,王毅.生殖激素在养牛生产中的应用[J].当代畜牧,2013,12:44-46.

[29]蒲雪松.补饲几种矿物元素和维生素及外源生殖激素处

理对多浪羊母羊繁殖性能影响的研究[D].乌鲁木齐:新疆农业大学,2010.

[30]夏淑贤,程忠河,张洪利.商品生殖激素在养牛生产中的应用及注意事项[J].黑龙江畜牧兽医,2011,12:72-73.

[31]杨丽梅.前列腺素在猪繁殖中的应用[J].养猪,2017,01:89-91.

[32]李维刚,原艳军.孕激素与前列腺素在动物繁殖中的应用[J].养殖技术顾问,2011,07:230.

[33]段宇.孕酮传感器检测奶牛妊娠和繁殖障碍疾病的效果[D].大庆:黑龙江八一农垦大学,2014.

[34]楚生广,邵艳萍.影响绵羊配种的因素[J].现代畜牧科技,2017,01:41.

[35]赵明礼.同期发情及同期排卵——定时输精技术对奶牛繁殖效率的影响[D].北京:中国农业科学院,2016.

[36]田华.母牛发情的表现与周期[J].养殖技术顾问,2012,08:50.

[37]肖跃,黄荣林.浅谈牛冻精改良技术[J].中国畜牧兽医文摘,2017,10:72.

[38]崔晓琴,曹海舟.几种常用的母牛发情鉴定方法[J].中国畜牧兽医文摘,2017,11:67.

[39]刘东洋,苏安师.直肠检查法的运用[J].中国畜牧业,2017,01:79-80.

[40]周建强,潘琦,张伟.公猪精液的稀释保存和运输方法[J].当代畜牧,2013,03:46-49.

[41]郭吉友.母牛胎衣剥离与子宫冲洗的方法[J].养殖技术顾问,2013,05:91.

[42]杨露,张全生,邓泽涛.猪精液冷冻和解冻技术[J].猪业科学,2012,05:106-107.

[43]谢建山,董常生.B超在羊驼繁殖技术中的应用[J].草食家畜,2011,01:28-30.

[44]魏宽翠.奶牛体内胚胎采集与胚胎移植的技术研究[D].邯郸:河北工程大学,2013.

[45]赵云燕.牛同期发情的意义、机理及处理方法[J].养殖技术顾问,2013,05:53.

[46]王红芝,刘春雨.母牛同期发情的处理方法[J].养殖技术顾问,2014,12:66.

[47]刘德生.牛难产的检查救助原则与预防[J].当代畜牧,2015,05:76-77.

[48]刘瑞安.母猪难产救治[J].中国动物保健,2012,03:53.

[49]茶智忠.提高黄牛冻精改良受胎率的关键技术[J].畜牧兽医科技信息,2016,09:43.

[50]寇云,何剑斌,王晓倩,等.植物雌激素对动物乳腺发育影响研究进展[J].动物医学进展,2012,11:109-112.

[51]田青.泌乳相关激素对乳酪蛋白在奶牛乳腺上皮细胞合成的影响及其调控机制[D].扬州:扬州大学,2014.

[52]朱建明,吴春华,王杏龙.流产对青年母牛产奶量的影响[J].上海畜牧兽医通讯,2013,05:44.

[53]李智强,吕桂萍.提高母牛繁殖率的措施[J].畜牧兽医科学(电子版),2017,07:51-52.

[54]靳洪新.提高德州驴繁殖力的综合措施[J].山东畜牧兽医,2017,05:17.

[55]杨德成.种公畜繁殖障碍研究[J].科技情报开发与经济,2012,23:138-140.

[56]王志昌,邱献义.畜禽繁殖障碍的种类和原因分析[J].养殖技术顾问,2012,04:66.

[57]郭晓飞.单、多羔山羊卵巢差异表达 miRNA 筛选与分析[D].合肥:安徽农业大学,2014.

[58]周国权,徐敬哲,赵高俊,等.影响种公牛精液品质的因素[J].现代畜牧兽医,2012,04:29-31.

[59]朱兵山,魏趁,黄锡霞,等.影响种公牛精液品质的因素

分析[J].新疆农业科学,2015,11:2123-2128.

[60]付云超,白秀娟,薛琳琳.奶牛子宫内膜炎的分析与治疗措施[J].黑龙江动物繁殖,2012,06:22-24.

[61]李志超.奶牛卵巢囊肿的发病原因和诊断[J].黑龙江动物繁殖,2016,04:25-26.

[62]赵象忠.母猪的繁殖障碍及防治措施[J].国外畜牧学(猪与禽),2012,03:63-66.

[63]王杨,赫志敏.母牛持久黄体的诊断与治疗[J].养殖技术顾问,2013,08:124.

[64]胡忠满,汪振军.母牛生殖器官发育不全的诊断和治疗[J].黑龙江动物繁殖,2016,04:27-28.

[65]宋迎春,山巴图.奶牛胎衣不下的诊治[J].今日畜牧兽医,2017,06:62-63.

[66]郭军艾.奶牛意外流产时如何处理[J].现代农村科技,2011,04:34-35.

[67]王静.奶牛产后保健复方中草药片剂的制备与防治试验[D].银川:宁夏大学,2015.

[68]武军太,徐芳吉.奶牛胎衣不下的病因分析及其防治[J].甘肃畜牧兽医,2016,05:57-58.

[69]布英,吴惠.奶牛胎衣不下的防治[J].新疆畜牧业,2016,S1:42-44.

[70]石国界.奶牛胎衣不下的防治[J].当代畜牧,2016,26:56.

[71]王琦琪.奶牛胎衣不下的防治[J].养殖与饲料,2017,10:76-77.

[72]李雪峰.提高肉牛繁殖力的技术措施[J].中国畜牧兽医文摘,2014,06:62-63.

[73]杨忠诚,龚俞,刘镜.提高肉牛繁殖力的技术措施[J].中国畜禽种业,2016,07:67-69.

[74]于景文,张杰.提高家畜繁殖力的措施[J].中国畜禽种

业,2013,07:69-70.

[75]张少东,王艳艳.提高德州驴繁殖率的关键技术[J].黑龙江动物繁殖,2014,02:33-34.

[76]许春喜.提高牦牛繁殖率的措施[J].青海畜牧兽医杂志,2012,05:53.

[77]苗凯.小鼠体内外胚胎附植前后基因表达变化的表观调控研究[D].北京:中国农业大学,2013.

[78]温兵强.Scriptaid 和咖啡因对绵羊体细胞核移植效果的影响研究[D].保定:河北农业大学,2012.

[79]邓守龙,于坤,李文婷,等.转基因山羊抑制口蹄疫病毒3D 基因[J].中国科学:生命科学,2013,05:404-410.

[80]闫益波,王福传,李文刚.胚胎干细胞研究进展[J].中国畜牧业,2012,04:65-66.